住房和城乡建设部"十四五"规划教材
教育部高等学校工程管理和工程造价专业教学指导分委员会
规划推荐教材
高等学校工程管理专业系列教材

工程招投标与合同管理

（第二版）

王卓甫　主　编

丁继勇　杨志勇　副主编

李德智　主　审

中国建筑工业出版社

图书在版编目（CIP）数据

工程招投标与合同管理 / 王卓甫主编；丁继勇，杨
志勇副主编. — 2 版. — 北京：中国建筑工业出版社，
2023.7（2024.11 重印）
住房和城乡建设部"十四五"规划教材　教育部高等
学校工程管理和工程造价专业教学指导分委员会规划推荐
教材　高等学校工程管理专业系列教材
ISBN 978-7-112-28574-7

Ⅰ. ①工… Ⅱ. ①王… ②丁… ③杨… Ⅲ. ①建筑工
程—招标—高等学校—教材②建筑工程—投标—高等学校
—教材③建筑工程—经济合同—管理—高等学校—教材
Ⅳ. ①TU723

中国国家版本馆 CIP 数据核字（2023）第 056011 号

本书为住房和城乡建设部"十四五"规划教材，在简要介绍工程交易基本概念和相关
理论的基础上，系统介绍了工程招标策划、工程招标投标与合同管理的运作原理与实务。
由于工程招标投标与合同种类繁多，不同种类之间既有共性也有差异，本书以工程施工招
标投标与合同管理为重点进行了较为全面的介绍，而对工程勘察设计、工程监理/咨询和
工程总承包等的招标投标与合同管理内容，仅针对它们相对于工程施工招标投标与合同管
理的不同之处作较为具体的介绍。

本书可作为高等院校工程管理、工程造价专业，以及土木、水利类和其他相关专业的
教材，也可作为从事建设工程技术和管理的相关人员（如建造师、监理工程师、造价工程
师）的学习和参考用书。

为更好地支持相应课程的教学，我们向采用本书作为教材的教师提供教学课件，有需
要者可与出版社联系，邮箱：jckj@cabp.com.cn，电话：（010）58337285，建工书院 ht-
tps：//edu.cabplink.com（PC 端）。

责任编辑：张　晶　冯之倩
责任校对：姜小莲

住房和城乡建设部"十四五"规划教材
教育部高等学校工程管理和工程造价专业教学指导分委员会
规划推荐教材
高等学校工程管理专业系列教材
工程招投标与合同管理
（第二版）
王卓甫　主　编
丁继勇　杨志勇　副主编
李德智　主　审
*
中国建筑工业出版社出版、发行（北京海淀三里河路 9 号）
各地新华书店、建筑书店经销
北京鸿文瀚海文化传媒有限公司制版
北京圣夫亚美印刷有限公司印刷
*
开本：787 毫米×1092 毫米　1/16　印张：17　字数：420 千字
2023 年 6 月第二版　2024 年 11 月第二次印刷
定价：**49.00** 元（赠教师课件）
ISBN 978-7-112-28574-7
（41047）

出版说明

党和国家高度重视教材建设。2016 年，中办国办印发了《关于加强和改进新形势下大中小学教材建设的意见》，提出要健全国家教材制度。2019 年 12 月，教育部牵头制定了《普通高等学校教材管理办法》和《职业院校教材管理办法》，旨在全面加强党的领导，切实提高教材建设的科学化水平，打造精品教材。住房和城乡建设部历来重视土建类学科专业教材建设，从"九五"开始组织部级规划教材立项工作，经过近 30 年的不断建设，规划教材提升了住房和城乡建设行业教材质量和认可度，出版了一系列精品教材，有效促进了行业部门引导专业教育，推动了行业高质量发展。

为进一步加强高等教育、职业教育住房和城乡建设领域学科专业教材建设工作，提高住房和城乡建设行业人才培养质量，2020 年 12 月，住房和城乡建设部办公厅印发《关于申报高等教育职业教育住房和城乡建设领域学科专业"十四五"规划教材的通知》（建办人函〔2020〕656 号），开展了住房和城乡建设部"十四五"规划教材选题的申报工作。经过专家评审和部人事司审核，512 项选题列入住房和城乡建设领域学科专业"十四五"规划教材（简称规划教材）。2021 年 9 月，住房和城乡建设部印发了《高等教育职业教育住房和城乡建设领域学科专业"十四五"规划教材选题的通知》（建人函〔2021〕36 号）。为做好"十四五"规划教材的编写、审核、出版等工作，《通知》要求：（1）规划教材的编著者应依据《住房和城乡建设领域学科专业"十四五"规划教材申请书》（简称《申请书》）中的立项目标、申报依据、工作安排及进度，按时编写出高质量的教材；（2）规划教材编著者所在单位应履行《申请书》中的学校保证计划实施的主要条件，支持编著者按计划完成书稿编写工作；（3）高等学校土建类专业课程教材与教学资源专家委员会、全国住房和城乡建设职业教育教学指导委员会、住房和城乡建设部中等职业教育专业指导委员会应做好规划教材的指导、协调和审稿等工作，保证编写质量；（4）规划教材出版单位应积极配合，做好编辑、出版、发行等工作；（5）规划教材封面和书脊应标注"住房和城乡建设部'十四五'规划教材"字样和统一标识；（6）规划教材应在"十四五"期间完成出版，逾期不能完成的，不再作为《住房和城乡建设领域学科专业"十四五"规划教材》。

住房和城乡建设领域学科专业"十四五"规划教材的特点，一是重点以修订教育部、住房和城乡建设部"十二五""十三五"规划教材为主；二是严格按照专业标准规范要求编写，体现新发展理念；三是系列教材具有明显特点，满足不同层次和类型的学校专业教学要求；四是配备了数字资源，适应现代化教学的要求。规划教材的出版凝聚了作者、主审及编辑的心血，得到了有关院校、出版单位的大力支持，教材建设管理过程有严格保障。希望广大院校及各专业师生在选用、使用过程中，对规划教材的编写、出版质量进行反馈，以促进规划教材建设质量不断提高。

住房和城乡建设部"十四五"规划教材办公室

2021 年 11 月

第二版前言

与第一版相比，本书内容的整体构架，即篇章结构没有大的调整，主要是局部调整，使内容更能满足新时代建设行业的发展要求。

5 年前本书第一版面世，嗣后是我国走中国特色社会主义道路、深化建设领域改革的 5 年，与工程招标投标和合同管理相关的政策法规调整主要有下列几处：

（1）1999 年 8 月颁布的《中华人民共和国招标投标法》于 2017 年 12 月修正。

（2）2011 年 12 月发布的《中华人民共和国招标投标法实施条例》（国务院令第 613 号）先后于 2017 年、2018 年和 2019 年经历了三次修订。

（3）经国务院批准，2018 年 3 月国家发展改革委发布《必须招标的工程项目规定》（国家发展和改革委员会令第 16 号）。

（4）2019 年 3 月，国家发展改革委、住房和城乡建设部发布《关于推进全过程工程咨询服务发展的指导意见》（发改投资规〔2019〕515 号）。

（5）2020 年 5 月《中华人民共和国民法典》经全国人民代表大会会议通过，原《中华人民共和国合同法》修改后并入其中。

（6）经国务院常务会议审议通过，2020 年 11 月住房和城乡建设部发布《建设工程企业资质管理制度改革方案》。

针对上述调整或新出台的政策法规或指导意见，本书对相关内容作了系统调整，以适应现行政策法规环境。

此外，从读者反馈的信息来看，第一版主要存在以下几方面问题：

（1）工程交易主要理论介绍不足，如缺少工程交易成本方面知识点的介绍，致使后续工程招标投标或合同管理中的一些规定、做法不易理解。

（2）对重大工程而言，工程交易策划并不是简单交易对象的设计或分标的问题，其与工程交易方式选择有密切联系，有必要将交易对象设计与交易方式选择/设计统筹考虑，即存在工程交易方案策划问题，而且应在工程招标计划前就提出工程交易方案，故在第 3 章增加了工程交易策划的内容。

（3）目前整个工程监理行业发展得并不理想，并有被全过程工程咨询所替代的趋势，因而有必要在内容上引入全过程工程咨询的概念，并在提法上也作适当调整。

针对上述问题，分别在第 2 章、第 3 章、第 6 章和第 7 章增加了相关内容或对部分内容进行调整。整体而言，全书框架变动不大，篇幅增加不多，但局部内容调整较多，力求紧贴时代，减少偏差。

本书由王卓甫编写了绪论和第 1～5 章，并负责全书统稿；丁继勇和杨志勇分别编写了第 6 章、第 7 章和第 8 章、第 9 章；吕乐琳、田君芮、王蕾、万雪纯、孙梦进行了部分章节的资料搜集工作。

本书在编写过程中，参考了同仁们的论文、著作，笔者向他们表示衷心的感谢。工程招标投标和合同管理理论与实践发展的脚步始终没有停止，限于笔者学识水平，书中难免有疏漏之处，敬请各位读者、同仁斧正。

2022 年 12 月

南京·秦淮河畔

第一版前言

在市场经济环境下，工程招标投标是建设工程项目进入实施阶段的第一个环节，我国大部分大中型建设工程均采用工程招标投标方式选定承包人，包括工程设计人、施工人和监理人等。通过工程招标投标，工程建设单位（或发包人）能优选工程承包人和优化相应的工程合同。而实质性工程建设，是从承包人履行工程合同开始的，工程项目的具体实施过程就是一系列合同的履行过程。因此，工程合同管理和工程招标投标同等重要，它们共同影响着工程项目目标的实现程度和绩效的高低。

本书根据人们的认知规律和内容间的逻辑关系，将主要内容分3篇介绍。

第一篇为工程招标投标与合同管理基础。在市场经济环境下，工程实施过程即工程交易过程，工程招标投标与合同是工程交易中的两大要素，工程招标投标与合同管理理论均源自工程交易理论。因此，本篇首先介绍了工程交易的相关知识；其次，简要介绍了工程招标投标与合同管理的基础理论，以及工程招标策划相关知识，主要包括如何处理工程招标及合同条款中的重要问题或事项的相关知识，以引导读者对工程招标投标和合同管理中的重要问题进行深入剖析。

第二篇为工程招标与投标（实务）。以工程施工招标、投标为主要对象，分别较为系统地介绍了它们实施过程各主要环节运作的相关规定、工作内容和特点及相关操作的注意事项。对部分重要内容借用案例的形式进一步细化，让读者可进一步把握。在此基础上，对工程其他类招标与投标，如工程勘察设计招标与投标、工程监理招标与投标等，主要针对它们与工程施工招标与投标相比，具有特色的地方作了重点介绍。

第三篇为工程合同管理（实务）。从发包方的视角，在详细介绍工程施工合同管理相关知识的基础上，对工程其他类合同管理，如工程勘察设计合同、工程监理合同等，同样针对它们与工程施工合同管理相比，具有特色的地方作了具体介绍。

本书编写过程中，内容上力求反映最新理论成果和最新政策法规或规范性文件，力求实用性和可操作性，力求工程招标投标和合同管理知识的完备性，希望读者通过本书的学习，能系统掌握工程招标投标和合同管理的知识体系，并具有一定的工程招标投标和合同管理的操作能力；在形式上，尝试采用提问式的编写方法，并适度引进工程案例，以引起读者兴趣，加深对理论知识的理解。

本书王卓甫编写了绪论和第1～3章，并负责全书统稿；丁继勇和杨志勇分别编写了第6、7章和第8、9章；安晓伟、马天宇分别编写了第4、5章；王小丽、王娜、刘娜、朱保霞和翟武娟参加了本书部分章节的资料搜集和整理工作。

本书在编写过程中，参考了大量国内外专家学者的论文、著作，笔者向他们表示衷心的感谢。工程招标投标和合同管理理论在不断发展，工程实践中也在不断完善相关操作办法和制度，限于笔者学识水平，书中难免有疏漏之处，敬请各位读者、同仁斧正。

2017 年 10 月

南京·秦淮河畔

目 录

第1篇　工程招标投标与合同管理基础

第2篇　工程招标与投标

第3篇　工程合同管理

绪　论

0.1　工程招标投标与合同的起源

招标投标与合同制度均源自满足商品交易需要。在现代工程建设中，通常是由工程业主（也称建设单位、项目法人或发包人，工程招标中又称招标人）组织编制工程招标文件包括工程投标须知、工程合同条款等，然后实施招标。通过工程招标，确定工程承包人、工程合同和合同价。工程合同包括部分工程招标文件以及潜在承包人的投标文件等。事实上，合同制度的建立要早于招标制度。而随着合同、招标制度的发展、完善，它们在现代工程建设领域中已成为一个整体，难以割裂。

0.1.1　工程招标投标的起源

招标（Tendering，Call for Bidding）理论由拍卖（Auction）理论发展而来，讨论招标，不能不提及拍卖。招标是一种逆向拍卖，与拍卖中的一级密封价格拍卖在机制上具有异曲同工之妙。

拍卖是指以公开竞价或封闭投标的形式，由拍卖机构在一定的时间和地点，按照一定的章程或规则，将特定物品或者财产权转让给最高应价或者次高应价者的一种买卖方式。有关史料文字中记载的拍卖活动最早出现在公元前 5 世纪。公元 2 世纪末，古罗马出现了拍卖行。现代文明的拍卖模式始于 18 世纪的英国。1744 年和 1766 年，伦敦先后成立了两家拍卖行，即"苏富比"和"佳士德"，对此后全球 250 多年的拍卖业产生了重大的影响。中国的拍卖行业出现于清朝末年，当时的拍卖行多是拍卖自己收购来的旧货或典当物品。

招标投标较早在经济发达的西方国家盛行。1782 年，英国首先设立文具公用局，后来发展成为物资供应部，是政府部门采购办公用品的机构，为公开招标投标这种买卖形式的发展奠定了基础。但是，招标投标真正开始实践是在 19 世纪初的自由资本主义时期。1809 年，美国通过了第一部要求密封招标投标的法律，规定超过一定金额的联邦政府的采购，都必须进行公开招标。除美国外，新西兰、比利时政府也颁布了有关招标条例、规则和办法等管理规定。

工程招标投标，即建设工程招标投标的出现，则要迟于一般货物采购招标，大概在 19 世纪后叶才开始在西方经济发达国家得到较多的应用。

我国工程招标投标始于 1902 年，晚清洋务派代表张之洞在湖北建设皮革厂工程时，采用招标投标方式选择工程承包人，当时有 5 家工程承包商参加投标比价。

南京中山陵的设计和施工均采用招标投标方式选择设计方和施工方。1925 年 5 月，孙中山先生丧事筹备委员会通过了《征求陵墓图案条例》，决定向海内外悬赏征求陵墓的设计图案，并采用密封卷的方式进行评选。时年 32 岁、名不见经传的青年建筑师吕彦直，其提交的设计方案被 4 位评审专家中的 3 位认定为第 1 名，因而一举中标。中山陵的建造也采用公开招标方式选择施工方，有 7 家工程承包商参与投标竞争，最后上海姚新记营造厂中标。不过在当时的背景下，工程招标投标没有形成制度，因此并不普及。

0.1.2　工程合同的起源

合同（Contract），亦称契约，是为适应商品经济的客观要求而出现的，是商品交换在法律上的表现形式。随着私有制的确立和国家的产生，政府为维护正常的经济秩序，将商品交换的习惯和规则用法律形式加以规定，并以国家强制力保障实行，于是商品交换的合同法律形式便应运而生。

古罗马时期，合同就受到人们的重视。签订合同必须经过规定的方式才具有法律效力。若合同中某个术语或签订过程的任何一个细节不符合规定的方式，都会导致整个合同无效。随着商品经济的发展，罗马法逐渐克服了合同缔约中的形式主义。

合同的相关制度在我国也有悠久的历史。《周礼》对早期合同的形式有较为详细的规定，经过唐、宋、元、明、清各代，法律对合同的规定也越来越系统。有一种说法，现代的合同都写有一式两份，因为以前民间订制合同时就是一张纸，写好后从中间撕开，一人拿一半，有争执的时候再合起来，所以就有了合同一式两份的说法。

工程合同，即建设工程合同，是随着工匠队伍的成长，特别 19 世纪中叶工程交易制度的形成而逐步出现的，并在工程技术和经济社会发展的促进下，相关理论得到不断完善和发展。其中，工程合同条款标准化是一个重要标志。国际上最早提出工程标准合同条件的是英国土木工程师协会（The Institution of Civil Engineers，ICE）。1945 年，ICE 提出第 1 版 ICE 标准合同条件，此后，经多次修改和再版；1973 年出版的第 5 版 ICE 标准合同条件在国际上被普遍接受。国际咨询工程师联合会（Fédération Internationale Des Ingénieurs Conseils，FIDIC）在 ICE 标准合同条件的基础上，于 1957 年提出了第 1 版 FIDIC 标准合同条件，经多次修改、再版以及发展，至 20 世纪 90 年代，FIDIC 标准合同条件在国际工程上被广泛应用，并形成了 FIDIC 标准合同条件系列，各个标准合同条件均有一定的适用范围。

0.2　我国工程招标投标与合同管理制度的发展

1949 年中华人民共和国成立后，我国长期实行计划经济，工程的设计、施工等建设任务与其他生产任务一样，均在计划的基础上通过行政方式安排。直至 20 世纪 80 年代初开始，我国逐步推行市场经济，工程建设的各项任务开始实行招标投标和合同管理。

0.2.1　我国实行工程招标投标与合同管理制度的起步阶段（20 世纪 80 年代）

1978 年 12 月中共十一届三中全会后，我国开始实行对内改革、对外开放的政策。对内改革的重点之一是由计划经济向市场经济转变。

1980 年 10 月，国务院在《关于开展和保护社会主义竞争的暂行规定》中首次提出，为了改革现行经济管理体制，进一步开展社会主义竞赛，"对一些适于承包的生产建设项目和经营项目，可以试行工程招标投标的办法"。1981 年，吉林省吉林市和深圳特区率先试行工程招标投标，并取得了良好效果。这个尝试在全国起到了示范作用。1983 年 6 月 7 日，城乡建设环境保护部颁发《建筑安装工程招标投标试行办法》，提出"凡经国家和省、市、自治区批准的建设工程，均可按本办法的规定，通过招标，择优选定施工单位"。

1984 年 9 月，国务院在《关于改革建筑业和基本建设管理体制若干问题的暂行规定》中要求各地"大力推行工程招标承包制"。1984 年，国家计委、城乡建设环境保护部联合下发了《建设工程招标投标暂行规定》，进一步要求"各地区、各部门要努力创造条件，积极推行招标投标"，由此我国开始推行招标投标制度。

对外开放的一个方面是积极利用外资。在引进外资方面，若利用世界银行、亚洲开发银行贷款修建工程，有个前提条件，即工程要进行国际招标，采用国际通用合同条件，如 FIDIC 合同条件。最经典的是我国首次利用世界银行贷款的云南鲁布革水电站工程。根据与世界银行的使用贷款协议，鲁布革水电站引水隧洞工程的子项目实行国际招标。在中国、日本、挪威、意大利、美国、德国、南斯拉夫、法国共 8 国承包商或承包联合体的竞争中，日本大成公司中标，其中标价比工程标底低 43%，并带来了国际工程交易模式。工程实施中，承包方隧洞开挖月平均进尺相当于我国当时同类工程的 2.0～2.5 倍。1986 年 8 月，创造直径 8.8m 的圆形隧洞单头月进尺 373.7m 的国际先进纪录。1986 年 10 月 30 日，隧洞全线贯通，工程质量优良，比合同计划提前了 5 个月。鲁布革水电站引水隧洞工程的国际招标和合同管理取得的成绩形成"鲁布革冲击"，促进了我国建设领域管理体制机制的改革和发展。

在工程施工推行招标投标后，如何对工程施工合同进行有效管理，成为一个十分重要的问题。在吸收国外建设管理先进经验的基础上，我国提出了中国特色的工程交易监管模式，即建设/工程监理制度。1988 年 3 月，装机 120 万 kW 的广州抽水蓄能电站工程开始引进建设监理，成为我国最早实施建设监理的大型工程项目，并取得良好效果。1988 年 7 月，建设部发布《关于开展建设监理工作的通知》[（88）建建字第 142 号]，对我国建设监理的工作性质、工作范围提出了明确要求。同年 11 月，建设部又发布了《关于开展建设监理试点工作的若干意见》，决定建设监理制首先在北京、上海、南京、天津、宁波、沈阳、哈尔滨、深圳共 8 市和能源、交通两部的水电与公路系统进行试点。

0.2.2 我国工程招标投标与合同管理制度逐步形成阶段（20 世纪 90 年代）

（1）工程招标制度的逐步形成。经过近 10 年工程招标的试点，1991 年 4 月，国家计委发布《关于加强国家重点建设项目及大型建设项目招标投标管理的通知》（计建设〔1991〕189 号）；1991 年 11 月，建设部、国家工商行政管理局联合下发《建筑市场管理规定》（建法〔1991〕798 号），明确提出加强发包管理和承包管理，其中发包管理主要是指工程报建制度与招标制度。这些工程招标管理制度的出台，表明我国工程招标管理制度在不断发展。1999 年 8 月 30 日，中华人民共和国第九届全国人民代表大会常务委员会第十一次会议通过《中华人民共和国招标投标法》（以下简称《招标投标法》），并于 2000 年 1 月 1 日起施行。这标志着我国工程招标投标制度基本形成。

（2）工程合同管理制度逐步形成。工程合同伴随着工程招标而存在，20 世纪 80～90 年代，工程合同订立、管理的主要依据是《中华人民共和国经济合同法》《中华人民共和国涉外经济合同法》《中华人民共和国技术合同法》，但随着经济社会的发展，这些法律不适应的问题逐步显现。因此，1999 年 3 月，第九届全国人大第二次会议通过颁布《中华人民共和国合同法》，并于同年 10 月生效。这标志着我国工程合同管理的基本制度已经形成，并对工程招标制度的建设产生影响。与此同时，1999 年，建设部、国家工商行政管理总局发布《建设工程施工合同（示范文本）》GF—1999—0201。工程标准合同条件建设工程也在不断推进。

0.2.3 我国工程招标投标与合同管理制度完善阶段（进入 21 世纪后）

（1）工程招标制度的完善。2007 年，国家发展改革委等 9 部门联合发布了《中华人民共和国标准施工招标文件》［2007 年版，简称《标准施工招标文件》（2007 年版）］等标准工程招标文件；基于该招标文件，水利部针对水利工程建设特点，于 2009 年发布了《水利水电工程标准施工招标文件》（2009 年版）等标准水利工程招标文件；2012 年，国家发展改革委等 9 部委又联合发布了《中华人民共和国标准设计施工总承包招标文件》（2012 年版）等标准合同招标文件。这些标准化招标文件对规范工程招标行为、提升工程招标实施效率均具有重要意义。2011 年，国务院令第 613 号发布《中华人民共和国招标投标法实施条例》（以下简称《招标投标法实施条例》），对《招标投标法》进行了细化，使其更具有可操作性；针对招标投标实践中存在的突出问题，作了相应规定：在规范各方当事人行为方面，细化了限制或排斥投标人、串通投标、以他人名义投标、弄虚作假等行为的认定标准，补充了虚假招标、违法发布公告、擅自终止招标、违规评标等违法行为应承担的法律责任；在加强和规范招标投标行政监督方面，规定行政监督的具体要求、措施、程序及相应的法律责任，以提高行政监督的有效性和透明度；在统一招标投标程序方面，重点对资格预审程序、评标程序，以及异议和投诉程序作了规定。在总结十多年工程招标投标实践的基础上，2017 年 12 月第十二届全国人大第三十一次会议对《招标投标法》作了修正。国务院分别在 2017 年、2018 年和 2019 年三次对《招标投标法实施条例》进行了修订。根据《招标投标法》和《招标投标法实施条例》，国家发展改革委 2018 年发布了《必须招标的工程项目规定》（国家发展和改革委员会令第 16 号）。

（2）工程合同管理制度的完善。水利部针对水利工程建设特点，联合国家工商行政管理总局在 2000 年发布了《水利水电土建工程施工合同条件（示范文本）》GF—2000—0208，并于 2017 年推出最新版 GF—2017—0208。住房和城乡建设部、国家工商行政管理总局于 2011 年发布了《建设项目工程总承包合同示范文本（试行）》GF—2011—0216，2020 年推出最新版 GF—2020—0216，并于 1999 年发布《建设工程施工合同（示范文本）》GF—1999—0201，2019 年发布最新版 GF—2019—0201。这些工作对促进工程合同管理制度的完善发挥了重要作用。2020 年 5 月全国人大十三届三次会议通过并颁布了《中华人民共和国民法典》（以下简称《民法典》），并将《中华人民共和国合同法》作适当调整后纳入其中。

（3）建设监理制度的发展及其对工程招标投标合同管理的影响。我国建设监理制度经过 20 多年的实践，发挥了积极作用，但也暴露出一些问题。对此，2017 年，住房和城乡建设部《关于促进工程监理行业转型升级创新发展的意见》（建市〔2017〕145 号）中提出要推进全过程工程咨询，完善工程建设组织模式。2017 年，国务院办公厅印发的《关于促进建筑业持续健康发展的意见》（国办〔2017〕19 号）也提出发展全过程工程咨询。2019 年，国家发展改革委与住房和城乡建设部联合印发《关于推进全过程工程咨询服务发展的指导意见》（发改投资规〔2019〕515 号）。该意见指出，鼓励投资咨询、勘察、设计、监理、招标代理、造价等企业采取联合经营、并购重组等方式发展全过程工程咨询，培育一批具有国际水平的全过程工程咨询企业。这将对传统的建设监理制度进行改革，存在建设监理概念由全过程工程咨询（简称咨询）的概念取代的趋势，咨询的内涵也将更加丰富。2017 年，国家发展改革委在《工程咨询行业管理办法》（国家发展和改革委员会令第 9 号）中指出，全过程工程咨询的内涵为采用多种服务方式组合，为项目决策、实施和运营持续提供局部或整体解决方案以及管理服务。显然，建设监理的招标投标和合同管理也面临着变革。

0.3　我国工程招标投标与合同管理现状

目前，我国工程招标投标已经广泛普及，各地均已形成工程招标投标有形市场，为工程招标活动提供了平台，为工程招标投标规范、有序、高效开展创造了环境。

工程招标投标涉及建筑、水利、交通等各个行业。工程建设的各个过程，包括工程勘察、设计、施工、咨询/监理，以及与工程建设有关的重要设备、材料等的采购基本均在实行招标投标。可以说，招标投标在工程建设中无处不在，已成为一种常态。

随着新一代信息技术的发展，工程电子招标投标，即以数据电文形式完成的招标投标活动日益普及。对此，国家发展改革委等 8 部委联合颁发了《电子招标投标办法》，支持电子招标投标。与此同时，工程项目合同管理信息化程度也在提高，促进了合同管理水平的提高。

与国际上相比，目前我国工程招标投标与合同管理制度已经形成，并在不断完善。这为工程招标投标与合同管理活动的正常开展提供了基本保障，在促进工程建设方面发挥了重要作用。但也应该看到，工程招标投标与合同管理活动也面临着诸多挑战。如：

（1）肢解工程，规避招标，以谋取少数人的利益。将按规定原本必须采用招标方式选择承包方和合同价的工程项目人为地分解为若干子项目，不采用招标方式确定承包方和合同价。

（2）串标、围标，扰乱工程招标市场秩序。串标是指投标人之间，或投标人与招标人之间相互串通，骗取中标的行为。围标也称为串通投标，是指几个投标人相互约定，统一编制投标报价方案进行投标，以限制竞争和排挤其他投标人，使某个投标人中标，从而谋取不当利益的手段和行为。

（3）阴阳合同，为少数人谋利。阴阳合同是指合同当事人就同一事项订立两份以上的内容不相同的合同，一份对内，一份对外。其中，对外的一份并不是双方真实意思表示，而是以逃避招标监管、国家税收等为目的；对内的一份则是双方真实意思表示，可以是书面或口头形式。

（4）超低报价中标，"偷工减料"现象横行。超低报价是指投标人为了中标，报出了低于工程成本的报价，其目的是骗取工程中标，而中标后则采用各种"偷工减料"方法补偿成本，并获得利润。工程实践表明，许多重大工程质量事故、安全事故与此现象相关。

上述这些行为或现象在我国现行法律法规中明令禁止，因而均是违法的。显然，工程招标投标与合同管理制度的完善是无止境的。当然，这些行为不仅在我国存在，在国外也不鲜见。

0.4　本课程的主要内容和特点

本课程是一门实践性和综合性很强的专业课，而在工程实践中，工程招标投标与合同的类型又很多。根据这一特点，本书在详细阐明工程招标与合同基本概念的基础上，以工程交易中最经典、也最重要的施工招标投标与合同管理为对象，重点介绍了其相关理论与实务，而对工程其他类型的招标投标与合同管理，仅针对它们相对于施工招标投标与合同管理的特殊之处作详细介绍，其他就简要或不作介绍。

本书共分 3 篇。第 1 篇为工程招标投标与合同管理基础。其从介绍工程交易概念、方式和机制等方面入手，引入工程招标投标与合同的概念，进而介绍工程招标投标与合同分类等知识，以及工程合同及其管理基础理论，期望为读者构建工程招标投标与合同管理相关知识的构架。第 2 篇为工程招标与投标。其以工程施工招标投标为对象，较为详细地介绍了招标人如何组织工程施工招标、投标人如何进行投标；在此基础上，对工程施工招标投标以外的其他类型招标投标的特殊问题作了较为详细的介绍。第 3 篇为工程合同管理。首先，从发包方的视角详细介绍了工程施工合同管理的相关知识，并对施工合同管理中的重要内容，即工程变更和索赔管理单列成章进行介绍；其次，对施工合同以外相对重要的工程合同的特殊之处作了较为详细的介绍。

本书以对工程招标投标与合同管理基本理论、知识的介绍为主，力求介绍过程的系统性和完整性，并试图与现行工程实践相吻合。期望读者通过对本书的学习，能掌握工程招标投标与合同管理的基本知识，并具有一定的从事工程招标投标与合同管理的能力；本书局部地方引入了一些基础理论，期望为读者深入学习或研究提供引导。

根据本课程内容的特点，学习时应着眼于掌握基本概念、基本原理和基本方法，并配合生产实习、课程作业，以及课程设计或毕业设计等其他教学环节来掌握所学的知识，这样才能更有效地掌握本课程的内容。

第 1 篇

工程招标投标与合同管理基础

在市场经济环境下，建设工程项目实施过程本质上是一交易过程，并具有"先订货，后生产""边生产，边交易"的特点。而实施工程交易又首先是由工程项目投资方或其选择的项目实施责任主体——建设单位/项目法人组织工程招标，通过招标确定工程承包人和工程承包合同；然后，工程承包人按签订的承包合同实施项目；最后，承包人向建设单位（或称发包方）提交符合工程合同规定要求的工程产品。

作为本书首篇，本篇主要介绍工程招标投标和合同管理基础，主要包括工程交易相关概念与理论、工程招标投标和合同管理基础理论与相关知识，以及工程交易方案与招标工作策划相关知识。

本篇基础理论主要为交易成本经济学、拍卖理论、不完全合同理论和系统科学等，主要知识点可为第 2 篇、第 3 篇的学习作准备，也可为进一步研究工程招标投标和工程合同管理相关问题奠定基础。

第1章 工程交易及其相关概念

本章知识要点与学习要求

序号	知识要点	学习要求
1	交易与工程交易的概念、特点	熟悉
2	工程交易模式和交易机制的概念、特点和分类	熟悉
3	工程交易条件或门槛的概念	了解
4	工程招标投标的概念、工程招标分类	掌握
5	工程招标、投标的基本程序	熟悉
6	工程招标范围与规模标准的相关规定	了解
7	工程合同的概念与分类	掌握
8	工程合同订立的基本原则	熟悉
9	工程合同与法律的关系	熟悉
10	工程合同管理概念,承发包双方合同管理的差异	熟悉

1.1 工程交易及其过程

工程招标投标与合同管理是工程交易中的重要环节或要素,现行工程招标投标与合同管理的一些基本做法,或其相关制度,均是在工程交易理论指导下,经工程交易实践总结而来。因而要寻求工程招标投标与合同管理理论起源,或希望对其开展深入研究,有必要从了解工程交易的相关知识开始。

1.1.1 交易及其分类

1. 什么是交易

交易（Transactions）、市场（Market）及其相关概念在经济学发展中扮演着重要角色。讨论交易的概念势必会追溯交换的概念。传统的交换概念起源于资本主义以前的集市,侧重考察商品实体的运动形式,是一种转移与接收物品的过程。后来人们则认识到:排他性的所有权是交换的前提条件,所有权的有偿转移是交换行为的实质内容。

交易的概念从交换发展而来,简而言之,是指双方以货币为媒介的价值的交换。它是以货币为媒介的,物物交换不包括在内。在深入解析交易的内涵时,代表性的几位经济学家,如康芒斯（Commons）、科斯（Coase）、威廉姆森（Williamson）和萨缪尔森（Samuelson)等的认识并不统一，但他们对交易理论的形成和发展均作出了重要贡献。

2. 交易的要素

市场交易活动的内涵是什么，经济学家们对此的认识也并不完全一致，但总体而言，可将市场交易活动的要素概括为交易主体、交易客体、交易客体产权、交易目的、交易合同和交易管理。

（1）交易主体。其主要包括个人、企业、政府，还可以是其他组织。交易在这些主体间进行，包括个人与个人、企业与企业、个人与企业等；交易还可以在一个企业内部进行，不过交易的内容有差异。在工程交易中，建设工程投资方或业主方，即建设工程的买方，也称工程发包人，在工程交易中占主导地位，包括确定采购的对象、组织交易活动、选择交易的另一主体等。根据我国现行法律法规，对建设工程的卖方，包括工程施工方、设计方、建设监理方等均有法人地位和资质等级的要求。

（2）交易客体。客体可以是物品、服务或权利等，交易活动几乎涵盖所有经济活动。交易客体的差异往往决定了交易的程序/过程、交易的复杂程度和交易的持续时间等。建设工程交易的客体包括工程实体、工程设备、工程设计和工程建设监理等。

（3）交易客体产权。主客体之间的产权界定是进行交易的前提；对于物品交易，实质为产权的自由过渡。产权是指主体对客体的权利，即主体与特定客体的关系。这种关系在现实生活中常表现为财产权等。其主要包括对财产的所有权、占有权、使用权、支配权、收益权和处置权等，可以说产权是主体对客体一系列权利束的总称。

（4）交易目的。一个成功的交易，会使双方某一方面得到改善或满足。交易目的是为了提高交易双方的效用水平。实际上，在交易前，双方也都预期自己的效用在交易完成之后会得到提高，否则，交易不会发生。

（5）交易合同。在经济社会中，交易十分复杂，许多交易需要借助于合同来界定交易的对象、交易计价、交易主体愿意接受交易的条件等，其中交易计量和交易价格的界定尤为重要。合同决定了交易过程中的秩序、结构、稳定性和可预测性，交易合同的安排成为交易得以成功的最重要条件之一。

（6）交易管理/治理。无论什么交易，为保证交易合法和顺利完成，均存在一个管理的问题。对市场交易，这种管理至少包括两个层面，即政府的管理与交易主体各自的管理。对建设工程交易，由于交易时间长、交易过程技术性强、不确定因素多、交易合同的不完备等方面原因，交易管理问题更加突出。随着管理理论向治理理论的拓展，在工程交易理论中常用治理这一概念替代管理。

3. 交易的分类

交易分类有多种方法，这里主要讨论两类。

（1）按资源转移范围或边界，美国制度派经济学家康芒斯将交易分为3类：

1）买卖交易（Bargaining Transaction），即法律上平等的、具有竞争性的市场交易，尤指以一定的代价为前提换取法律上所有权的让与和取得。它表现了市场上人们之间平等的买卖关系。这个概念得到国内外广泛的认同。

2）管理交易（Managerial Transaction），是一种以财富生产为目的的交易，这是一种在法律和经济上均是上级对下级的关系。其中，上级是一个人或由少数人组成的特权组织，下级则必须服从上级的命令。这个概念主要适用于国外。

3）配额交易（Rationing Transaction），由法律上的上级指定，分派财富创造的负担和利益，主要表现为政府与公民之间法律意义上的上下级关系。这个概念主要适用于国外。

（2）按完成交易的过程或交易时间，可将交易分为现货交易和期货交易两类。

1）现货交易，指买卖双方出自对实物商品的需求与销售实物商品的目的，根据商定的支付方式与交货方式，采取即时或在较短的时间内进行实物商品交收的一种交易方式。在现货交易中，随着商品所有权的转移，同时完成商品实体的交换与流通。因此，现货交易是商品运行的直接表现方式。现货交易的主要特点有：

① 交易过程简单。通常是一手交钱、一手易货的交易方式。

② 交收的时间短。通常是即时成交，货款两清，或在较短时间内实行商品的交收活动。

③ 成交的价格信号短促。由于现货交易是一种即时的或在很短的时间内就完成的商品交收的交易方式。因此，交易双方成交的价格只能反映当时的市场行情，不能代表未来市场变动情况。

④ 现货交易一般不用事先签订交易合同。

2）期货交易，是从现货交易中的远期合同交易发展而来的。在远期合同交易中，交易者集中到商品交易场所交流市场行情，寻找交易伙伴，通过拍卖或双方协商的方式来签订远期合同，等合同到期，交易双方以实物交割来了结义务。期货交易的主要特点有：

① 先订货，后生产。期货交易通过事先签订远期合同，确定交易的标的（如物品），然后由供方组织生产，并按合同约定的时间交割。

② 交易时间长。期货交易从签订合同、供方组织（物品）生产，到供方交货，一般要经过较长的时间。其时间长短常决定于物品生产的耗时长短。

③ 期货交易一般要事先签订交易合同。

④ 期货交易过程经常会遇到一些变数，如交易物品签合同时的市场单价与交易时的市场单价不一致。

1.1.2 工程交易

1. 什么是工程交易

工程交易，即建设工程交易，是指交易的客体为工程设计、工程咨询服务或/和工程施工等的交易。工程的实施过程是工程一系列交易不断进行的过程。从工程投资人或业主方的视角出发，可将工程一系列交易认为是业主方/发包人分别与工程其他参与方（如工程设计人、工程施工承包人、工程监理/咨询人或工程材料及设备的供应方等）的交易，即工程项目交易主体的一方为业主/发包人，另一方为工程的其他参与方之一，也可泛指"承包人"。

2. 工程交易的分类

根据工程交易客体的特点，可将其分为3类：

（1）工程施工类交易。

（2）工程设计、监理等咨询服务类交易。

（3）工程材料、工程设备等物料采购类交易。

在上述3类交易中，前两类交易及大型工程设备交易具有与一般物品交易不同的特点，通常是签订交易合同在前，然后才进入实质性交易状态，即生产和支付阶段。工程物料、小型工程设备交易与一般物品交易类似。

3. 工程交易市场

与交易一样，市场的定义也多种多样，但常分为"硬"和"软"两个范畴。在"硬"的范畴，常将市场定义为交易的场所，即市场具有空间的概念。在"软"的范畴，经济学家科斯认为市场和企业一样，均是一种经济组织形式；萨缪尔森则认为，市场是一种通过把买方和卖方汇集在一起交换物品的机制。

建设工程具有固定性的特点，因此大部分工程交易具有分散的特点，难以形成有形交易市场，即工程交易市场一般为无形交易市场；此外，工程交易市场是一种仅有一个买方而有多个卖方的"买方市场"。

目前有些地方将工程招标集中在固定场所进行，但这一过程仅解决了交易过程中发包人选择工程承包人这一环节，交易过程中的大部分活动仍是分散进行的，并与工程生产相互交织，即"边生产，边交易"，完成一宗工程交易的招标仅是一个起点。因此，从交易视角，这种仅将工程招标集中在固定场所进行的交易难以称为交易市场，只能称为工程招标市场。

在有形交易市场上，一方面，交易主体有更多的选择，包括对交易对象/主体、交易客体的选择；另一方面，还可以通过建立统一的交易制度，提高交易效率、降低交易成本，特别是政府采购交易，对遏制腐败也有一定的作用。而对于无形交易市场上的交易，难以用统一的交易制度来规范交易双方的行为，交易双方在交易过程中出现的争端，其解决途径也较为复杂，最终会产生较高的交易成本。显然，工程交易存在较高交易成本，这是其特点之一。

4. 工程交易条件

工程交易条件，或称工程交易门槛，是指对参与工程交易的客体，即工程项目，以及参与工程交易的承包主体，即建设企业，包括工程设计方、工程施工方和工程咨询方等均有一些基本要求，或要求它们满足一定条件，或达到一定的门槛。

任何一项工程的建设，均在不同程度上对经济社会发展存在影响。因此，政府部门对工程建设的立项有必要进行管理。仅通过政府相关部门审批、核准或备案的工程项目才能立项，即项目才被认定，其中对政府投资项目，必须经过政府投资主管部门审批；对企业投资项目，则实行核准或备案制。

对政府投资工程的施工交易，不仅要求工程立项，还要求工程初步设计经过政府投资管理部门批复，并按批复要求组织工程施工交易。

由于工程交易具有一次性、工程承包合同具有不完备性，以及"先订货，后生产"等特点，为维护建设市场秩序、保护工程发包人的合法利益，我国对工程承包人，包括工程设计、工程施工、工程咨询等工程建设和服务主体，实行资质管理制度。不同类型、不同规模工程对工程承包人的资质有具体要求，或者说，具有某一资质等级的工程承包人承包工程的范围受到一定的限制。仅当承包工程资质符合要求时，才有可能承包工程，即参与工程交易。

1.1.3　工程交易过程

1. 工程交易的一般过程

无论是工程施工类、咨询服务类，还是物料采购类交易，工程交易的一般过程如图 1-1 所示。

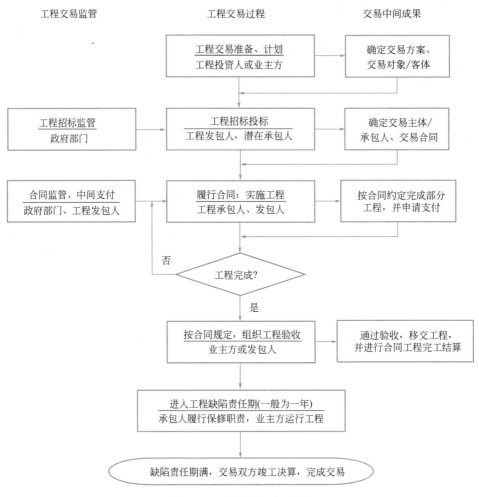

图 1-1　工程交易一般过程

工程交易的重要环节有：

（1）工程招标投标。由工程项目投资人或业主方组织工程招标，其任务是选定交易的另一主体，即潜在的工程承包人，并与其签订工程交易合同，包括确定工程交易价格。

（2）履行合同。由工程承包人按工程交易合同的规定实施项目，项目发包人按合同约定支付工程款项，即"边交易、边支付"，如按月完成的合格工程量、支付相应工程款项。

（3）验收工程项目。由项目业主方或发包人，按交易合同规定组织工程项目验收。承包人完成的项目通过验收，发包人按合同规定与承包人进行工程款项结算，承包人将工程移交发包人，并进入工程保修期。

2. 工程交易过程的特殊性

工程产品作为大宗交易的特殊商品，决定了工程交易过程有如下特殊性：

（1）工程交易的资产与时间的专用性。工程产品是一种定制产品，它是投资人/业主方的一种资产性投资，其资产专用性极强，而且与场地专用性纠缠在一起。在建设工程交易中，交易者也很重视时间，因为时间与费用常直接相关，这一点引发了工程交易的时间专用性。

（2）工程交易的偶然性。一方面，在经济社会发展中，存在较多需要开发建设工程的业主方，而每个业主方所要采购建设工程并不多；另一方面，建设市场上存在较多的承包人。因此，通过招标方式选择承包人的条件下，除专业化的工程开发商外，工程产品的卖方与买方，即承发包双方的合作具有偶然性，承发包双方多次合作的机会就更小。

（3）工程交易的不确定性。工程交易，一般都是"先订货，后生产"，交易过程包括了整个生产或施工过程。显然，相对于一般商品交易，工程交易比较复杂且时间也比较长。工程交易的这种长期性、复杂性决定其具有较大的不确定性。

（4）工程交易双方的信息不对称性。由于交易过程的偶然性和"先订货，后生产"，在工程招标中存在"隐藏信息"的问题；在履行合同过程中又存在"隐藏行动"的问题。

（5）工程交易合同的不完全性。工程交易要经过一个签订交易合同及漫长的履行合同的过程。在工程交易的过程中，发包人和承包人都是具有有限理性和机会主义倾向的"合同人"，加之工程实施过程有很大的不确定性，从而决定了建设工程的交易合同总是不完全的。

1.2　工程交易模式与交易机制

1.2.1　工程交易模式

1. 什么是工程交易模式

工程交易模式有狭义和广义之分，狭义的工程交易模式，即工程发包方式（Project Delivery System/Method），是指工程业主方/发包人采购工程对象或客体的组织方式，因此也称工程采购方式。工程交易基本的发包方式有：设计施工相分离的发包方式，即 DBB（Design Bid Build）；设计施工一体化的发包方式（另一视角称工程总承包方式），即 DB（Design Build）或 EPC（Engineering Procurement and Construction）方式。

【案例 1-1】某石化建设工程时空二元结构图单元和交易模式

某石化建设工程由煤气化装置、空分装置、主控室、净化装置（2100，2700）、净化装置（2300，2500）、煤筒仓和道路等组成。该工程的时空二元结构图单元如图 1-2 所示。工程业主方将煤气化装置、空分装置和主控室共 3 个子项目（一个"交易块"）采用设计、采购和施工整合，一并进行发包，即 EPC 方式，并由中石化宁波工程公司承担建设任务；工程业主方将净化装置（2100，2700）、净化装置（2300，2500）、煤筒仓和道路等子项目（一个"交易块"）的设计和施工分开发包，工程设计由实华工程设计有限公司承担，工程施工由中石化三建筑公司、中石化五建筑公司、安徽省一建筑公司和安徽石化建筑公司分别承担。

广义的工程交易模式是指工程交易元素中的 3 个要素，即交易客体、交易合同和交易管理的组合形式。如某工程采用 DBB 方式、采用单价合同的交易计价方式和工程业主方采用自主管理为主的管理方式，这总称为一种工程交易模式。

显然，广义工程交易模式是对狭义工程交易模式的延伸。这主要是工程交易方式、工程合同计价方和工程业主方管理方式三者存在着密切联系。

2. 工程典型发包方式

（1）DBB 方式，即设计与施工相分离的交易方式。这是目前国际上最为通用，也是最

图 1-2 工程时空二元结构图

为经典的工程发包方式之一。世界银行、亚洲开发银行贷款项目和采用国际咨询工程师联合会（FIDIC）《土木工程施工合同条件》的项目均采用这种交易方式。英国和中国 DBB 发包方式的组织形式分别如图 1-3 和图 1-4 所示。其中，业主/发包人是主导者。

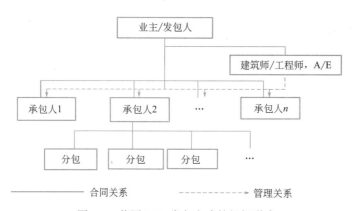

图 1-3 英国 DBB 发包方式的组织形式

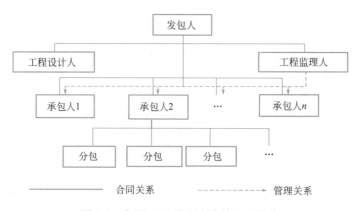

图 1-4 中国 DBB 发包方式的组织形式

（2）DB/EPC 方式，即设计施工一体化交易方式，或称工程总承包方式。采用该方式时，一般业主/发包人首先聘请咨询顾问公司，明确拟建项目的功能要求或设计大纲，然后通过招标的方式选择设计施工总承包人，并签订相应的总承包合同。DB/EPC 的组织形式如图 1-5 所示。

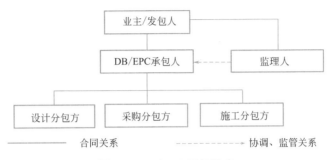

图 1-5　DB/EPC 组织形式

（3）集成项目交易方式。其包括：CM 方式和 IPD 方式。

1）CM（Construction Management）方式，是汤姆森（Charles B. Thomson）等人1968 年在研究关于如何加快设计和施工进度及改进管理控制方法时，提出的快速路径施工组织方式（Fast Track Construction Management）。采用 CM 方式可以将工程的详细设计工作和招标工作与工程施工搭接起来，从而实现快速路径法建设，如图 1-6 所示。

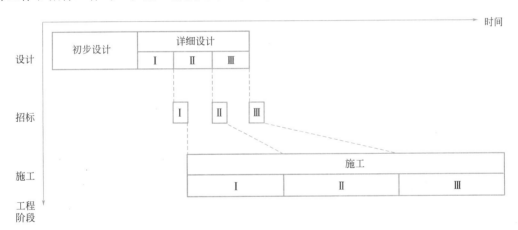

图 1-6　CM 方式组织工程实施示意图

2）IPD（Integrated Project Delivery）方式，即集成项目交易方式。2007 年美国建筑师协会将 IPD 定义为将参与项目的人、各系统、业务结构及实践经验集合为一个过程的项目交付方式。在这个集成的过程中，项目的参与方可以充分利用各自的才能和洞察力，通过在项目实施的各个阶段中通力合作，最大限度地提高生产效率，减少浪费，给项目业主创造更大的价值。IPD 方式的核心特征包括：集成化，通过工程合同将项目的关键参与方尽早地融入项目的决策中，以期实现工程项目的整体优化；精诚合作，要求在项目生命周期内，各参与方相互信任、密切合作，共同完成项目目标；基于全寿命期，在关键参与方共同商定项目目标时，便将工程全寿命期成本和可持续设计作为项目是否成功的考核指标；精益思想，通过提高建筑生产效率，减少浪费，最大限度地增加项目的价值。

3. 工程典型交易计价方式

工程交易计价方式，典型的有下列 3 类：

（1）基于价格的工程交易计价方式，包括：①工程总价不变的计价方式，对应的交易合同称为总价合同（Lump Sum Contract）；②工程单价不变的计价方式，对应的交易合同称为单价合同（Unit Price Contract）。

（2）基于成本的工程交易计价方式，包括：①成本补偿的交易计价方式，补偿的方式可以是成本的百分数，也可以是一次性奖励。对应的交易合同称为成本补偿合同（Cost Compensation Contract）；②目标成本的计价方式，成本目标由交易双方确定，并确定实际成本超过或低于目标成本这部分的分摊比例，对应的合同称为目标成本合同（Target Cost Contract）。

（3）限定最高价的交易计价方式，即双方确定一个交易最高价格，实际成本超过该价格时，风险由工程承包人承担，低于该价格时，节约部分由双方分成，对应的交易合同称为限定最高价合同（Limit the Highest Price Contract）。

4. 工程典型业主方管理方式

工程交易中，业主/发包人的管理方式，典型的有下列 3 种：

（1）建筑设计师管理方式，即发包人委托设计方对工程交易进行管理的方式。该方式中，工程设计方除承担工程设计任务外，还协助工程发包人组织工程施工招标，并为发包人提供施工合同的管理服务。建筑设计师管理方式在 20 世纪初出现在英国，后来在世界各国较为广泛地应用。1926 年动工建设的南京中山陵就采用了这种建筑设计师管理方式。1925 年 9 月，孙中山丧事筹备委员会（工程发包人）首先聘请专家评选出工程设计方/建筑设计师；然后由工程设计方协助发包人开展施工招标，并对施工合同进行管理。建筑设计师管理方式的最大优势是，可以促进工程设计与施工的融合，充分发挥工程设计方在工程建设中的作用。

（2）工程监理方式，或称监理工程师方式，即发包人委托咨询/监理公司，对工程（施工）交易进行管理的方式。这种交易管理方式最早在国际工程中应用，20 世纪 90 年代在我国建设领域得以引用，并被规定为一项强制性制度，即一切工程必须实行工程建设"监理制"。20 世纪下半叶，国际工程，即两个以上国家企业参与的工程，因涉及不同国家法律和企业文化的差异，如何有效地解决工程施工中出现的合同管理问题或合同争端？若每项合同争端均要通过仲裁或法院去解决，管理成本会很高，并影响工程建设进度。因而在 FIDIC 合同条件中就出现了"工程师（Engineer）"这一角色，相当于我国的监理工程师。"工程师"是独立于发包人、承包人的第三方，受发包人委托，对工程交易进行管理。在 20 世纪 90 年代初，我国建设领域在与国际惯例接轨的需求下，将 FIDIC 这套国际工程交易管理方式引入我国建设领域，形成本土化的"监理制"。应该注意到，当年国际工程普遍实行"监理制"，但国际上大部分非国际工程，并没有完全实行"监理制"，而是多种工程交易管理方式并存。"监理制"是国际工程的常用管理方式之一，而不是国际上所有工程项目均采用的管理方式。

（3）"（监理）工程师＋争端裁决委员会（Dispute Adjudication Board，DAB）"或 DAB 方式。该方式目前主要应用于国际工程。在国际工程中，FIDIC 较早就提出了"工程师"方式，即监理工程师方式，但在工程实践中遇到了困难，对一些较大的合同争端问题，监理工程师的协调作用受到较多限制。施工承包人认为，监理工程师受雇于发包人，在处理合同争端时，难以保证处理方案的公正、公平。因此，DAB 方式应运而生。DAB 这一组织一般由 3 位业界咨询专家组成：第一位专家由发包人推荐，但不属发包人所在国的专家；第二位由承包人推荐，但不是承包人所在国的专家；第三位则是由已推出的两位专家联合推荐，但应不属承、发包人的国家，也不属两位推荐人所在国的专家。该委员会由第三位专家任主任委员，3 位专家的报酬由承包人和发包人各支付 50％，以保证 DAB 的独立性。目前在一些国际工程中，就采用"（监理）工程师＋DAB"管理方式，有的国际工程也单独采用 DAB 交易管理方式，这主要取决于工程特点、工程发包人的管理能力和发包人偏好等因素。

1.2.2　工程交易机制

1. 什么是交易机制

交易中的一组基本问题是：如何选择交易对象、如何确定交易价格，以及产品的交割条件和价款支付条件是什么等。这一组基本问题常用交易机制这一概念来概括，交易机制就是指卖方或买方的选择、交易定价和交易合同形成等方法和规则的集合。常见的竞争性交易机制有招标投标、拍卖、竞争谈判和询价，它们的特点见表 1-1。

常见的竞争性交易机制特点　　　　　　　　表 1-1

交易机制	招标投标	拍卖	竞争谈判	询价
交易当事人	提出交易的一方一般为买方；一个买方对多个潜在卖方；招标人（代理人）、多个投标人；符合条件的法人或其他组织	提出交易的一方一般为卖方；一个卖方对多个潜在买方；拍卖人，委托人；自然人；法人或其他组织	提出交易的一方一般为买方；一个买方对多个潜在卖方；自然人；法人或其他组织	
交易组织方式	自行组织或委托代理	一般委托	自行组织	
交易要求、条件明示方式	招标公告或投标邀请书；招标文件、投标文件	拍卖公告；标的说明资料；现场竞价	谈判邀请；谈判文件、最终报价	询价通知书；报价
交易标的	工程、货物、服务	财产及财产权利	货物、服务	货物
竞价方式	一次；秘密；书面	多次；公开；一般口头	多次；秘密；一般书面	一次；秘密；一般书面
交易过程	一般有：资格审查、现场踏勘、投标、开标、评标和决标等；交易双方不就实质内容进行面对面接触；只有评标过程不公开	有展示拍卖标的、看样步骤；交易双方不就实质内容进行面对面接触；一般全过程公开	交易双方就实质内容进行面对面接触；交易过程秘密	交易双方不就实质内容进行面对面接触；交易过程秘密
竞争内容	价格、服务、质量，以及投标人诚信水平等	价格唯一	一般是价格	
确定最终交易对象方式	经评审程序；一般低价中标，或综合评审	一般无评审程序；一般高价者中标	简易对比；一般低价者中标	

2. 什么是工程交易机制

工程交易机制是工程承包人的选择机制、交易定价机制和交易合同形成机制的集合。工程交易的基本机制有下列几种：

（1）直接委托的工程交易机制。该机制是指工程发包人将工程建设任务直接委托承包人，并与其签订工程承发包合同，然后承发包双方履行合同，完成工程建设任务的机制。

（2）基于竞争性谈判的工程交易机制。该机制是指工程发包人邀请多家潜在承包人就工程承包事宜进行谈判，最终确定承包人和工程承发包合同，然后承发包双方履行合同，完成工程建设任务的机制。

（3）基于招标的工程交易机制。该机制是指工程发包人按工程招标方式选择承包人并确定工程承发包合同，然后承发包双方履行合同，完成工程建设任务的机制。其中，招标又分公开招标和邀请招标，在机制上略有差异。

1.3　工程招标与投标

工程招标与投标为工程交易的起点，是由工程买方/采购方为主导，多个市场主体参与的一场博弈。一般情况下，通过博弈，工程采购方，即招标人选定了工程生产方或服务方，即工程承包人，并确定交易价格和交易合同，工程发包人即为招标人。此后，工程进入实质性的交易过程，即承包人的生产或服务（如工程施工）与发包人的（交易款项）支付。

1.3.1　工程招标及其分类

1. 什么是工程招标

（1）工程招标（Construction Tendering），是指招标人（Tenderee）或买方（Buyer），以获得工程实体或所需资源为目的，通过法定的程序和方式吸引建设企业或供应商参与竞争，进而从中选择条件优者来完成工程建设任务的活动，即是工程招标人对愿意参与工程项目某一特定任务或资源供应的投标人（Bidder）审查、评比和选用的过程。工程招标是一类对建设工程进行新建、扩建、改建活动的招标。

（2）工程招标人是依法提出招标项目、进行招标的法人或者其他组织。工程招标人即为工程合同中的发包人。

（3）工程投标人是响应招标、参加投标竞争的法人或者其他组织。投标人的任何不具备独立法人资格的附属机构（单位）都无资格参加投标。在工程施工招标中，为工程项目的前期准备或者监理工作提供设计、咨询服务的任何法人及其任何附属机构（单位）都无资格参加该施工招标项目的投标。

从工程交易视角看，工程招标仅是确定了完成工程项目特定任务的承包人或服务方或资源的供应方，并确定了相关的合同及其价格，一般并不是"一手交钱，一手易货"，而是在工程招标之后，由承包人、服务方或供应方组织工程项目的施工、咨询服务或供应，并具有"边生产、边交易"、生产与交易相交织的特点。

2. 工程招标分类

按不同分类方法，工程项目招标可分为不同的类型。

（1）按招标/交易客体分类。可将工程招标分为：工程勘察设计招标、工程施工招标、工程总承包招标、专业工程承包招标、工程咨询/监理招标、工程设备招标等。

1）工程勘察设计招标。其是根据已获通过的可行性研究报告，择优确定勘察设计方的过程，其选择依据主要是勘察和设计成果的质量。勘察和设计是两种不同性质的工作，不少工程项目是由勘察单位和设计单位分别承担的。设计中的施工图设计可由中标的设计单位承担，也可由施工单位承担，一般不进行单独招标。

2）工程施工招标。其是根据已设计完成的工程设计文件，择优确定工程施工方的过程。对较为简单的工程项目，其选择依据主要是投标方的报价；对较为复杂的工程项目，选择依据不仅是投标方的报价，还要考虑投标方的工程施工能力、经验和信用等方面的因素。

3）工程总承包招标。其是指将工程设计施工作为一个整体发包，进而选择承包人的过程，即工程交易客体为工程设计施工情况下的招标。

4）专业工程承包招标。其是指在工程承包招标中，对其中某些比较复杂，或专业性强，或施工和制作有特殊要求的子项工程单独进行的招标。

5）工程咨询/监理招标。对实行工程"监理制"的工程，工程投资方或业主方，借用招标优选工程监理方的过程。优选过程主要考虑投标方的工程监理能力、经验和信用等。

6）工程设备招标。对通用工程设备招标，招标的对象是产品，在工程设备产品规格等确定后，主要比价格、质量和售后服务等；对专用工程设备，与工程施工类似，是"先订货、后生产"，招标确定的是制造商，即生产厂家。因此，招标时考虑的因素除工程设备价格外，要充分重视制造商的生产能力、经验和信用等。

（2）按招标方式分类。在《招标投标法》中，将建设工程招标分为公开招标和邀请招标两类。

（3）按招标国界分类。按招标的国界可分为国际招标和国内招标两种。

1）国际招标。其是指在世界范围内发出招标通告，挑选世界上技术水平高、实力雄厚、信誉好的承包商来参加工程建设。对于利用世界银行贷款的项目，其规定必须实行国际招标，世界银行的成员国均有机会参与投标。

2）国内招标。其是在本国范围内的招标，目前我国一般内资项目均采用这类招标，即仅允许国内的工程承包商参与投标竞争。

1.3.2　工程招标组织

工程招标组织通常有下列几种方式：

（1）工程发包人（或项目法人）依托自身的力量组织工程招标。这要求工程发包人具有较强的工程项目管理力量。

（2）工程发包人在工程设计方或监理方的协助下，组织工程施工或工程设备采购招标。这要求工程发包人具有一定的工程项目管理能力。

（3）工程发包人委托招标代理，由其主导工程招标。目前这种方式用得较多。

选择何种工程招标组织方式，由工程发包人根据自身管理能力、工程招标特点确定，任何单位和个人不得强制工程发包人采用某种工程招标组织方式。

当委托招标代理人组织工程招标时，工程发包人要与招标代理机构签订书面委托合同，明确业务范围、双方的责权利。对于工程施工招标，招标代理机构可以在其资格等级范围内承担下列招标事项：

1）拟订招标方案，编制和发售招标文件、资格预审文件。

2）审查投标人资格。

3）编制标底。

4）组织投标人踏勘现场。

5）组织开标、评标，协助招标人定标。

6）草拟合同。

7）招标人委托的其他事项。

招标代理机构不得无权代理、越权代理，不得明知委托事项违法而进行代理。招标代理机构不得在所代理的招标项目中投标或者代理投标，也不得为所代理的招标项目的投标人提供咨询；未经招标人同意，不得转让招标代理业务。

1.3.3 工程招标基本程序

招标是以招标人或招标人委托的招标代理机构（Tendering Agency）为主体进行的活动，投标是以承包商为主体进行的活动。招标与投标是两个不可分割的方面，是联系在一起的。因此招标程序不仅涉及招标人，也与投标人相关。此处主要介绍工程施工招标程序，而投标程序将在后续介绍，工程其他类型招标投标程序与此类似。工程招标的一般程序如图1-7所示。

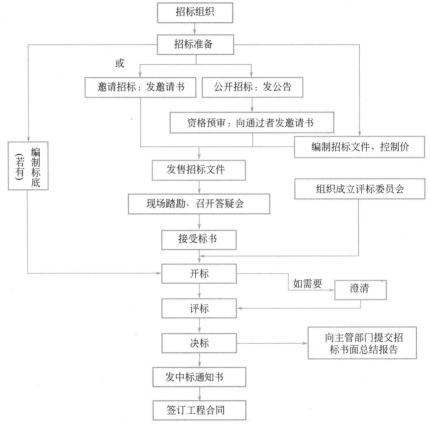

图 1-7 工程招标程序图

（1）招标组织。工程招标单位一般要构建招标领导小组和工程招标管理机构。领导小组对招标过程的重大问题进行决策；招标管理机构负责工程招标实务。

（2）招标准备（Tender Preparation）。招标人进行招标首先必须做好招标准备，内容包括落实招标条件、建立招标机构和确定招标计划3个方面。招标条件是指招标前必须具备的基本条件，如：招标项目按照国家有关规定需要履行项目审批手续的，应当先履行审批手续，取得批准；招标人应当有进行招标项目的响应资金或者资金来源已经落实等。施工招标计划一般包括：确定招标的范围、招标方式和招标工作进程等。

（3）招标公告（Tender Notice）、投标邀请（Invitation for Bids）、资格审查（Qualification Examination）、招标文件发售。公开招标，一般要求招标人在报刊上或其他场合发布工程招标公告；经批准的邀请招标，一般向特定的 3 家以上潜在承包人发送投标邀请书。在招标公告（或邀请书）中一般要说明工程建设项目概况、工程分标情况、投标人资格要求等。对公开招标，招标人经过对送交资格预审文件的所有承包商进行认真的审核之后，通知那些招标人认为有能力承包本工程的承包商前来购买招标文件。

（4）接受标书（Bid Accepting），即招标人接受投标人递交的投标文件的过程。通过资格预审的承包商购买招标文件后，一般先仔细研究招标文件，进行投标决策分析，若决定投标，则派员赴现场考察，参加业主方召开的标前会议，仔细研究招标文件，制定施工组织设计，做工程估价，编制投标文件等，并按照招标文件规定的日期和地点送达，招标人接收投标文件。

（5）开标（Bid Opening）是指在招标投标活动中，由招标人主持、邀请所有投标人和政府行政监督部门或公证机构人员参加，在预先约定的时间和地点对投标文件当众开启的过程。工程施工开标时，一般要宣布各投标人的报价。

（6）评标（Bid Evaluation）是指招标人组织成立的评标委员会按照招标文件规定的标准和方法，对各投标人的投标文件进行评价、比较和分析，从中选出中标候选人的过程。评标的最后结果是评标报告，其中包括推荐具有排序的 3 个中标候选人。

（7）决标（Bid Determination）是指在评标委员会推荐的中标候选人的基础上，由招标人最终确定中标人的过程。评标委员会一般推荐 3 个中标候选人，并有明确排序，招标人一般确定排名第一者中标，并与其签订工程合同。

1.3.4　工程招标范围与标准

建设工程理论上的建设方式有直接委托、竞争谈判和招标等，但我国相关法规对必须招标的建设工程项目范围与规模标准有明确规定。

1. 必须招标的建设工程项目范围

2018 年国家发展改革委在《必须招标的工程项目规定》中规定，在中华人民共和国境内进行下列 3 类工程建设项目，必须进行招标：

（1）大型基础设施、公用事业等关系社会公共利益、公众安全的项目。

（2）全部或者部分使用国有资金投资或者国家融资的项目，包括：①使用预算资金 200 万元人民币以上，并且该资金占投资额 10% 以上的项目；②使用国有企业事业单位资金，并且该资金占控股或者主导地位的项目。

（3）使用国际组织或外国政府贷款、援助资金的项目，包括：①使用世界银行、亚洲开发银行等国际组织贷款、援助资金的项目；②使用外国政府及其机构贷款、援助资金的项目。

2. 必须招标建设工程的规模标准

《必须招标的工程项目规定》进一步规定，必须招标建设工程项目范围内的勘察、设计、施工、监理及与工程建设有关的重要设备、材料等的采购，达到下列标准之一的，必须进行招标：

（1）施工单项合同估算价在 400 万元人民币以上。

（2）重要设备、材料等货物的采购，单项合同估算价在 200 万元人民币以上。

（3）勘察、设计、监理等服务的采购，单项合同估算价在 100 万元人民币以上。

对全部或者部分使用国有资金投资或者国家融资的项目，同一项目中可以合并进行的勘察、设计、施工、监理及与工程建设有关的重要设备、材料等的采购，合同估算价合计达到使用预算资金 200 万元人民币以上，并且该资金占投资额 10％以上的项目达到前款规定标准的，必须招标。

1.3.5　工程投标及其程序

1. 什么是工程投标

工程投标（Bidding）指经特定审查而获得投标资格的工程投标人，按照工程招标文件要求，编制工程投标书，在规定的时间内向招标人递交投标文件，并争取中标的行为。

工程投标文件一般应包括：

（1）投标函。

（2）投标人资格、资信证明文件。

（3）投标工程项目的实施方案及说明。

（4）投标价格。

（5）投标保证金或者其他形式的担保。

（6）招标文件要求具备的其他内容。

2. 工程投标程序

工程投标与工程招标过程相对应，其一般程序如图 1-8 所示。

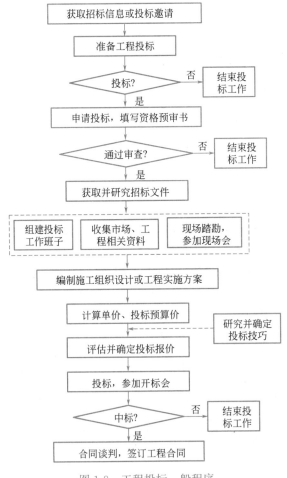

图 1-8　工程投标一般程序

1.4　工程合同及其管理

工程合同通过工程招标投标或/和工程发包人与承包人谈判后确定，是保障工程交易顺利进行的一种制度安排。

1.4.1　合同及其特征

1. 什么是合同

合同，也称契约或协议，是平等主体的自然人、法人、其他组织之间设立、变更、终止民事权利义务关系的协议。

2. 合同的特征

一般合同有下列几方面的特征：

（1）合同是一种民事法律行为。合同是合同双方当事人意思表示的结果，合同的内容，即当事人的权利和义务，是由意思的内容来确定的，因而合同是一种民事法律行为。

（2）合同是平等的主体间的一种协议。平等主体是指当事人在合同关系中的法律关系平等，彼此间不存在隶属关系或从属关系，平等地承担合同规定的权利和义务。

（3）合同是以当事人之间设立、变更、终止民事权利义务关系为目的的协议。其既包括有关债权债务关系的合同，也包括非债权债务关系的合同，如抵押合同、质押合同等，还包括非纯粹债权债务关系的合同，如联营合同等。但一般合同不包括婚姻、收养、监护等有关身份关系的协议。

依法订立的合同，对当事人具有法律约束力。当事人应当按照约定履行自己的义务，不得擅自变更或者解除合同。如果不履行或不按约定履行合同义务，就应当承担违约责任。

1.4.2　工程合同及其分类

1. 什么是工程合同

工程合同是客体为建设工程并与之相关的一类合同，包括施工承包类合同（Construction Contract），其是施工承包人进行工程建设、工程发包人支付价款的合同，以及工程咨询类合同（Consultant Contract），其是咨询服务方提供咨询、工程发包人支付价款的合同。

2. 工程合同订立

工程合同客体的特殊性，决定了其订立过程与其他合同不尽相同。工程合同签订前一般要进行合同谈判，该谈判一般分两个阶段。

（1）决标前的谈判。开标以后，招标人通常要和投标人就工程有关技术等问题逐一进行谈判。招标人组织决标前谈判的目的在于：

1）通过谈判，了解投标人报价的构成，进一步审核和明确报价。

2）进一步了解、审核投标人的施工规划和各项技术措施的合理性，以及对工程质量和进度的保证程度。

3）根据参加谈判的投标人的建议和要求，也可吸收一些好的建议，可能对工程建设会有一定的影响。

投标人有机会参加决标前的谈判，则应充分利用这一机会：

1）争取中标，即通过谈判，宣传自身的优势，包括技术方案的先进性、报价的合理性等。

2）争取合理价格。

3）争取改善合同条件。

决标前谈判一般来说招标人较主动。

（2）决标后的谈判。招标人确定中标者并发出中标函后，招标人还要和中标者进行决标后的谈判，即将过去双方达成的协议具体化，并最后对合同的所有条款和价格加以认证。决标后的谈判一般来说中标承包商比较主动，此时其地位有所改善，并经常利用这一点，积极地、有理有节地同业主方就合同的有关条款谈判，以争取对自身有利的合同条件。一般而言，决标前确定的、实质性的内容不能变。

招标人和中标者在对价格和合同条款谈判充分达成一致意见的基础上，签订合同协议书（在某些国家需要到法律机关公证）。至此，双方即建立了受法律保护的合同关系。

3. 工程合同体系

对不同工程项目，其合同体系（包括工程合同种类、工程合同数量等）差异较大，除与工程项目的特点相关外，还与工程项目业主方/发包人选择的工程交易方式、组织管理方式及业主方/发包人的偏好相关。图 1-9 和图 1-10 为两个分别采用 DBB 和 DB 交易方式的工程项目的合同体系。

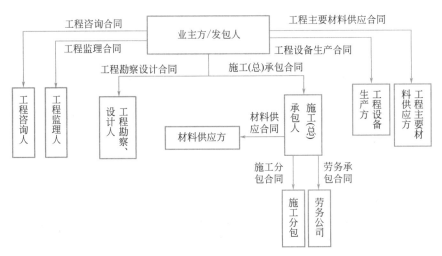

图 1-9　某工程 DBB 下合同体系

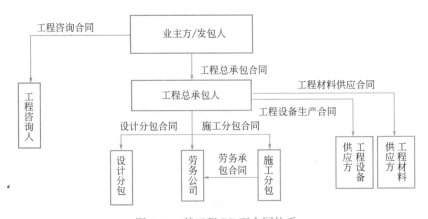

图 1-10　某工程 DB 下合同体系

图 1-9 和图 1-10 表明，DBB 与 DB 方式下，所包括的合同不尽相同；有的即使合同名称相同，但是合同当事人也可能不同。

4. 工程合同分类

工程项目的复杂性决定了工程合同的多样性，其类型可按不同分类方法加以划分。

（1）按合同的"标的"性质分类。一般将与工程建设相关的合同分为：

1）工程勘察或/和设计合同。

2）工程咨询合同。

3）工程监理合同。

4）工程材料供应合同。

5）工程设备供应或生产合同。

6）工程施工合同。

7）施工专业分包合同。

8）劳务分包合同。

（2）按合同所包括的工作范围和承包关系分类。根据合同所包括的工程范围和承包关系可将工程合同分为承包合同和分包合同。

1）承包合同（Contract for Works）。它是指发包人与（总）承包人之间就某一工程项目的承包内容签订的合同。承包合同的当事人是发包人和（总）承包人，工程建设中所涉及的权利和义务关系，只能在发包人和（总）承包人之间发生。

2）分包合同（Sub-contract for Works）。它是指（总）承包人将工程的某部分或某子项工程分包给某一分包方去完成所签订的合同，分包合同的当事人是（总）承包人和分包方。分包合同所涉及的权利和义务关系，只在（总）承包人和分包方间发生。发包人与分包方之间不直接发生合同法律关系，但分包方要间接地承担（总）承包人对发包人承担的而由分包方承担的工程建设的有关义务。

（3）按合同计价方式分类。按建设工程合同的计价方式，常将合同分为基于价格的合同、基于成本的合同和混合合同 3 类 6 种。详细内容将在第 3 章介绍。

1.4.3　工程合同与法律的关系

1. 工程合同是工程交易中对现行法律的补充

在专业化分工发达和市场经济环境下，工程建设成果均是通过交易的方式获得。为规范工程交易主体行为、保证工程交易有序进行，必然要求参与工程交易的各方遵守交易行为规范。而这种交易行为规范是经济行为规范的组成部分，可分为两个层次，即法律法规和合同。

法律法规这一层面，通常是指由社会认可、国家确认、立法机关制定的规范行为的规则，并由国家强制力（主要是司法机关）保证实施的，以规定当事人权利和义务为内容，对全体社会成员具有普遍约束力的一种特殊行为规范（社会规范）。法律法规代表的是行为规范的普遍性，国家的每一个公民都必须遵守。在工程交易领域，任何人均不得违反法律法规从事工程交易活动。但法律法规不可能十分详细，也不可能具体到规范每一工程交易方的具体交易行为。为弥补这一不足，这就需要第二层次的行为规范——合同来约束和规范。从这一视角，工程合同是工程交易中对现行法律法规的补充。

合同可适应行为规范的特殊性，它只对合同双方当事人产生法律效力，即合同当事双方必须全面履行合同。当事人不履行或不全面履行合同规定的义务，必须承担由于违约而引起的责任。

2. 合同必须遵守法律法规

作为规范工程交易行为第一层次规范的法律法规，是要求每个自然人、法人必须遵守的，因此，作为规范工程交易行为第二层次规范的合同必须遵守法律法规，这是一个基本原则。因此，要求签订合同时，相关内容要符合现行法律法规的要求。只有依法成立的合同，才是有效合同，对当事人有约束力，也才受到法律法规保护。合同如果违反法律法规，则属无效合同，且从一开始就没有法律约束力。合同无效经常出现两种情况：一种是合同部分条款无效，即合同中某些条款不符合法律法规规定，则这些条款无效，但不影响其他部分效力，其他部分仍有效；另一种情况是合同的主要条款或核心条款违反现行法律法规，则整个合同无效，但它不影响合同中独立存在的有关解决争议方法的条款的效力。

3. 合同的适用法律法规

对一个工程合同而言，它的订立和履行要遵守法律法规，这些法律法规是特定的。对国内工程，当然是指本国的法律法规；对国际工程，由于不同国家法律法规的规定不同，就存在合同应遵守哪个国家、甚至哪个地区的法律法规问题。因此，对国际工程，有必要在合同文件中明确规定一种适用于该合同并据以对该合同进行解释的国家或地区的法律法规，称其为该合同的"适用法律"（Applicable Laws）。

但在国际工程中，某些专门问题的条款并不一概以"适用法律"为依据解释。如仲裁，若在仲裁条款中，双方同意向工程所在国的某一仲裁机构申请仲裁，则就不受工程所在国的仲裁法的约束。

4. 与工程合同相关的法律体系

我国与工程合同相关的法律法规包括多个层次。

（1）法律。法律指由全国人民代表大会及其常务委员会审议通过后颁布的法律，如《招标投标法》《民法典》《中华人民共和国建筑法》（以下简称《建筑法》）等。

（2）行政法规。行政法规指由国务院依据法律制定并颁布的法规，如《建设工程勘察设计管理条例》《建设工程安全生产管理条例》和《建设工程质量管理条例》等。

（3）地方法规。这是法律和行政法规的细化和具体化，大多是由省级人民代表大会及其常务委员会审议通过后颁布的地方性法律、省级人民政府审议通过后颁布的地方性法规，如《江西省实施〈中华人民共和国招标投标法〉办法》（2014 年 7 月 25 日江西省第十二届人民代表大会常务委员会第十二次会议通过）、《江西省重点建设项目管理办法》（江西省人民政府令第 93 号，2000 年 4 月 6 日江西省人民政府第 42 次常务会议讨论通过）等。

（4）部门规章和地方规章。部门规章和地方规章是指国务院相关部委依据法律、行政法规，根据行业制定和颁发的各种规章。如住房和城乡建设部颁发的《建筑工程设计招标投标管理办法》，水利部颁发的《水利工程质量管理规定》。

从体系上讲，从国家法律、行政法规、地方法规到部门规章、地方规章，地方法规不能违反国家法律；规章不能违反法规；法规不能违反法律。对工程合同而言，相关内容要遵守国家法律法规及工程所在地的地方法规。

1.4.4　工程合同管理

1. 什么是工程合同管理

工程合同管理（Contract Administration/Management）是指工程交易双方对工程合同履行过程相关事项的管理。其中，相关事项主要包括工程计量、工程变更、工程支付、工程质量检验、工程验收等。因此，工程交易双方均存在合同管理的问题。

通过工程招标与投标的博弈，招标人选定了工程承包人，并签订了工程交易合同，招标人也转身成为发包人。此时，一场新的博弈拉开了帷幕，"剧本"则是工程交易合同，"主角"是发包人和承包人，博弈焦点在于各方均希望通过工程交易获得最大效用。发包人希望通过严格的合同管理按时获得高品质的工程，承包人也希望通过有效的合同管理获得更多的收益。

工程合同履行过程，即工程交易过程，由于工程合同的不完备和交易双方信息的不对称，与工程招标过程相比，发包人和承包人的地位发生了逆转，承包人在技术、信息等方面占有明显优势。如何获得一个符合合同规定的工程实体，发包人有许多艰苦的合同管理工作要做。这也许是目前几乎所有的教科书在介绍工程合同管理时，总是介绍发包人的工程合同管理问题的原因所在。

2. 发包人的工程合同管理

（1）工程发包人（Project Employer）工程合同管理的重要性。发包人是通过工程交易合同获得期望的工程，而工程是合同的另一主体——承包人生产的。因此，发包人通过工程合同管理，促使承包人提供符合合同规定的工程就显得十分重要。

（2）工程发包人的工程合同管理目标。包括在合同规定的工期内，获得工程合同范围内品质优良的工程，并且工程支付控制在理想指标内，以及工程施工安全、施工环境保护等指标在工程合同规定的范围内。

（3）工程发包人开展工程合同管理的障碍。主要包括：

1）一般工程发包人对工程合同管理不专业，对承包人的监管效率较低。因此，存在发包人直接监管难以到位的问题。

2）工程合同具有不完全性，这给发包人合同管理带来困难。在工程合同的履行过程中，无论是工程建设内容，还是工程建设条件均有可能发生变化或调整，即工程合同在履行过程中存在变更的问题。合同变更，势必会出现重新定价等问题，这时发包人处于被动地位。

3）工程合同履行过程中，存在信息不对称，发包人面临"道德风险"问题。工程实施由承包人主导，承包人占有履行合同过程的信息优势，发包人则相反；若发包人要改变这一局面，则需支付较高的成本。因此，通常是承包人利用其信息优势追求利益最大化；而发包人则面临被"要挟"或"敲竹杠"的可能。

（4）工程发包人提升工程合同管理水平，实现工程交易目标的途径。主要包括：

1）高质量完成工程招标。包括：编制好工程招标文件（如合同条件选择，确定工程计价方式和评标机制设计等），科学组织工程评标，目标是签订一份相对完备的、价格合理的施工合同，选择一个有能力、讲诚信的承包人。

2）构建专业、高效的工程合同管理机构。一般工程发包人对工程合同管理并不专业，但其可选择助手，如监理工程师协助进行合同管理，也可将工程合同管理的任务完全交由专业工程项目公司完成。

3）构建工程合同激励机制。经济学的委托代理理论告诉我们，针对工程合同发包人和承包人这种委托代理关系，解决这类委托代理问题的途径之一是激励。发包人构建一种考核与奖惩相结合的激励机制，以诱导承包人为实现发包人或工程合同的目标而努力。

3. 承包人的工程合同管理

（1）工程承包人（Project Contractor）合同管理的特点。工程合同是承包人组织工程施工（生产）的依据和边界。承包人在工程合同框架下组织工程施工，工程质量控制以工程合同相关规定或规程规范为依据。当工程建设内容、建设条件与工程合同规定相比存在差异，且工程施工成本有所增加时，承包人应向发包人要求补偿，并就补偿相关事项进行谈判。

（2）工程承包人合同管理的主要任务。工程施工在合同规定范围内时，承包人的任务是按合同规定施工，通过科学的施工项目管理，以追求尽可能大的利润空间，并按合同规定进行工程计量、向发包人申请支付，以及接受发包人组织的工程质量检验、向发包人移交工程等合同规定内、常规的管理事项。仅下列几种情况，承包人需要通过向发包人提出各类申请或报告，就相关情况与发包人进行协调、沟通或谈判，出现较为复杂的工程合同管理问题：

1）工程建设内容发生了调整，即出现了工程变更。
2）工程建设环境发生了改变，包括自然、社会和市场环境发生的变化。
3）发包人对工程建设提出了额外的要求。
4）其他工程合同规定以外，但又涉及工程建设内容和工程建设环境的事项。

本章小结

工程招标、投标和合同是工程交易成功的关键要素。本章在介绍工程交易的概念、特点，以工程交易模式、交易机制、交易门槛等方面知识的基础上，系统地介绍了工程招标（包括工程招标的概念、分类和程序等）、工程投标的概念和基本程序，以及工程合同的概念、特征、分类、管理等内容。

工程交易具有"先订货，后生产"的特点，工程招标投标是其起点；工程发包人通过发包确定了工程交易的另一主体，即工程的承包人，并确定了工程合同与价格；工程合同是工程交易双方交易过程中需要遵循的文件，其规定了工程承包人在工程交易过程中实施工程进度、质量和安全等方面应承担的责任和义务，也规定了发包人在工程款支付方面的责任和义务。在时间上，工程招标和合同管理属于工程交易的两个不同阶段。但在逻辑上，工程招标对合同管理影响深刻。工程合同是工程招标取得的成果之一，包括工程招标投标文件，以及招标投标过程就工程交易双方共同形成的其他文件。

工程交易双方均存在合同管理问题，但他们的管理目标、管理逻辑等方面均存在差异，甚至在工程合同管理中还存在博弈，一些工程建设出现的质量、进度，以及双方的争端是由于工程承包人和/或工程发包人不履行或不完全履行合同而产生的。因此，管理好工程合同，是承包人和工程发包人的共同任务。

思考与练习题

1. 工程交易的内涵和要素有哪些?

2. 工程发包方式有哪些,各有什么特点? 各适用于什么条件?

3. 工程招标的内涵是什么? 工程招标如何分类? 工程招标、投标的一般程序如何?

4. 何为工程合同? 工程合同有什么特征?

5. 工程合同如何分类? 各类合同的主要差异有哪些?

6. 什么是工程合同管理,工程发包人和承包人的合同管理有什么差异?

7. 工程交易、招标投标与合同存在什么逻辑关系?

第 2 章　工程招标投标与合同管理理论基础

本章知识要点与学习要求

序号	知识要点	学习要求
1	交易成本的内涵和建设工程交易成本的外延	熟悉
2	拍卖的概念和分类	熟悉
3	拍卖机制及工程招标模型	了解
4	不完备合同的内涵及产生原因	掌握
5	工程合同不完备性及其主要表现形式	熟悉
6	工程合同不完备性的影响因素	了解
7	不完备工程合同的主要管理问题	熟悉
8	完备合同的内涵及与其匹配的治理结构	熟悉
9	不完备合同的治理结构与"监理制"	掌握
10	工程发包人面临的"道德风险"的内涵及应对	掌握
11	工程合同激励机制的原理	熟悉
12	多阶段博弈信誉模型和"一对多"的竞赛模型的内涵	了解

招标投标与合同的概念在 200 多年前就出现了，但真正在工程建设领域被广泛应用，是伴随着经济社会及经济管理理论的发展，使得其基本理论体系逐步形成之后，约是近百年的事。本章将简要介绍工程招标投标与合同管理的基础理论，为深入了解工程招标投标与合同管理打下基础。

2.1　工程交易成本理论

2.1.1　交易成本

1. 交易成本的内涵

交易成本（Transaction Cost），也称交易费用。目前，对交易成本的定义还没有统一意见，不同经济学家用不同的视角对其进行描述。

交易成本的概念首先由科斯于 1937 年提出。他指出交易成本是"通过价格机制组织生产的成本，最明显就是发现相对价格的成本"，是"利用价格机制的成本"。他还认为，企业组织作为市场的替代同样存在内部的"管理费用"。科斯在 1960 年发表的《社会成本问题》一文中，在明确提出交易成本概念的同时，对交易成本的内容作了界定，指出"为了进行市场交易，有必要发现谁希望进行交易，有必要告诉人们交易的愿望和方式，以及通过讨价还价的谈判缔结契约，督促契约条款的严格履行等"。

美国经济学家阿罗（Arrow）将交易成本定义为"经济制度运行的成本"。作为阿罗学生的威廉姆森（Williamson）继承老师的衣钵，认为交易成本就是"经济系统运转所要付出的代价或成本"，威廉姆森还形象地将交易成本比喻为物理学中的摩擦力。

张五常将交易成本界定为：所有鲁宾逊·克鲁索经济中不可能存在的成本，在这种经济中，既没有产权，也没有交易，亦没有任何组织。简而言之，交易成本包括一切不直接发生在物质生产过程中的成本。他还认为，从最广泛的意义上说，所有不是由市场这只"看不见的手"指导的生产和交换活动，都是有组织的活动。当把交易成本定义为鲁宾逊经济中不存在的所有成本，把经济组织同样宽泛地定义为任何要求有"看不见的手"服务的安排时，就出现了这样的推论：所有的组织成本都是交易成本。对此，张五常提出了"组织运作的交易成本"的概念。

显然，对于交易成本的定义，学者们意见并不完全一致，但就本质而言，却是大同小异。

2. 交易成本的外延

交易成本的外延，即交易成本具体包括哪些内容。对此，科斯、威廉姆森等做过研究。

（1）科斯对交易成本外延的认识。他指出，交易成本至少应包括下列 3 项内容：

1）发现相对价格的工作。进行市场交易并不是如正统的完全竞争理论所假设的那样：价格信息为既定的并为所有当事人所掌握。相反，价格是不确定的、未知的，要将其转化为已知，进行市场交易的当事人必须付出代价。

2）谈判和签约的成本。市场交易过程不一定是顺利的，因为交易人之间常会发生纠纷、冲突，这就需要讨价还价，签订和履行合约，甚至诉诸法律。这些均要花费一定的成本。

3）其他方面的不利因素（或成本）。对此，科斯仅列了签订长期合约虽可能节省因较多的短期合约而需要的部分成本，但是却可能因为未来的不确定性或预测的困难，合约越长，对未来进行预期的成本越高，因而长期合约只可能是"一般条款"。以后需要解决交易的细节问题，从而要多花费成本。

（2）威廉姆森对交易成本外延的认识。威廉姆森除了对交易成本的定义有研究外，对交易成本的外延也有研究，他将交易成本区分为签订合同前的"事前"交易成本和签订合同后的"事后"交易成本。威廉姆森的"事前"交易成本是指草拟合同、就合同内容进行谈判，以及确保合同得以履行所付出的成本。威廉姆森的"事后"交易成本主要包括：

1）不适应成本，即交易行为逐渐偏离了合作方向，造成合作双方不适应的成本。

2）讨价还价成本，即如果双方想纠正事后不合作的现象，需要讨价还价所造成的成本。

3）建立及运转成本，即为了解决合同纠纷而建立的治理结构（常不是法庭）并保持其运转，所支付的成本。

4）保证成本，即为了确保各种承诺得以兑现所付出的成本。

2.1.2　交易成本的决定因素

在现实世界里进行经济活动，均存在"摩擦力"，即存在交易成本，那么，交易成本产生的原因，或者说决定因素是什么？对此威廉姆森和诺斯等作过分析研究。

(1) 威廉姆森关于交易成本决定因素的分析。威廉姆森的研究认为，决定交易成本的主要因素包括人的因素、与特定交易有关的因素和交易的市场环境因素等。

1) 人的行为因素。威廉姆森认为，现实生活中的人并不是"经济人"，而是"合同人"，"合同人"都处于交易之中，并用明的或暗的合同来协调他们的交易活动。"合同人"的行为不像"经济人"那样理性，具体表现为有限理性和机会主义行为。

① 有限理性。所谓有限理性，是指主观上追求理性，但客观上只能有限地做到这一点的行为特征。这在于人们认识世界的能力是有限的，交易当事人不可能把签约前后的方方面面完全搞清楚，并在合同中得到反映，因此，合同总是不完备的，而这必然会增加交易成本。正如威廉姆森所说，理性有限是一个无法回避的现实问题，因此就需要正视为此所付出的各种成本，包括计划成本、适应成本，以及对交易实施监督所付出的成本。

② 机会主义行为。所谓机会主义行为，是指人们在交易过程中不仅追求个人利益的最大化，而且通过不正当的手段来谋求自身的利益。例如，随机应变，投机取巧，有目的和有计划地提供不确实的信息，利用别人的不利处境施加压力等。

人的有限理性和机会主义行为的存在，导致了交易活动的复杂性，并使得交易成本增加，严重者甚至会使合同履行出现危机，这也正是交易机制和交易方式设计成为必要的原因。

2) 与特定交易有关的因素。威廉姆森认为，某些交易采用某一种方式组织，而其他交易采用别的方式来组织，其中必有经济上的合理原因。这原因可概括为三方面的因素：资产专用性 (Asset Specificity)、交易不确定性 (Uncertainty) 和交易的频率 (Frequence)。

① 资产专用性。威廉姆森将其解释为，在不牺牲生产价值的条件下，资产可用于不同用途和由不同使用者利用的程度，它与沉没成本的概念相关。当某一项耐久性投资用于支持某项特定的交易时，所投入的资产就具有专用性。在这种情况下，如果交易不正常地终止，所投入的资产将完全或部分地无法改作他用，因为在投资所带来的固定成本和可变成本中都包含了一部分不可挽救的成本。

② 交易不确定性。其包括交易前后事件的不确定性和信息不对称引起的不确定性。在交易过程中，不确定是绝对的，而确定是相对的。当不确定程度很高时，交易双方对未来可能发生的事件就无法预期到，因而也不可能把未来的可能事件载入合同。在这种情况下，就必须设计一种交易双方均能接受的合同条件，以便在事后可能的事件发生时，保证双方能够平等地进行谈判，作出新的合同安排，这当然会增加交易成本。

③ 交易的频率。其是指单位时间内交易发生的次数。多次交易较之于一次交易，更容易抵消治理结构确立和运转所需的成本。交易成本随交易频率的增加而下降，但并不是无限地减少。

3) 交易的市场环境因素。交易的市场环境因素是指潜在的交易对手的数量。威廉姆森认为，交易开始时存在大量供应商参加竞标的条件，并不意味着这种条件此后还会存在。事后竞争是否充分，依赖于所涉及的产品或者服务是否受到专用性人力或物质资产投资的支持。若没有这样的专用性投资,最初的赢家就不能实现对非赢家的优势。相反,一旦存在专用性投资,就不能假定竞争对手还处在同一起跑线上。在这种情况下,最初的完全市场被垄断市场所代替,最初的大多数竞争条件就让位于事后的"小数目条件",而这一个过程被他称之为"根本性的转变"。若交易关系终止,就会造成经济价值的损失,并且使处于交易垄断一方的机会主义行为的可能性大增,非垄断一方将为交易的继续维持付出相当大的代价。

(2)诺斯(North)关于交易成本决定因素的分析。诺斯从交易对象的多维属性、信息不对称与人的机会主义倾向、交易的人格化特征等方面对交易成本的决定因素作了分析。

1)交易对象的多维属性。诺斯认为,作为交易的对象,如商品、服务均具有许多属性,要对这些属性予以充分理解或精确的描述,其代价是高昂的。如,买一辆汽车所要考虑的质量问题可能有数十个或还要多,要对每个质量问题搞清楚,这不仅需要掌握这些质量特性值的标准,还要对购买对象的质量特性值进行度量,进而判断其质量状况。显然,在交易前要对这些属性全面把握,这就必然会引起高昂的交易成本。

2)信息不对称与人的机会主义动机。由于交易对象具有多维属性,这就必然使交易主体双方产生信息不对称的问题。如,卖汽车的人比买者更了解汽车的价值属性,医生比病人更了解医疗服务的数量和技能。这种信息的不对称为占有较多信息一方的机会主义动机提供了现实条件。正如诺斯所说,不仅一方比另一方更为了解某些价值属性,而且他或她还将从信息的收集中获取收益。按照一个严格的财富最大化行为假定,当进行交易的一方进行欺骗、偷窃或说谎所获取的收益超过他所获得的可选机会的价值时,他就会这样做。

3)交易的人格化特征。诺斯认为,交易成本的产生与交易的人格化特征是相关的,而交易的人格化特征又与分工和专业化程度有关。根据专业化和分工程度,诺斯将人类社会经历的交易形式分为3种:第一种是简单的、人格化的交易形式。在这种交易形式中,交易是不断重复进行的,卖和买几乎同时发生,每项交易的参加者很少,当事人之间拥有对方的完全信息,因而交易成本不高。这种个人的交易受市场和区域范围的局限,专业化程度不高,生产费用高。第二种是非人格化的交易形式。在这类交易形式中,市场得以扩大,长距离与跨文化交易得到发展,交易成本明显上升,专业化程度也有所提高,生产成本也有了下降。第三种是由第三方实施的非人际交易形式。在这种交易形式中,分工和专业化程度大幅度提高,因而使生产成本下降,但由于交易极其复杂,使交易成本大大增加。

(3)威廉姆森和诺斯对交易成本决定因素分析的异同。主要表现在:

1)威廉姆森主要针对"事后"交易成本的形成作了仔细的分析,指出交易成本决定因素包括3方面,即:人的因素,有限理性、机会主义动机;与特定交易有关的因素,资产专用性、交易不确定性和交易的频率;交易的市场环境因素。

2)诺斯关于交易对象多维属性的分析、信息不对称对引起交易成本的分析,有助于人们对"事前"交易成本的认识。诺斯关于交易人格化特征和人的机会主义对交易成本的影响的分析有助于对"事后"交易成本的理解。

3)威廉姆森和诺斯对交易成本决定因素的认识不尽相同,但并不存在本质的差别,仅是他们分析的视角和分析的重点不同。他们的分析实际上还有一定的互补性，有助于后人从多方面、多视角了解交易成本产生的原因和决定因素。总体而言，威廉姆森对交易成本决定因素的分析比诺斯的分析要仔细而全面，也有更强的解释力。

2.1.3　工程交易成本的内涵和外延

1. 建设工程交易成本内涵

根据经济学家们对交易成本的定义和建设工程交易特点，可将建设工程交易过程的交易成本定义为：组织工程招标与签约的费用成本、签约后管理交易合同和无效监管而增加的额外成本/费用，以及建设工程最终验收和保修的管理费用。其中，签约后管理交易合同和无效监管而增加的额外成本/费用变化最多，影响的因素也极为复杂，其他部分相对固定。

2. 建设工程交易成本外延

根据工程建设及其管理的特点，可将建设工程交易的交易成本清晰地分为工程合同签订前的交易成本和工程合同签订后的交易成本（即履行合同过程中的交易成本），简称为合同前交易成本和合同后交易成本。

（1）合同前交易成本。对于发包人而言，签订合同前发生的交易成本有：委托招标代理的费用（包括发布招标广告费用、编制招标文件费用、组织招标过程中评标等各项活动的费用）、合同谈判费用、招标可能失败的风险性费用等。某一工程项目合同前交易成本的多少主要决定于工程招标的次数，即决定于工程的发包方式，如，采用 DB 或 EPC 发包方式，可能仅组织一次工程招标，工程项目合同前交易成本就较低；而采用 DBB 发包方式，并将一个工程项目分成多个子项，分别招标发包，则就有多次招标，发生多次合同前交易成本，因而总的合同前的交易成本会较高。相对而言，工程合同前交易成本比较明确，当工程发包招标的次数确定后，就可比较准确地估计出该工程合同前总的交易成本。

（2）合同后交易成本。对发包人而言，工程的合同总价，以及工程在实施过程中增加或减少工程内容，或提高或降低工程质量所发生的正常费用之和为工程的成本。这里的正常费用是指工程量是客观的、工程单价是符合合同规定的或在合同的约束范围内确定的。根据建设工程交易的特点，发包人面对合同后交易成本可分为管理组织交易成本和额外交易成本。

1）管理组织交易成本。其是发包人为保证合同能正常履行，而建立管理组织机构，以及委托监理和/或 DAB、或委托项目管理公司等所需要的费用。这类费用的特点是，发包人的管理方式一旦确定，其费用也随之确定。因此，管理组织交易成本也称不变交易成本。如发包人一旦确定委托施工监理，则管理组织交易成本就包括：建立发包人管理组织机构费用、委托监理费用。

2）额外交易成本。这项成本出现的原因：一是由于合同的不完备、工程内容或建设条件的不确定、工程质量标准模糊、建设条件的不确定等因素引起，给承包人机会主义行为留有活动空间；二是由于发包人对承包人机会主义行为监督失控，或发包人增加了协调各方关系的成本。显然，其与承包人的诚信、工程合同的不完备性、发包人和监管水平等因素相关。显然，额外交易成本是否出现，以及出现后为多大，这些都是变量。因此，也称额外交易成本为可变交易成本。

2.2　工程招标投标理论基础

工程招标作为工程交易的起点，其任务是选择另一交易主体，即选择承包人，并确定交易合同和交易价格。在市场经济环境下，建设工程发包人（即买方），广泛采用招标方式选择承包人（即卖方）。工程招标与物品拍卖有异曲同工之妙。事实上，现代工程招标理论是基于物品拍卖机制而发展起来的。

2.2.1　拍卖与工程招标

1. 什么是拍卖及其机制

拍卖也称竞买，是一种竞买方式，以公开竞价的方式，将特定的物品或财产权利转让给最高应价者的买卖方式。

拍卖机制（Auction Mechanism）是拍卖人为了实现特定的拍卖目标而设置的一系列明确规则，包括竞价规则、分配（发放）规则和支付规则，这些规则在市场参与者的报价基础上确定资源配置结果及市场均衡价格。其中，竞价规则包括价格是公开的还是密封的，竞价方式是上升的还是下降的。受让规则包括：物品发放给出价最高者还是出价最低者；支付规则是中标人按其出价支付还是依其他价格支付等。

按拍卖机制，通常可将拍卖分为英式拍卖、荷兰式拍卖、一级密封价格拍卖和二级密封价格拍卖。

（1）英式拍卖（English Auction）。其是一种常见的增价拍卖，指在拍卖过程中，拍卖标的物的竞价按照竞价阶梯由低至高、依次递增，当到达拍卖截止时间时，出价最高者成为竞买的赢家（即由竞买人变成买方）。拍卖前，卖家可设定保留价，当最高竞价低于保留价时，卖家有权不出售此拍卖品。当然，卖家亦可设定无保留价，此时，到达拍卖截止时间时，最高竞价者成为买受人。

（2）荷兰式拍卖（Dutch Auction）。亦称"减价拍卖"，是指拍卖标的的竞价由高到低依次递减直到第一个竞买人应价（达到或超过底价）时击槌成交的一种拍卖。减价式拍卖通常从非常高的价格开始，高的程度有时没有人竞价，这时，价格就以事先确定的数量下降，直到有竞买人愿意接受为止。在减价式拍卖中，第一个实际的竞价常常是最后的竞价。

（3）一级密封价格拍卖（Sealed-bid Auction）。在此种拍卖中，各个潜在的投标人将报价以密封的形式递交给拍卖人，拍卖人收到所有合格的投标人的报价之后以公开的方式将其打开，从中选出报价最高的人作为中标人。这个过程中，每个投标人只有一次报价机会。

（4）二级密封价格拍卖。亦称维克里拍卖（Vickrey Auction），与一级密封价格拍卖主要区别在于报价最高者中标，即买方；但中标价格，即买价为次高投标人的报价。

拍卖过程实质是一个三阶段的不完全信息博弈过程：第一阶段，拍卖人设计一个机制或契约、激励方案；第二阶段，投标人（竞买人）根据规则选择接受或者拒绝这个规则；第三阶段，接受这个规则的投标人根据拍卖人设定的规则进行报价。

许多学者的研究表明：在一级密封价格拍卖过程中，参与投标的人越多，即竞争越激烈，中标人的期望效用越低；反之，拍卖方期望效益就越高。这正是拍卖方希望更多人参与竞拍的原因所在。

2. 拍卖机制的优化策略

国内外经济学家曾改变拍卖基准模型的基本假设，对拍卖理论作进一步研究，并从最大化拍卖均衡期望收益的角度，得出一些结论。

（1）信息的披露。一般来说，卖方具有对物品最直接、最完全的信息。在任何拍卖中，卖方都能够通过披露拍卖物品的信息来影响拍卖的结果。在实践中，拍卖者应当根据具体情况适当权衡，使拍卖信息的公开最有利于拍卖收益的最大化。

（2）拍卖方式的选择。拍卖方式多种多样，不同的拍卖方式有其不同的优点。拍卖方式的选择在一定程度上关系到拍卖的成效。拍卖者在选择拍卖机制时，必须仔细考虑竞买者的估价行为、风险偏好和对称情况，根据具体的竞买者情况选择适当的拍卖方式。

（3）重视风险态度。如果其他条件相同，竞买者对拍卖品的估价与其风险规避程度成反比。竞买者风险规避程度越高，其对同样的拍卖品的估价越低。

（4）设定保留价格。若竞买者的报价低于保留价格，则卖方将拒绝出售拍卖品。研究表明，仅有两个竞买者时，设定保留价格会使拍卖期望价格在某个比拍卖方真实估值高的保留价格上得以最大化。但值得注意的是，随着拍卖方保留价格的升高，竞买者的数量必然会相对减少，从而对拍卖方的期望收入产生影响。

（5）防止竞买者共谋。在基准模型假设中，假设不存在串标共谋，而事实上会存在。研究表明，采用荷兰式拍卖和一级密封价格拍卖对控制竞买者共谋更适当，更安全。

2.2.2　拍卖机制在工程招标中应用的局限性

物品拍卖与建设工程招标投标均采用了竞争机制。从交易视角，对它们进行分析比较，不难发现下列3方面的差异：

（1）物品拍卖与工程招标最终得到的成果不同。通过拍卖活动，被交易物品的拥有方，能很快确定买方，并实现被交易物品的产权转移，完成交易。而通过建设工程招标，招标人仅能确定建设工程的卖方（即建设工程的承包人）和交易价格，而不能马上获得工程，即工程招标仅是交易的开始，而不是马上结束交易。

（2）物品拍卖与工程招标的过程不同。物品拍卖交易的客体明确，通过竞价方式确定买方后，交易双方可一手交钱一手易货，完成交易过程；而对于建设工程招标，通过竞价方式，能确定的仅是卖方和交易价格，即明确了交易主体和交易合同的价格，交易客体还有待于卖方组织生产，一般要经历一个较长的交易过程，交易合同价格一般与最终交易价格也不一致。

（3）物品拍卖过程与工程招标过程双方信息完备程度不同。对于物品拍卖，物品可供买方观察，交易信息相对公开，相关信息的成本较低或可不计。对于工程招标，招标前，招标人（或发包人）与投标人（潜在承包人）之间存在严重信息不对称，投标人可以隐藏私人信息；工程招标后，工程生产过程与工程交易过程相互交织，承包人可以隐藏行动。

归纳上述差异，两者的本质差别在于：物品拍卖活动结束，拍卖交易也就基本结束，交易过程的交易成本不再增加。而建设工程招标的结束，仅签订了交易合同，实质性的工程交易才开始。当合同不完备时，工程承包人总可以利用合同履行的各种机会"敲竹杠"。建设工程交易合同的不完备性，以及交易过程信息的严重不对称性，给工程承包人机会主义动机的抬头创造了条件、提供了空间，偷工减料等现象难以避免，这也使得建设工程交易中较高的交易成本不可避免。

此外，物品拍卖中的支付（即交易价格），仅为报价的函数，而不涉及交易成本。但在工程交易中，当合同不完备和承包人有明显的机会主义动机时，交易成本不可避免。因此拍卖理论在工程招标中的应用存在一定的局限性，并随着工程招标过程中交易成本的增长，其局限性也会加剧。

2.2.3　工程招标模型

物品拍卖一般为现货交易，拍卖机制也没有必要考虑交易过程的交易成本，而工程交易属期货交易，交易过程中的交易成本不可避免。因此，研究者们在拍卖机制的基础上，构建了如式（2-1）所示的工程招标模型。

商务目标函数：合同工程造价 $C = \mathrm{Min}I$（投标人报价 C_{1i} ＋交易成本 C_{2i}）　　（2-1）

技术约束条件：工程质量水平和建设工期等满足建设工程项目总体要求。

式（2-1）中：I 为工程投标人的数量或集合；C_{1i} 为招标工程第 i 个投标人的报价，中标人的 C_{1i} 即为合同价；C_{2i} 为第 i 个投标人中标后，招标方交易成本的预期；工程质量水平和建设工期等要求是在建设工程项目整体目标要求下，合同工程的质量和进度等方面的具体要求。该要求一般在招标文件中有明确规定，而且在招标过程中不会随意改变。

第 i 个投标人的报价 C_{1i} 在投标文件中明确显示；但若第 i 个投标人中标，招标人的交易成本 C_{2i} 在投标文件中是找不到的，其隐含在投标人的其他信息中。但现有研究表明，C_{2i} 与承包人的诚信水平、工程的不确定性、工程产品特征值的易观察程度等因素相关；而且其绝对值是难以度量的，只能在估计各投标人 C_{2i} 均值占工程投标价均值比例的基础上，估计各投标人 C_{2i} 的相对值，并以此作为评标的基础。

在满足技术约束条件的所有投标人中，第 i 个投标人的合同工程造价（投标人报价 C_{1i} ＋交易成本 C_{2i}）最低者为中标人，发包人与中标人以此最低价签订工程合同。

上述工程招标模型的理论意义在于，其能指导工程招标过程中评标规则的制订。

2.3　工程合同管理理论基础

工程合同管理内容十分丰富。工程实践表明，工程合同管理中最富有挑战性的难题是由工程合同不完备性所引起的管理问题。而在经济学范畴内，有关合同或契约理论的研究，主要围绕不完备合同理论和委托代理理论两方面展开。前者主要关注合同的不完备性导致的剩余控制权和剩余索取权问题；后者重点关注由于信息不对称而诱发的逆向选择和道德风险问题。事实上，在工程承发包中，不完备合同是致使委托代理成为问题的重要因素，对完备合同，委托代理问题也就无关紧要了。因此，本章主要介绍工程合同的不完备性及相应的管理问题。

2.3.1　不完备合同与工程合同

工程合同是一种典型的不完备合同，现代工程合同管理理论、方法的研究，重点是针对工程合同的不完备而展开的。

1. 不完备合同理论简介

不完备合同理论，也称不完全契约理论，大都认为是由格罗斯曼、哈特及莫尔等人（Gross man & Hart，1986；Hart & Moore，1990）共同创立的。在此之前，一般的思维范式一直停留在完备合同的理想世界。那什么是完备合同与不完备合同？不完备合同的成因又是什么？这是理论上首先要明确的。

（1）完备合同（Complete Contract），也称完全合同，是指合同条款详细地描述了与合同行为相对应的、未来可能出现的事件，并表明了在这种事件出现时，每个合同当事人在不同情况下的权利与义务、风险分摊的情况、合同强制履行的方式及合同所要达到的最终结果。

完备合同应满足下列几个条件：

1）合同当事人能够预见到在合同执行过程中一切可能发生的事件，预见这些事件发生时所要修改的合同行为与支付。显然，合同当事人必须能够准确地描述这些可能发生的事件，以致在这些可能事件讨论前能够作出明确的决策。

2）合同当事人对合同履行过程中的每一项可能事项必须愿意面对，并有效地处置和支付相关成本。

3）合同一经签订，合同当事人就必须自愿地遵守其条款。

总之，完备合同是双方可以严格执行的最优合同。

（2）不完备合同（Incomplete Contract），也称不完全合同/契约，是指总存在未被列明的事项和未被指明的权利与义务的合同。在纷繁复杂的世界里，要想预见到在合同执行过程中一切可能发生的事件几乎是不可能的；即使预测到，要准确地描述每种状态也是十分困难的；即使描述了，由于信息的不对称，当实际状态出现后，合同双方可能会有不同的解释，导致合同争端或纠纷，并引起过高的合同管理成本，即交易成本。导致不完备合同的原因是多方面的，主要可归纳为：

1）人的有限理性（Bounded Rationality）。在完备合同中，实质上存在合同当事人完全理性的假设。合同当事人不仅完全了解自己与对方的选择范围，而且对将来可能的选择也十分清楚，并根据其选择了解所选择的结果或至少知道这种结果的可能性。这样，他就可把这些信息整合在单一的效用函数中得出最优合同的结果。然而，在建设工程项目活动中，尽管人的选择希望是理性的，但人的理性选择是不完全的、是有限理性的。由于人的有限理性与建设工程项目及其环境的复杂性、不确定性，无论是项目的业主/项目法人，还是工程承包人，既不能在事先把与合同相关的全部信息写进合同的条款，也无法预测到将来可能出现的各种偶然事件，更无法在合同中为各种偶然事件确定相应的处理方案及计算出合同事后的效用结果。因此，人的有限理性是导致合同不完备的重要原因之一。

2）合同双方信息不对称（Informational Asymmetry）。信息不对称是导致合同不完备的重要原因之一。所谓信息不对称是指合同当事人一方所持有而另一方不知道的信息，特别是另一方无法验证的信息或知识。这种信息也称为"私人信息"，所谓无法验证是指验证成本很高而在经济上不合算或不现实的情况。如果在验证上轻而易举，也就不存在信息的不对称了。不对称信息可分为两大类：一类是外生性不对称信息，它是指交易对象本身所特有的特征、性质等。这类信息并不是当事人的行为造成的，而是在合同签订前就已经存在，是固有的。如工程材料的固有性质，这是买方不清楚的。在这种情况下，就应设计一种机制，要求卖方披露这些有用的信息，达成材料买卖合同的最优安排。另一类是内生不对称信息，是指在合同签订后，他方无法观察到的、事后无法推测到的行为所导致的信息不对称。如，对某工人可记录下他每天的工作时间，但难以观察到他工作的努力程度。

在这种情况下，合同的问题就是要如何保证当事人采取合适的行为。许多学者将这种问题归纳为"隐藏信息"和"隐藏行为"问题。

在建设工程项目交易中，上述两类信息不对称均普遍存在。如在工程招标中，发包人/招标人对投标人承包工程的能力、技术水平、信用等方面是不清楚的，而要弄清楚这些信息成本会很高，甚至花很高的代价也不可能完全掌握，若投标人不如实向招标人披露相关信息，就出现典型的"隐藏信息"问题；在确定中标人后，该承包人如何行动，他是否按合同约定按质按量完成，这是"隐藏行为"问题。一般而言，对不可观察的行为与无法验证的信息可以通过设计较好的合同来减轻信息不对称的程度，但要完全解决信息的不对称性是不可能的。反之，具有机会主义（Opportunism）倾向的合同当事人还会利用这种信息的不对称尽量逃避风险。因此，从信息不对称的角度看，合同的不完备是绝对的。

3）合同使用语言的模糊性（Fuzziness）。签订合同使用的语言也会导致合同的不完备。这是因为任何合同使用的语言总是不完备的、不精确的。语言只能对事件、状况作大致的描述，而不能作出精确的描述。这就意味着语言对任何事件的描述完全有可能是模糊的。

2. 工程合同的不完备性

工程合同具有较强的不完备性，其中又以工程施工合同最为明显，主要表现为：

（1）施工合同对工程建设条件描述不完备，包括对工程地质条件、交通条件、水电供应、建设市场等方面的描述不完备。这种不完备既有客观原因，也有主观因素。如某水电工程，设计方根据勘测资料确定挡水大坝填筑的料场，并据此组织工程招标、确定施工合同。但当挡水大坝开始施工、深入勘察时才发现该填筑料场的土料不能满足工程结构要求。因此，必须另外选择填筑料的料场，要相应地变更工程合同和调整工程单价。

（2）设计文件不完备，包括设计缺陷、疏漏等方面原因。对于一些工期要求紧迫的工程，这个问题会更加突出。工程施工招标时，设计文件不是十分完善，工程施工过程中经常会发现工程设计存在漏洞，需要对工程合同进行调整。

（3）施工过程中出现的各种干扰。这种干扰在签订合同时难以预测，或不能准确预测。如在一些工程施工过程中，经常出现"阻工"现象，当地居民认为工程施工给他们带来不便或风险，要求暂停施工、改变施工方案或工程结构。

（4）合同文本使用文字不严格。例如，某工程项目采用了 DBB 发包方式，其中的一个标段/合同工程在整个工程开工半年后才开始施工，在该标段合同中约定，工期满 2 年后，对人工单价可以进行调整。在该合同的履行过程中，承发包双方对工期的概念就出现了不同的解释。合同当事的一方认为，工期应从整个工程开工这一天起算，合同当事的另一方则认为，工期应从该合同工程开工这一天起算。不同的解释，在工程价款支付上就相差 60 多万元。可见，合同文本使用文字不严格引起的合同不完备问题也不可小视。

3. 工程合同不完备性的影响因素

工程合同的完备性主要取决于人对客观世界认识的局限性、工程的复杂程度和建设环境的复杂程度。

（1）人对客观世界认识局限性的影响。客观世界是纷繁复杂的，而人对客观世界的认识是有局限性的。如气象、水文等的变化规律，人们一般是通过对目前掌握的、有限的资料进行统计分析而得，这是否真的符合客观规律呢，难以判断；又如，人们经常根据局部的地质勘测数据作为依据，来推断工程地质条件，作为工程设计的依据，许多工程实践表明，实际工程地质情况与设计时对地质情况的认识经常大相径庭。事实上，与工程相关的许多因素，目前人类几乎没有能力去识别，如地震。这些均是人对客观世界认识局限性而产生的对工程合同不完备的影响。

（2）工程的复杂性的影响。工程复杂性包括工程结构、工程技术和工程地质等的复杂程度。这些方面越复杂，工程合同不完备性将越大。在承发包双方签订合同时，可能会留下许多的未知数，或不确定因素，直到工程合同履行时才发现合同签订时的约定或认识是不客观的。如工程结构越复杂，工程设计出现偏差或差错的可能性就越大，由此导致工程设计文件难以实施，在工程施工时临时修改工程设计，即修改原工程合同的约定。又如，由于工程勘察的局限性，对工程地质条件难以进行客观描述，即难以在工程合同中描述清楚。这种不清楚的程度随地质条件复杂程度的增加而增加，进而导致工程实施时工程结构调整，并出现实际工程量与原合同约定的工程量存在差异。若将工程结构和技术简单、地质条件单一的工程称为简单工程，反之称为复杂工程，则总体上简单工程的建设合同完备性较好，即不确定性较小；而复杂工程建设合同完备性较差，即不确定性较大。

（3）工程建设环境的复杂性的影响。工程建设环境主要表现为自然环境、社会环境及政策法规和建设市场环境，其复杂性直接影响建设工程合同的不完备程度。

1）自然环境对工程合同不完备性的影响。建设工程项目的自然环境一般包括气象、水文等因素，这些因素不确定性越大，对建设工程合同不完备性的影响就越大。如在南方地区，雨季（汛期）、旱季较为明显。在雨季施工，合同规定的施工进度就难以保证，在一定程度上施工进度依赖于可以施工的有效天数。

2）社会环境对工程合同不完备性的影响。建设工程项目的社会环境一般包括征地拆迁、交通条件、供水供电等方面，这些因素对工程合同不确定性影响较大。如在一些工程施工中，施工方就经常受到工程所在地居民的干扰，其主要起因是征地问题没有妥善处理、施工对所在地居民的生产生活有影响等。类似于这种社会环境因素将导致工程不能正常施工，影响施工合同正常履行。

3）政策法规和建设市场对工程合同不完备性的影响。政策法规对合同不完备性的影响主要表现为：合同在履行过程中，税收、进口或外汇限制等方面政策的调整对合同履行产生影响。建设市场对工程合同不完备性的影响主要表现为：合同在履行过程中，建筑材料价格的过大波动对合同履行的影响。如南水北调东线江苏段淮阴三站工程施工过程中，钢筋价格几乎翻了一番，施工承包人无法继续履行工程合同，并提出了中止工程合同的申请。

4. 工程合同的不完备性引起的管理问题

（1）工程合同风险问题

工程合同不完备，可能是工程合同签订后，或合同履行过程中，工程地质条件被发现与签订合同时存在差异，也可能是建设环境（交通、经济等方面）的变化，或发包人对工程功能或质量提出新要求，这些对工程承包人或发包人带来不利的后果，即工程合同风险。

这种签订合同时可能估计到的不确定性问题，即属于工程合同风险分配问题。这类风险的分配，工程发包人可在工程合同条款编制中确定一些分配规则，当风险事件发生后，即按照事先确定的规则进行分配；工程承包人在工程报价中也应针对合同条款中风险分配的规则，在工程报价中考虑一笔应对风险的费用。

此外，由于人的有限理性和客观世界变化无常，对一些工期较长的工程合同，如 PPP（Public Private Partnership）项目合同，有些风险在签订合同时是无法预测的，包括风险主体、风险客体及风险的主要因素等均无法预测。对于这类工程合同风险，只能在风险事件出现后再考虑分配事项，即为风险再分配问题。这类合同风险难以在合同条款中确定分配方案，但再分配的机制框架可作适当约定，以控制风险再分配过程中双方可能发生的争端。

工程施工合同的风险分配与应对问题已在第 3 章中作了简要介绍，本章不再赘述。

（2）委托代理问题

1）委托代理（Principal Agent）的经济学含义。经济学意义上的委托代理，或称委托代理关系，在内涵上完全不同于社会和法律上的委托代理关系。在经济学中最早提出委托代理关系概念的是罗斯（Ross），他认为，如果当事人双方中，代理人一方代表委托人一方的利益行使某些决策权，则委托代理关系就随之产生。詹森和麦克林（Jensen，Meckling）认为委托代理关系是一个人或一些人（委托人）委托其他人（代理人）根据委托人利益从事某些活动，并相应地授予代理人某些决策权的契约关系。从经济学意义来分析委托代理关系，是处于信息优势与处于信息劣势的市场参加者之间的相互关系。掌握信息多的，即具有相对信息优势的市场主体为代理人（Agent）；掌握信息少的，即处在信息劣势的市场主体被称为委托人（Principal）。工程项目活动中，承发包双方存在明显的信息不对称，承发包合同也是在信息不对称的环境下签订的。因此，从这一意义上，工程项目承发包关系可归结为委托代理关系。

2）委托代理的特征。在存在委托代理关系的情况下，委托人和代理人都是追求利益最大化的"经济人"，通过签订合同，取得分工后，都有增加自身利益的动机。确定委托代理关系的过程一般为：委托人一方先确定一种报酬机制，激励代理人努力工作，以实现其利益的最大化；代理人据此选择自己行动决策，同样是谋求自身利益的最大化。委托代理关系主要特征为：

① 委托人与代理人之间的信息不对称。委托人难以观察或证实代理人的私人信息和行动方案，从而给委托人的监督、管理带来很大的困难。

② 代理结果的不确定。代理结果即合同标的，除与代理人努力程度有关外，还受到代理人难以把握的自然、社会等方面因素的影响。

③ 委托代理合同的不完备。这表明在合同履行过程中不可避免地会出现对合同的调整或对合同当事人行为的调整。

作为"经济人"的委托人和代理人，他们的行为目标并不一致。因此，代理问题和代理成本的产生就不可避免。现在的问题是，如何在信息不对称、合同不完备的客观情况下，尽量减少代理问题和代理成本。研究这一问题，并已作出贡献的是新制度经济学的一个分支——委托代理理论。

3）委托代理的基本问题。在委托代理理论中，委托代理关系的基本问题就是代理问题，是指由于代理人目标函数与委托人目标函数不一致，加上存在不确定因素和信息不对称，代理人可能偏离委托人的目标函数，而委托人也难以观察并对其进行监督，从而出现代理人损害委托人利益和非效率现象。代理问题的具体表现形式为：逆向选择和道德风险。

① 逆向选择（Adverse Selection）。其是指市场的某一方（代理人）如果能够利用多于另一方的信息使自己受益而使另一方（委托人）受损，那么才倾向于与对方签订合同进行交易。如在工程投标过程中，投标人一般总会隐藏部分信息，争取中标并能获得更多的利润，如果无利可图，他是不会参与投标，或者说不会报一个没有利润的投标价格，除非具有其他商业目的。

② 道德风险（Moral Hazard）。其是指交易双方在交易合同签订后，其中一方（代理人）利用多于另一方（委托人）的信息，有目的地损害另一方的利益而增加自己利益的行为。工程交易中，在承发包合同签订后，发包人无法观察到承包人工作的努力程度、投入资源的完整性或详细的信息，即使能见到工程产品，其也是一些外观的结果，对工程产品内在的品质则难以观察获得。也就是说，承包人在签约后拥有发包人所没有的关于自己努力水平和资源投入情况的私人信息，从而具有信息优势。发包人选择承包人在这些信息发生时间之前，因而承包人可利用这些信息优势来损害发包人的利益，如使用资源以次充好、偷工减料、"敲竹杠"等，这就是工程承发包中发包人所面临的道德风险。

显然，逆向选择问题发生在合同签订之前，而道德风险问题存在于合同签订之后。工程合同的不完备性，促使了合同履行过程中委托代理问题更加复杂。

（3）工程变更与施工索赔问题

由于工程合同的不完备，因此在工程合同履行过程中经常会出现对工程的原设计进行调整、对批准的施工方案包括工艺安排和进度计划等进行改变，以及增加或减少工程子项目，这些需要改变原合同约定的问题统称为工程变更。工程变更将引发工程的重新定价、建设工期重新评估等管理问题。在工程施工中，由于不确定因素的影响，使得承包人施工成本增加或工期延误，承包人依据合同向发包人提出补偿要求，这就是施工索赔问题。分析承包人的补偿要求是否合理，以及如何补偿或补偿多少等，这是发包人工程施工索赔的管理问题。工程变更与施工索赔问题在各类大中型工程项目中均会存在，是工程合同管理中存在的较为普遍的管理现象。因此，本书将在第8章中专门介绍，此处不再赘述。

（4）合同争端问题

由于合同的不完备，如果合同双方对合同条款的理解存在差异，或合同风险分配方案不具体，或工程计价方法认识不一致，或工程责任分配不明确等，将导致合同双方对履行合同责任或风险分担，以及工程支付达不成一致意见，由此出现工程合同争端问题。工程合同履行中，特别是复杂工程合同履行中，合同双方争端不可避免。为防止因合同争端影响工程建设、降低处理合同争端的成本，作为主导工程建设的发包人，有必要对合同治理方式、对合同争端的解决方案作出安排，并写进工程合同条款。工程合同争端处理问题将在第3章中作介绍，此处不赘述。

2.3.2　工程合同完备性与治理结构

交易成本经济学认为，合同完备性程度不同，应采用不同的治理结构。

1. 与完备合同相匹配的治理结构

完备合同的特点是其条款详细描述了与合同双方行为相对应的、未来可能出现的事项，是双方可以严格执行的合同。交易成本经济学认为，对完备合同可采用双边治理结构。

在工程交易中，双边治理结构是指工程发包人和承包人共同参与的工程项目治理结构。对发包人而言，双边治理结构是自主组织管理工程合同或工程项目的一种方式，即发包人依靠自身力量对工程合同进行管理。

采用双边治理结构的特点是，在保证工程合同得到有效履行的条件下，工程实施过程的交易成本也较低。显然，双边治理结构是一种理想的工程项目治理结构，工程合同和发包人必须具备下列条件：

（1）合同是完备的，或接近完备。

（2）发包人具有合同管理的基本能力。如对承包人是否完全履行了合同等方面，发包人应有基本的判断能力。

在工程领域，严格的完备合同是不存在的，但满足下列情况，可以认为该工程合同较为接近完备合同，或者说，是相对于发包人对工程认识水平的完备合同。

（1）工程结构简单、技术简单，发包人不需复杂的工程专业知识就能对工程质量水平作出判断。

（2）工程计量简单，发包人不需复杂的工程专业知识就能对工程进行计量。

2. 与不完备合同相匹配的治理结构

不完备合同是工程交易中广泛存在的一类合同，严格来说，几乎所有工程合同均属于不完备合同。对不完备合同，交易成本经济学认为，应采用三边治理结构，即借助于合同双方之外的第三方来解决合同争端、评价绩效。三边治理结构，对发包人而言，即工程管理合同的组织方式，目前在国内外工程建设领域，三边治理结构有："工程师"或"监理制"结构、DAB 治理结构及仲裁和诉讼等。

（1）"工程师"或"监理制"结构

1）"工程师"合同治理结构。这种治理结构在 20 世纪国际工程 FIDIC 合同条件中已得到应用。"工程师"是独立于工程合同双方当事人的"第三方"，但这仅是一个方面，即具有独立的基本条件，还应注意到，"工程师"是受发包人的委托，履行对施工合同进行监管的职责。因此，在形式上，"工程师"是独立的"第三方"，但在法律意义上，其不是独立的"第三方"，而是发包人的利益相关方。道理十分简单，"工程师"受雇于发包人，在处理与发包人利益相关事件时，难以保证公平和公正。因此，在国际工程中，"工程师"合同治理结构不断受到质疑，工程合同争端和纠纷也有上升的趋势。从 20 世纪 80 年后期开始，完善 FIDIC 合同条件"工程师"治理结构被提上了议事日程。

2）"监理制"合同治理结构。这是我国从 FIDIC 合同条件中模仿过来的。目前国内普遍应用"监理制"，即由发包人委托独立的"第三方"——监理公司/监理方，对施工合同进行管理，监理公司同样不是法律意义上独立的"第三方"。

（2）DAB 治理结构

DAB 或"'工程师'＋DAB"是为完善"工程师"治理结构而产生的。DAB 由合同当事双方联合聘请，具有较好的独立性，为合同双方所接受。

（3）仲裁和诉讼

仲裁是"第三方"治理结构的标准形式，其独立性很好，但要注意到这种方式不仅需要投入较多的资源，还需要一定的时间，因为仲裁机构要了解工程，把握合同争端和纠纷的真相才能作出公平、公正的裁决。这不利于工程合同履行，解决争端成本也较高。工程合同治理一般不采用诉讼，因其程序更复杂、成本更高、需要时间更长。一般仅当合同当事人中一方不执行仲裁结果时，另一方才提出诉讼，要求执行仲裁结果。

2.3.3 工程合同激励机制

1. 发包人面临的"道德风险"

交易成本/费用经济学采纳了两个重要行为假定：其一，认为人的行为动因是机会主义；其二，合同的不完备及信息的不对称，使得拥有信息优势的一方为了自身利益的最大化，必然产生机会主义行为，即会"损人利己"。信息经济学中将这种机会主义行为产生的后果称为"道德风险"。

在工程承发包合同中，虽已规定了承包人的责任和义务，但是并不能排除拥有私人信息的承包人为追求自身利益，可能在执行合同的过程中损害项目发包人的利益，影响工程项目目标的实现，这就是所谓"道德风险"问题。在工程实践中，发包人面临的"道德风险"具体表现为承包人的偷工减料、钻合同漏洞、设置"陷阱"进行恶意索赔、工程建设质量介于"合格"与"不合格"的"灰色边缘"地带等。甚至还有向工程设计方、"工程师"/监理方寻租，形成共谋，欺骗发包人。显然，承包人的上述行为对工程项目的质量、投资和工期控制是极其不利的。因此，作为发包人，自然要思考这样一个问题：如何尽最大可能减少这种"道德风险"，激发承包人做出有利于项目目标的行为？经济学提供的路径有：一是加强合同履行过程的监管；二是构造一个激励模型，使承发包双方的效用最大化。

2. 激励模型（一）：多阶段博弈信誉模型

随着我国市场经济中信誉机制的逐步建立和完善，承包人与发包人之间的一次博弈就有可能转变为重复博弈。因为其他发包人将更加注意观察每次承包人与发包人的博弈行动或履约表现，进而根据观察到的情况决定是否能够与该承包人签约。因此，承包人只要不想永久性退出建筑市场，就不得不在考虑当前利益的同时，还要考虑未来与其他发包人合作的期望收益。

多阶段博弈信誉模型，是指在建筑市场中，承包人与发包人建立博弈关系时，承包人总会尽量以"好人"的形象出现，并努力工作以获得将来与发包人或其他发包人更多的合作机会，这样一直到承包人想永久性地退出建筑市场时，承包人才会显露出机会主义"坏人"的本性，一次性地把自己过去建立的信誉毁掉，以获得更大的短期收益。

根据多阶段博弈信誉模型，承包人在一次博弈中除了有获得较大的短期收益的需求外，还有确保信誉以获得长期收益的期望。信誉对促进承包人诚实履行合同起着至关重要的作用，而承包人诚实履行合同，可以解决发包人面临的"道德风险"问题。

3. 激励模型（二）："一对多"的竞赛模型

对于采用DBB的分项发包方式，即存在多个承包人同时施工的大型建设工程项目，可采用"一对多"的竞赛模型，其中，"一"为发包人，"多"为多个承包人，即发包人以施工合同为依据，以实现各施工合同目标为中心，组织承包人开展以实现施工合同目标为中心的竞赛，对业绩显著者给予物质和精神上的奖励，对不能实现施工合同目标者亮"黄牌"或"红牌"。

本章小结

与依托的基本理论类似，可将工程招标视为逆向一级密封价格拍卖，但在交易视角下，一级密封价格拍卖的过程为确定买方、价格，并完成支付和交货；但工程招标仅是个确定承包人和交易价格的过程，后续才出现生产和支付，即"边生产，边交易"。

完备合同可以描述与合同双方行为相对应的、未来可能出现的事项，并且是双方可以严格执行的合同。因此，完备合同的管理十分简单。而对不完备合同，情况比较复杂，在合同条款中，总存在未被列明的事项和未被指明的权利与义务，合同双方均可能面临风险，有时合同双方对某一事项认识并不一致，还会出现争端。由此，将出现风险分配与应对问题、工程变更与施工索赔问题、合同争端处理问题等，并使原本存在的委托代理问题进一步复杂。

对完备合同，双方可严格执行，在双边治理结构下就能取得满意结果；而对不完备合同，由于存在不确定性，在解决不确定因素引起的利益相争问题时，双边治理结构难以适应，有必要采用三边治理结构，即借用独立于合同双方的第三方，对合同双方的利益争端进行协调，以促进合同顺利履行。我国工程建设领域全面实行的"监理制"的理论基础就在于此。但应注意到，不同工程存在差异性，采用相同治理结构不会同时最优，有必要根据建设工程及其环境特点，对治理结构进行针对性设计，这正是目前"监理制"改革的方向。

合同管理存在的另一问题是委托代理问题，且与合同不完备程度相关。工程合同不完备性越强，委托代理问题就越复杂。解决委托代理问题的方法：一是加强监管；二是对代理人进行激励。与治理结构类似，有必要针对工程特点，设计最合适的工程合同治理机制。

思考与练习题

1. 什么是交易成本？降低建设工程交易成本有哪些措施？

2. 什么是拍卖？拍卖是如何分类的？拍卖机制直接用于选择工程承包人有什么局限？

3. 工程招标与拍卖类似与不同之处有哪些？

4. 不完备合同产生的因素包括哪些方面？

5. 工程合同的不完备性可能产生哪些负面影响？

6. 合同管理组织方式有哪些？分别有什么特点？

7. 我国工程建设全面实行"监理制"，这种制度存在哪些不足？

8. 在不完备合同下，发包人面临的"道德风险"的主要表现有哪些？应对方案有哪些？

9. 长期以来我国不同类工程咨询服务"碎片化"，目前在积极推行全过程工程咨询，你认为这有什么优势？

10. 工程合同委托代理问题的内涵是什么？如何根据工程特点设计合同激励机制？

第3章　工程交易方案与工程招标策划

本章知识要点与学习要求

序号	知识要点	学习要求
1	工程交易方案策划的内涵、程序，以及工程交易方案评估	熟悉
2	工程招标方式的概念；公开和邀请招标方式及其差异	掌握
3	投标人资格审查的概念、分类与特点	了解
4	工程评标机制内涵与典型评标机制的特点和选择	熟悉
5	合同计价方式与合同典型计价方式特点	掌握
6	工程分包及其种类，一般分包与指定分包的内涵	熟悉
7	工程风险内涵、分类，以及工程风险分配的基本原则	熟悉
8	工程保险、工程担保策划的主要内容	了解
9	工程合同争议解决方案策划的主要内容	了解

策划是一种策略、筹划、谋划或者计划。工程交易方案与招标工作策划，即针对工程交易客体和交易方式选择，以及工程招标工作和合同文本编制中重大事项而进行的谋划或者计划。本章主要介绍工程交易方案与招标工作策划中所涉及的主要概念、基本原理和相关规定。

3.1　工程交易方案策划

工程交易方案策划包括交易客体划分（即工程分标）与交易方式选择两方面。

3.1.1　工程交易客体划分

在市场经济环境下，工程投资方/发包人一般采用发包方式实施工程项目。如何组织交易？即如何进行工程分标？这是首先要考虑的问题。其中不同规模的工程策划内容存在差异。

（1）小型工程交易客体/范围（或称标段）策划。对于小型工程项目，由于工程规模较小，一般按工程项目的土建施工、设备采购组织交易。若工程项目中不包括设计，则仅为土建施工交易；若工程项目中存在多种设备，可能还要分别组织交易。

（2）重大工程交易客体/范围策划。对重大工程项目，由于工程规模较大、结构复杂，一般将工程项目分为建筑工程与设备安装工程，以及在设备采购的基础上，再将它们按子项工程空间位置、专业工程或设备种类等分解，分别考虑组织交易。

3.1.2　工程交易方式设计

1. 工程交易方式及其特点

基本交易/发包方式有两类：一是 DBB 方式；二是 DB/EPC 方式。

（1）DBB 方式的主要特点，包括：①设计与施工分别由设计和施工企业完成，专业化程度高；②一般采用单价合同，对"现场数据"不确定性较大的工程能合理分配经济风险；③工程项目实施过程协调工作量较大。DBB 是一种较为传统的工程交易方式。

（2）DB/EPC 方式主要特点，包括：①设计与施工由同一企业或联合体完成，设计与施工之间的问题由承包人自行协调；②传统 DB/EPC 方式一般采用总价合同，对"现场数据"不确定性较大的工程可能面临较大经济风险；③设计施工一体化并采用总价合同，可驱动总承包人优化工程。

2. 工程交易方式设计的内容

基本工程交易方式为 DBB 和 DB/EPC，事实上，其选择或设计的内容还较丰富，详细可放在招标工作策划中讨论。

（1）基本工程交易方式的选择/设计。若选择 DBB 方式，意味着设计和施工分别组织，工程发包人负责协调；若选择 DB/EPC 方式，意味着设计和施工由一家或联合体完成，不需工程发包人在其中协调。

（2）工程计价方式设计。若选择 DBB 方式，传统采用单价合同，其中又分可调单价和固定单价；若采用 DB/EPC 方式，传统采用总价合同，但这对"现场数据"不确定性较大的工程，将面临较大的风险。详细策划可放在工程招标过程考虑。

（3）工程交易监管方式设计。在国内目前一般对工程实行监理制度，即工程发包人委托第三方对工程交易过程实施监管，但在国际上，对一些工程，如动力工厂项目一般采用 DB/EPC 方式，并不采用过程的监管，而是采用事后监管，即通过严格的试运行，检查工程质量是否满足合同规定要求。

3.1.3　工程交易方案策划主要影响因素

工程交易客体划分（或工程分析）与交易方式选择存在着联系，均受到多方因素的影响。

1. 交易主体的影响

建设工程交易主体包括发包主体（即业主方）和承包主体（即承包人/咨询人）。

（1）建设工程业主/发包人的影响。如何确定工程交易范围？选择或设计什么样的工程交易方式？工程发包人起主导的、决定性的作用。下列几方面对确定工程交易范围、选择或设计工程交易方式有不同程度的影响。

1）发包人对建设工程项目的管理能力。建设工程项目管理基本知识领域包括了项目管理和土木工程技术两个方面。显然，建设工程管理是一项专业性较强的管理工作，并不是所有建设工程业主方都具有这种管理能力。事实上，对于大多数发包人来说，组织工程建设可能是一项一次性的任务，一般不可能有建设工程管理的专门人才；对于政府投资的公益性工程项目，真正的业主方是缺位的，那建设工程管理更是问题。在这种背景下，项目管理公司、代建制等概念应运而生。

2）发包人对建设工程目标的要求。建设工程目标包括工期、质量和投资等目标。业主方投资建设工程，对建设工程的目标有具体的要求。如广东某核电站工程项目，工程开工后，业主方考虑到核电站工程的平稳、经济运行，决定投资建设与此相配套的抽水蓄能电站。在这一背景下，该抽水蓄能电站工程的工期就十分紧张，业主方在工程发包方式等方面采取了一系列措施。

3）发包人的偏好，包括对发包方式、工程风险的偏好。工程交易模式选择或设计由业主方确定，这就决定了业主方的偏好、管理文化对业主方管理方式的选择产生重要的影响。其中，业主方项目部负责人的偏好又对业主方管理方式的选择产生关键的作用。业主方及项目部负责人的偏好、企业文化是在多年的管理实践中逐步形成的。因此，建设工程交易方式优化要充分尊重管理传统，当然不能排除工程交易方式的创新。

（2）工程承包人的影响。发包人为获得建设工程产品，先是要从建设工程市场上获得满足要求的建设工程承包人，即建设工程交易中的卖方。一般而言，不同的工程交易范围和交易方式，对承包人的要求不同，即对承包人的资质和能力要求不同。设计工程交易方式时，有必要考虑建设市场相应承包主体数量的多少，即建设市场承包主体的状态对建设工程交易方式选择或设计有影响。

2. 交易客体属性的影响

建设工程交易客体，即交易客体范围，常指被交易的建设工程产品/实体，或建设工程设计，或管理服务，其中最主要的是工程产品/实体，建设工程设计或管理服务均是服务于工程产品/实体的形成。工程产品/实体属性对确定交易客体和交易方式的主要影响如下。

（1）工程经济属性的影响。根据建设工程项目投产或运营后能否产生经济效益，分为经营性项目、公益性项目，以及介于两者之间的准公益性项目。对于公益性项目一般由政府投资，业主方缺位，建设工程业主方的管理一般宜采用代理的方式。对于经营性项目，有明确的业主方，当业主方具有较强的项目管理能力时，可采用自主管理方式；当业主方缺乏项目管理能力时，业主方一般委托专业化的项目管理公司进行管理。此外，对政府投资工程项目，其工程发包方式、交易合同类型的选择还要符合政府的相关规定。

（2）工程复杂程度的影响。对于发包人来说，工程复杂性包括了工程技术难度、工程的不确定性、工程产品特征值的易观察性等方面。当工程较为复杂时，工程设计与施工联系紧密，实施过程设计施工的协调管理工作会明显增加，实行设计施工一体化对工程整体优化、提高"可建造性"具有明显优势；但对工程承包人的能力、经验及信用等方面会提出较高的要求。因此，目前国际大型复杂的工程经常采用 DB 或 EPC 发包方式，选择具有丰富工程经验和实力强劲的承包人。反之，对于较为简单的工程，业主方经常采用 DBB 发包方式，选择专业化的承包人。

（3）工程规模的影响。工程规模经常采用工程投资规模、工程结构尺寸等指标来衡量，并分成大型/重大工程、中型工程和小型工程。对于大型/重大工程，会对承包人的能力、经验提出较高的要求，对业主方的管理能力和经验也是挑战。因此，许多大型建设工程经常采用 M-DB 或 M-EPC 的发包方式，即将整个工程项目分成相对独立的几个子项，然后在子项工程上采用 DB 或 EPC 发包方式。如具有 4 项世界第一的苏通长江大桥工程，无论是工程投资还是结构尺寸，都属于大型工程。业主方根据工程结构特点，将工程合理切块，对部分相对独立的子项分别采用 EPC 方式发包，取得良好的技术经济效果。

（4）实施过程中子项工程依赖程度的影响。无论是大型工程，还是小型工程，其子项目工程在实施过程中的依赖程度对发包方式影响很大。如水利水电枢纽工程，工程十分集中，子项间在施工中依赖性强。若将其采用 DBB（分项发包）方式，则在施工过程中不同承包人之间的干扰会十分明显，最终结果是协调管理工作量的显著增加，交易费用的大幅上升。因此，对这一类工程的施工是采用分项目发包还是 DB/EPC 总包，或如何分标均值得研究。

3. 交易环境的影响

任何交易总是在一定环境下完成的，这种交易环境包括经济社会环境和自然环境。建设工程交易具有历时长、与实施过程相交织等特点，对交易环境非常敏感。因此，交易环境对交易模式和选择或设计会产生较大的影响。

（1）征地拆迁/移民的影响。征地拆迁，一些工程还包括移民，是工程经常碰到的问题，也是一个难题，这经常会左右业主方管理方式或发包方式的选择。如南水北调东线（江苏段）工程，业主方根据工程特点，将其分成若干子项工程，并针对不同子项采用不同管理方式。其中，对于征地拆迁难度较小的子项工程，采用 PM 的管理方式，即通过招标方式委托有能力的咨询单位提供 PM 服务；而对于征地拆迁难度较大的子项工程，采用委托管理方式，即委托工程所在地政府组建项目现场管理机构对项目进行管理。

（2）工程实施现场条件的影响。工程实施现场条件包括施工场地占用、施工道路占用和施工临时设施布置等条件。由于工程交易与工程实施相交织，且在同步进行。显然，工程实施现场条件对交易方式的设计影响较大。如南水北调东线工程（江苏境内的河道工程），投资规模不大却延绵数公里，甚至数十公里。这些标段施工难度并不大，但在施工过程中，所涉及的交通道路占用、废弃土料堆放、施工临时用地的征用等方面遇到较多的干扰。对此，业主方不得不委托地方政府来组建项目现场管理机构，对项目的实施进行管理。在发包方式选择上，也采用 DBB（分项发包）方式，更多地为工程所在地承包人提供竞争的机会。

（3）国家和工程所在地的政策法规的影响。工程交易是一种较为特殊的交易，经常关系到公共利益和公共安全，因此国家和工程所在地政府均有政策法规对工程交易进行限制或规范交易双方的行为。这在工程交易客体和交易方式确定时也需要考虑。

（4）建设市场发育程度的影响。在建设工程交易中，业主方根据工程特点、交易发包方式等在建设市场上选择承包人，而建设市场能提供什么样的承包商与建设市场的发育程度相关。如，我国建设市场开放仅 30 多年，而且在计划经济体制和传统的工程设计与施工专业分工的影响下，建设市场发育不健全。专业化设计或施工队伍庞大，水平也较高，但设计施工综合型、能承担 DB 或 EPC 承包人的队伍稀缺，其水平也十分有限。因此，对于重大工程，若采用 DB 或 EPC 方式，就有必要根据潜在的 DB 或 EPC 承包企业或联合体的能力，决定将整个工程作为一个交易客体，还是分成几个客体发包。

3.1.4　工程交易方案策划程序与评估

1. 工程交易方案策划程序

经分别进行的工程交易客体划分与交易方式选择/设计，可得到交易方案，因它们并不独立，而是存在一定的联系，有必要根据系统科学的理念进行系统策划，主要过程如图 3-1 所示。

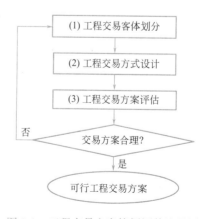

图 3-1　工程交易方案策划评估流程图

2. 工程交易方案评估

工程交易方案策划包括工程交易客体划分，以及各交易客体的交易方式选择或设计两方面。工程交易方案评估追求的目标是全面实现工程建设目标。评估依据主要包括国家相关法律法规、工程交易主体现状、各工程交易客体特点，以及与工程交易环境的适应程度。

工程交易方案评估均应组织相关专业人员进行。

3.2　工程招标方式策划

3.2.1　招标方式及其分类

1. 什么是招标方式

招标方式，为采购方式的一种，是指招标或采购活动的组织方式，不同招标方式主要区别是招标信息发布的形式和范围的差异。

2. 招标/采购方式分类

我国《招标投标法》中将工程招标方式分为公开招标方式和邀请招标方式两类；而在《中华人民共和国政府采购法》（以下简称《政府采购法》）中将政府采购方式分为：公开招标、邀请招标、竞争性谈判、单一来源采购、询价共5类。

（1）公开招标（Open Tendering/Public Invitation），亦称无限竞争性招标（Unlimited Competitive Tendering），是指招标人以招标公告的方式邀请不特定的法人或者其他组织投标的招标方式。它由招标人按照法定程序，在公开出版物上发布或者以其他公开方式发布招标公告，所有符合条件的承包人都可以平等参加投标竞争，招标人从中择优选择中标者。

（2）邀请招标（Selective Tendering/Invited Bidding），又称有限竞争性招标（Limited Competitive Tendering），是指招标人以投标邀请书的方式邀请特定的法人或者其他组织投标，接到投标邀请书的法人或者其他组织才能参加投标的一种招标方式，其他潜在的投标人则被排斥在投标竞争之外。邀请招标必须向3个以上的潜在投标人发出邀请。

（3）竞争性谈判（Competitive Negotiation），也称协商议标，是指招标人或者招标代理机构直接邀请3家以上潜在承包人就招标事宜进行谈判，并确定中标人的招标方式。其特点有：一是可缩短招标过程的时间，并减少招标过程的程序，二是透明度低，竞争性差。工程勘察、设计和施工招标一般不采用竞争性谈判这种招标方式，而在我国《政府采购法》中被列为政府采购的方式。因此，在政府与社会资本合作项目，即PPP（Public Private Partnership）项目上，常用竞争性谈判方式来选择社会资本方。

（4）单一来源采购，是指只能从唯一供应商处采购。一般而言，这种方法的采用都是出于紧急采购的时效性或者只能从唯一的供应商或承包商处取得货物、工程或服务的客观性。由于单一来源采购只同唯一的供应商、承包商或服务提供者签订合同，所以就竞争关系而言，采购方处于不利的地位，有可能增加采购成本；而且在谈判过程中容易滋生索贿受贿现象，所以对这种采购方法的使用，国内外均规定了严格的适用条件。

（5）询价，是指向3个以上供应商发出报价邀约，对供应商报价进行比较以确定合格供应商的一种采购方式。适用于合同价值较低且价格弹性不大的标准化货物或服务的采购。这种方式的使用，国内外均规定了严格的适用条件。

上述多种招标方式中，对政府投资工程项目或货物/设备一般要求采用公开招标方式，而对其他方式的选用有较多的限制条件和/或审批程序。

3.2.2　公开和邀请两类招标方式的差异

公开和邀请两类招标方式在工程建设实践中被较多采用，但它们在下列几方面存在较大差异。

（1）发布信息的方式不同。公开招标采用公告的形式发布，邀请招标采用投标邀请书的形式发布。

（2）选择的范围不同。公开招标针对的是一切潜在的对招标项目感兴趣的法人或其他组织，招标人事先不知道投标人的数量；邀请招标针对的是招标人已经了解的法人或其他组织，而且事先已经知道潜在投标人的数量。

（3）竞争的范围不同。由于公开招标使所有符合条件的法人或其他组织都有机会参加投标，竞争的范围较广，竞争性体现得也比较充分，招标人拥有绝对的选择余地，容易获得最佳招标效果；邀请招标中投标人的数目有限，竞争的范围有限，招标人拥有的选择余地相对较小，有可能提高中标的合同价，也有可能将某些在技术上或报价上更有竞争力的供应商或承包人遗漏。

（4）公开的程度不同。公开招标中，所有的活动都必须严格按照预先指定并为大家所知的程序和标准公开进行，大大减少了作弊可能性；相比而言，邀请招标的公开程度有所降低，产生不法行为的机会也会增多。

（5）产生的成本不同。由于邀请招标不发公告，招标文件只送几家招标人比较了解的单位，使整个招标投标的时间大大缩短，招标费用也相应减少。公开招标的程序比较复杂，耗时较长，费用也比较高；同时参加投标的单位可能鱼龙混杂，增加了评标的难度。

由此可见，两种招标方式各有千秋，因此招标方式存在选择问题，应在招标准备阶段根据相关法律及建筑市场情况认真研究确定。

3.2.3　招标方式选择的相关规定

按照国家有关规定需要履行项目审批、核准手续的依法必须进行招标的项目，其招标范围、招标方式、招标组织形式应当报项目审批、核准部门审批、核准。项目审批、核准部门应当及时将审批、核准确定的招标范围、招标方式、招标组织形式通报有关行政监督部门。

国有资金占控股或者主导地位的依法必须进行招标的工程项目，应当公开招标；但有下列情形之一的，可以邀请招标：

（1）技术复杂、有特殊要求或者受自然环境限制，只有少量潜在投标人可供选择。

（2）采用公开招标方式的费用占项目合同金额的比例过大。

组织邀请招标，要按相关规定，通过有关部门审批或认定。

涉及国家安全、国家秘密、抢险救灾或者属于利用扶贫资金实行以工代赈、需要使用农民工等特殊情况，不适宜进行招标的项目，按照国家有关规定可以不进行招标；有下列情形之一的，也可以不进行招标：

（1）需要采用不可替代的专利或者专有技术。

（2）采购人依法能够自行建设、生产或者提供。

（3）已通过招标方式选定的特许经营项目投资人依法能够自行建设、生产或者提供。

（4）需要向原中标人采购工程、货物或者服务，否则将影响施工或者功能配套要求。

（5）国家规定的其他特殊情形。

对弄虚作假者，以规避招标论处。

【案例 3-1】××水利枢纽工程招标方式选择和工程腐败惩罚措施

1. 招标方式选择

江西××水利枢纽工程由政府和国企投资，发包人严格按国家有关政策法规，选择公开招标方式，并在《中国水利报》《中国采购与招标网》《江西省招标投标网》《江西省公共资源交易网》上发布招标公告或资格预审公告。

2. 公开招标后，对合谋行为的遏制措施

（1）委托工程招标代理机构提供工程采购招标服务，利用他们对建设市场较为熟悉的特点，对投标人潜在的合谋动机形成一定的压力。××水利枢纽工程主要标段招标均由××工程建设招标咨询有限公司提供招标代理服务。

（2）借助有形工程招标市场，组织工程招标活动，借助有形市场的信息优势，遏制潜在投标人的合谋。××水利枢纽工程主体工程采购招标均进入××公共资源交易中心交易，这对遏制潜在投标人的合谋产生了一定的作用。

（3）对潜在投标人、潜在中标人进行公示。对实行资格预审的招标项目，对通过资格预审的潜在投标人实行公示制度；对所有招标项目，对经评标委员会评审并推荐的潜在中标人实行公示制度。通过公示，揭露可能存在的各类合谋行为。

（4）采购招标方不参与招标的评标。根据我国政策法规，招标方可以派一定代表参与工程评标，其优势是可以由招标方代表进一步介绍工程情况，解释招标目标和要求等，但在实践中也出现一些问题，如招标方代表在评标过程中可以起引导作用，干扰评标，不排除与某些投标人存在合谋的可能。针对这一情况，××水利枢纽工程招标过程中均不派员参与评标，杜绝了这一过程招标方与某些投标人合谋的可能。

3.3　投标人资格审查标准与机制策划

3.3.1　投标人资格审查标准

1. 什么是投标人资格审查标准

投标人资格审查标准是指工程招标人制定的，对体现投标人实力、能力等方面，需要进行审查的指标及其合格标准（或要求），即投标人资格审查标准包括了审查的指标及其合格的标准。

资格审查既是招标人的权利，也是招标项目的必要程序，它对于保障招标人和投标人的利益均具有作用。具体可实现下列目的：

（1）审查投标人的财务能力、技术状况及类似本工程的项目经验是否达到要求。

（2）淘汰不合格的投标人。

（3）减少评审阶段的工作时间，减少评审费用。

（4）为不合格的投标人节约购买招标文件、现场考察及投标等的费用。

（5）排除将合同授予没有可能通过资格预审的投标人的风险，为发包人选择一个优秀的投标人打下良好的基础。

2. 资格审查指标

工程设计招标、施工、监理招标，招标人有不同的投标人资格审查指标，在《标准施工招标文件》（2007 年版）中，除企业营业执照和持安全生产许可证外，提出的对投标人资格审查的指标有：

（1）企业资质。

（2）财务状态。

（3）业绩情况。

（4）信誉水平。

（5）项目经理资格。

（6）其他指标。

上述 6 项指标中，对企业资质，在我国实行统一管理制度。

招标人一般应根据工程规模、复杂程度及工程招标类型等方面确定对投标人审查的指标及其合格标准或要求。

3. 投标人的企业资质

在我国，对工程建设工程业企业实行资质管理，即只有满足具体工程有关资质标准的企业，才有可能承担工程建设任务。

传统建设企业资质分类分级较为复杂，2020 年 11 月，住房和城乡建设部（以下简称住建部）颁发《建设工程企业资质管理制度改革方案》对其进行改革，改革后的企业资质情况如下。

（1）工程勘察资质，分 2 个序列：①综合资质，不分等级；②专业资质，包括岩土工程、工程测量、勘探测试 3 类，分为甲、乙两等级。

（2）工程设计资质，分 4 个序列：①综合资质，不分等级；②行业资质，包括 14 类行业资质，分为甲、乙两个等级（部分资质只设甲级）；③专业资质，包括 67 个类别，分甲级、乙级（部分资质只设甲级）；④事务所资质，包括 3 类别，不分等级。

【案例 3-2】工程设计行业甲级资质标准（征求意见稿，2022 年 2 月）

一、资信能力

（1）具有独立企业法人资格，或者是依照《中华人民共和国合伙企业法》成立的普通合伙企业。

（2）净资产 600 万元以上，或者合伙企业出资额 600 万元以上。

（3）近 3 年上缴工程勘察设计增值税每年 200 万元以上。

二、主要人员

（1）主要技术负责人应当具有大学本科以上学历、注册执业资格或者高级专业技术职称、10 年以上工程设计经历，且在近 10 年作为项目负责人主持过所申请行业大型项目工程设计 2 项以上。

（2）主要专业技术人员数量满足所申请行业资质标准中主要专业技术人员配备表规定的要求。

（3）在主要专业技术人员配备表规定的人员中，主导专业的注册人员、非注册人员应当在近 10 年作为专业技术负责人或者项目负责人主持过所申请行业中型以上项目工程设计 3 项以上。除申请民航行业甲级资质外，其中每个主导专业应有 1 名专业技术人员在近

10年作为专业技术负责人或者项目负责人主持过所申请行业大型项目工程设计2项以上。

三、工程业绩

近10年独立完成过的工程设计项目应当满足相应工程设计类型考核要求，且每个设计类型的业绩应为大型项目工程设计1项以上或者中型项目工程设计2项以上，并已建成投产。

（3）施工资质，分4个序列：①施工综合资质，不分类别和等级；②施工总承包资质，包括13个类别，分甲级、乙级两个等级；③专业承包资质，包括18个类别，一般分甲级、乙级两个等级，部分专业不分等级；④专业作业资质，不分等级。

【案例3-3】建筑工程施工总承包甲级资质标准（征求意见稿，2022年2月）

一、企业资信能力

（1）净资产1亿元以上。

（2）近3年上缴建筑业增值税平均在800万元以上。

二、企业主要人员

（1）具有建筑工程专业一级注册建造师10人以上。

（2）技术负责人具有10年以上从事工程施工技术管理工作经历，且为建筑工程专业一级注册建造师；主持完成过1项以上本类别等级资质标准要求的工程业绩。

三、企业工程业绩

近5年承担过下列4类中的3类以上工程的施工总承包，工程质量合格。

（1）高度80m以上的民用建筑工程1项或高度100m以上的构筑物工程1项或高度80m以上的构筑物工程2项。

（2）地上25层以上的民用建筑工程1项或地上18层以上的民用建筑工程2项。

（3）建筑面积12万m²以上的民用建筑工程1项，或建筑面积10万m²以上的民用建筑工程2项，或建筑面积10万m²以上的装配式民用建筑工程1项，或建筑面积8万m²以上的钢结构住宅工程1项。

（4）单项建安合同额1亿元以上的民用建筑工程。

（4）工程监理资质，分2个序列：①综合资质，不分类别、不分等级；②专业资质，包括10个类别，分为甲级、乙级两个等级。

3.3.2　投标人资格审查机制

1. 什么是投标人资格审查机制

投标人资格审查是指招标人对资格预审申请人或投标人的经营资格、企业资质、财务状况、业绩、信誉等方面进行评估，以判定其是否具有参与项目投标和履行合同的资格及能力的活动。投标人资格审查机制是指由招标人确定，由评标委员会去实施的投标人资格审查方法和审查规则的集合。

2. 投标人资格审查机制分类

按投标人资格审查机制，一般将其分为资格预审和资格后审两类机制。

（1）投标人资格预审（Pre-qualification）机制，即由招标人在投标前对有意向参与投标的投标人进行的资格审查，然后确定其是否有投标资格。资格预审内容包括投标人的法人地位、经营资质、安全生产许可、商业信誉、财务能力、技术能力和经验等。资格预审一般在工程招标发售标书前就进行，决定投标人有无投标资格。因此，这种方法可有效地控制不合格的投标人，将不合格的投标人排除在工程招标活动之外。这对减少评标工作量、节省社会成本发挥了一定作用。但资格预审过程将潜在投标人的信息公开化，这为潜在投标人及其他相关方的合谋，包括围标和各类串标扩大了空间。

（2）投标人资格后审（Post-qualification）机制，即由招标人在开标后对投标人进行的资格审查，是近几年用得较多的一种方法。资格后审内容与资格预审内容相当。但资格后审中，经常将资格后审放在评标的初步评审过程/阶段。初步评审包括形式评审、资格评审和响应性评审。显然，在资格后审中，仅资格评审并不一定决定投标人的命运，这视初步评审方法而定。采用资格后审时，在发售招标文件、投标答疑、踏勘现场直至专家抽取、通知、开标的实施过程中，投标人之间、评标专家与投标人之间、投标人与招标代理之间均不存在信息交换，投标人的信息始终处于一种自然的湮没状态，从而可有效地压缩招标过程的各种合谋，包括围标和各类串标的空间或机会。此外，与实行资格预审相比，资格后审，由于省去了资格预审的环节，可缩短招标工作的历时，对一些工期紧张的项目具有较大意义。

3. 两类资格审查机制的选择

根据两类资格审查机制的特点，具体应根据工程建设市场环境和工程特点选择资格审查方式。

下列情况宜选择资格预审法：

（1）建设市场诚信水平较高，围标、串标等合谋现象较少。

（2）工程规模较大、技术复杂。

（3）参与工程投标的公司企业众多。

（4）工程建设工期要求并不高。

下列情况宜选择资格后审法：

（1）工程建设市场诚信水平低下，围标、串标等合谋现象较多。

（2）工程规模、技术复杂程度一般。

（3）工程建设工期紧迫。

4. 两类资格审查机制的应用要求

在工程招标投标活动中，资格审查环节是最容易出现腐败的关键环节之一，为进一步规范资格审查环节，防止以资格审查之名限制或者排斥潜在投标人，2019 年版的《招标投标法实施条例》明确规定了资格审查分为资格预审和资格后审，具体要求：

（1）资格预审应当按照资格预审文件载明的标准和方法进行。国有资金占控股或者主导地位的依法必须进行招标的项目，招标人应当组建资格审查委员会审查资格预审申请文件。资格审查委员会及其成员应当遵守招标投标法和本条例有关评标委员会及其成员的规定。资格预审结束后，招标人应当及时向资格预审申请人发出资格预审结果通知书。未通过资格预审的申请人不具有投标资格。通过资格预审的申请人少于 3 个的，应当重新招标。

（2）招标人采用资格后审办法对投标人进行资格审查的，应当在开标后由评标委员会按照招标文件规定的标准和方法对投标人的资格进行审查。

【案例 3-4】某大型水利枢纽工程招标人资格审查机制选择

某大型水利枢纽工程较早的采购招标部分采用了较为传统的资格预审机制。但实践中发现，本工程并不十分复杂，在采用资格预审机制后，招标中要增加一个环节，一方面增加了招标成本；另一方面，由于建设市场不够规范，资格预审结果公示后，潜在投标人间的矛盾较多。招标方在处理这些矛盾的过程也要消耗较多的时间、人力、成本等。因此，该大型水利枢纽工程后期项目招标中，基本采用了资格后审机制，其最大优势是缩短了招标时间、降低了招标成本。

3.4　工程评标机制策划

3.4.1　工程评标机制及其分类

1. 什么是工程评标机制

工程评标机制（Bidding Appraisal Mechanism）指在众多投标人/投标文件中，确定中标人，即选定工程承包人的机制。不同类型招标，其评标机制存在差异。如，在满足工程招标基本要求的条件（如企业资质、曾承担过类似工程经历）下，工程设计招标，投标方提交的设计方案是主要评价因素，其他方面因素相对次要；而工程施工招标，工程施工报价是主要因素，其他方面因素相对次要。

2. 工程评标机制分类

工程评标机制/方法有：专家评议法、综合评估法、经评审的最低投标价法、最低报价法（投标价最低的投标人中标，但投标价低于成本者除外）。《标准施工招标文件》（2007年版）将工程施工招标的评标机制分为：经评审的最低投标价法和综合评估法。

（1）经评审的最低投标价法。指对满足招标文件实质性要求的投标文件，将其价格要素进行调整后得到的投标价作为评价的主要依据。其中价格要素可能为投标范围的偏差、投标多项或少项、付款条件偏差引起的资金时间价值的差异、工程交付时间给招标带来直接的损益等。在此基础上，进一步判断调整后的投标报价是否低于投标人企业成本，不低于其成本的为有效投标报价；对有效投标报价从低至高依次进行评审，直至确定出2～3个有效投标报价或2～3个中标候选人。经评审的投标价相等时，投标报价低的优先；投标报价也相等的，由招标人自行确定。

（2）综合评估法。指对满足招标文件实质性要求的投标文件，按照工程招标文件规定的评审因素、评审标准及评分标准进行打分，并按得分由高到低顺序推荐2～3个中标候选人，或根据招标人授权直接确定2～3个中标候选人，但投标报价低于其成本的除外。综合评分相等时，以投标报价低的优先；投标报价也相等的，由招标人自行确定。

评标委员会对投标文件不明确处要进行澄清、说明或补正，对有效投标报价从低至高排序，并据此确定投标人的排序。

3.4.2　工程评标机制选择

当评价工程项目不需要考虑工程履约过程中额外的交易费用时，在投标人通过资格预审、具有承包工程能力的条件下，采用最低报价中标法应该是最合理的。当招标工程需要考虑工程合同履行过程中额外的交易费用时，采用综合评估法较为科学。因此，需要针对招标工程的具体情况，设计评标决标方案，而不是搞一刀切，即不能仅制定一套评标决标方案，将其应用于所有工程或一个大型工程的所有施工标段的招标投标中。

（1）简单工程的评标机制。对于单一的土石工程等简单工程，采用最低投标价法或经评审的最低投标价法比较科学。对于这种情况，需要把握两个基本原则：一是投标人的基本的企业资质、施工能力和经验、财务能力等方面符合要求，这主要是为了保证承包人有能力完成承包的工程任务，防止工程质量、安全等方面的风险；二是投标报价不能低于工程成本价，这主要是为了控制承包人的成本风险，进而控制发包人的工程质量和完工风险等。

（2）复杂工程的评标机制。对于工程技术及建设环境比较复杂的施工标段，对承包人的施工技术、管理水平、建设经验、诚信度等方面提出了较高要求。这种情况，施工过程中出现较高的额外交易费用的可能性比较大，实现工程目标存在较大的风险。如，若承包人的施工技术和管理水平低下，尽管该承包人主观上努力了，但在工程施工中要保证工程质量，发包人可能会付出合同之外的质量管理、提供技术支持等方面的费用，即工程交易费用；若承包人的技术和经验没问题，但当其诚信度低时，发包人为防止偷工减料、控制工程质量，可能会支付超出正常情况的监督费用，以及多支付应对承包人"道德风险"的额外费用。因此，对于技术及建设环境比较复杂的施工标段需要采用综合评估法评标。

3.5　工程合同策划

3.5.1　合同策划的内容

工程合同是工程交易的重要依据，是连接交易各方的纽带，是实现建设工程目标的重要保证。工程交易参与方均存在合同策划的问题，不过工程发包人在其中处于主导地位，并对其他参与方的合同策划产生影响。因而此处主要介绍工程发包人的合同策划问题。发包人合同策划（Contract Planning）主要内容包括：

（1）工程项目将分成几个独立的合同工程（或称标段），每一个合同/标段的工程边界。

（2）每个合同工程的交易方式，即发包方式。

（3）每个合同工程交易采用什么合同条件。

（4）每个合同工程交易采用的合同计价方式。

（5）每个合同工程的风险如何在承包人和发包人之间分配。

（6）每个合同工程的重要条款。

（7）工程设计、施工和采购等合同共性问题的解决方案，如合同担保与保险、争议解决方案等。

（8）各相关合同在内容、时间、组织和技术方面的协调。

（9）每个合同签订与实施中的重大问题。

3.5.2　合同计价方式策划

按建设工程合同的计价方式（Pricing Mode），常将合同类型分为基于价格、基于成本和混合型的 3 类 6 种，它们各有特色，适用于不同的工程和建设条件。

1. 基于价格的合同计价方式及其特点

基于价格的合同计价方式，采用的价格是在工程合同中确定的，发包人所承担的风险较小，而承包人则必须承担实际成本大于合同价格的风险。其中，工程总价不变对应的合同称为总价合同；工程单价不变对应的合同称为单价合同。

（1）总价合同。总价合同包括多种衍生形式：调值总价合同、固定交易量总价合同和管理费总价合同等。其中用得最多的是固定总价合同，即"一笔包死"的合同。这种合同要求交易内涵清晰，相关设计图纸完整，项目工作范围及交易计量依据确切，否则风险较大。在国际工程承包中，这种合同应用得较多，如在一些交钥匙工程的工业项目上经常采用这种固定总价合同。往往工程发包人在招标时只提供工程项目的初步设计文件，就要求承包人以固定总价的方式承包。由于初步设计无法提供比较精确的工程范围和工程量清单，承包人必须承担工程量和价格的风险。在这种情况下，承包人的报价一般也会较高。FIDIC 合同的"银皮书"就采用了固定总价合同。这种合同的优点是工程发包人在实施过程中的管理工作量小，风险也小，但当出现工程变更时，对于工程总价和工期是否进行调整、如何调整、双方可能会产生矛盾和纠纷。

（2）单价合同。一般是指工程交易单价在合同中规定，合同中的工程交易量为参考交易量，工程合同结算时按合同规定的价格和实际发生的工程量进行计算。但在一些合同中，如 FIDIC 施工合同条件和我国水利水电工程施工合同条件等，通常规定承包人所报的单价不是固定不变的，在一定的条件下，可根据物价指数的变化进行调整，这种合同称为可调单价合同。总体而言，单价合同要求设计图纸较完整，对交易双方风险分配比较合理。

2. 基于成本的合同计价方式及其特点

基于成本的合同计价方式一般用于工期紧急的场合，这类合同计价方式可分为下列 3 种。

（1）成本补偿的计价方式，即成本补偿合同，或称实际成本加固定费用合同。这是一类实报实销外加固定费用（酬金）的合同。其衍生形式有：

1）实际成本加百分率合同。这种合同的基本特点是以工程实际成本加上实际成本的百分数作为付给工程承包人的酬金。

2）实际成本加奖金合同。这种合同的基本特点是以工程实际成本，加上一笔奖金来确定工程承包人应得的酬金，并当实际成本低于目标成本时，奖金适当增加；当实际成本高于目标成本时，奖金适当减少。

（2）目标成本的计价方式，即目标成本合同，或称目标价格激励合同。这类合同由双方商定一个目标价格，若最后结果超过这一目标价，超过部分由交易双方按一定比例共同分担；若最后结果低于这一目标价，则节约部分交易双方按一定比例共同分享。这种合同的结构形式如图 3-2 所示，其要素包括：最高目标成本、目标成本、最低利润、最高利润或确定分成比例（或负担比例）。各要素确定方法如下：

1）最高目标成本。根据我国目前的情况，最高成本可以根据合同范围内工程概算值确定。

2）目标成本。其可根据工程概算，再考虑建设市场竞争情况确定，如定为合同范围内工程概算价 $90\%\sim95\%$ 内选择一个值确定。

3）目标利润。其可参考计划利润，如 $5\%\sim10\%$，并适当考虑市场情况确定。

4）最低利润。从理论上，应是承包人承担了合同中规定承担的大部分风险，且其工作努力程度一般条件下的利润。

5）最高利润。其应是承包人基本上没有承担合同中规定应承担的风险，且其工作努

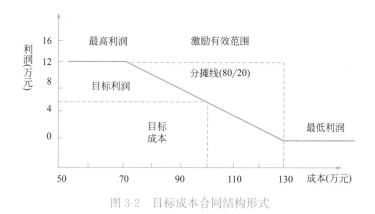

图 3-2　目标成本合同结构形式

力条件下的利润。

上述 5 个要素应针对具体工程测算，分摊线上下两部分的分摊比可相同，也可不同。

（3）限定最高价的计价方式，即限定最高价合同，或称限定最高价激励合同。这类合同由交易双方商定一个最高价格，或称封顶价格，由工程承包人保证不超过这一价格。若超过此价格，超过部分由工程承包人负担；若低于此价格，节约部分按某一比例由承发包双方共享。这种合同发包人不存在风险，而对工程承包人的约束力较大。这种合同的结构形式如图 3-3 所示，其要素包括：限定最高价或称封顶价格、目标成本、最低利润、最高利润或确定分成比例（或负担比例）。各要素确定方法如下：

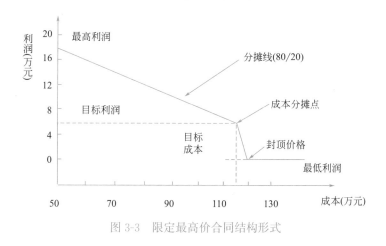

图 3-3　限定最高价合同结构形式

1）限定最高价。可根据合同范围内工程概算确定，如取工程概算价的 95%。

2）目标成本、目标利润、最低利润和最高利润，与目标激励合同的设计方法类似。

在限定最高价激励合同结构中，目标成本上下分摊线的分摊比例一般应不一样。与目标激励合同相比，显然这种类型合同对承包人风险较大。

基于成本的合同的价格在工程实施之前往往是无法确定的，必须等到工程实施完成后，由实际的工程成本来决定，发包人要承担工程成本的风险，而工程承包人要承担的风险比基于价格的合同相比要小得多。同时，为保证工程承包人经济合理地使用各种资源和有效地组织施工，发包人要投入较多的力量对承包人进行管理和监督。

3. 合同的混合计价方式及其特点

合同的混合计价方式，即混合合同（Mixed Contract），其部分是基于成本的合同计价、部分是基于价格的合同计价，以并适时进行转换的合同计价方式。一般是在建设工期要求紧迫，即工程勘察设计还没有全部完成，或工程设计还不具体时，就要求开始施工，此时不能确定工程价格，也不能完全确定工程量，因而只能采用基于成本的合同计价方式。而随着工程设计的深入，工程量和工程单价逐步清晰，具备采用基于价格的计价条件，此时，可采用基于价格的合同计价方式。混合合同适用于工期紧迫的工程，对控制工程成本或投资风险能发挥作用。

4. 不同合同计价方式及其选择

不同合同计价方式，或称不同类型合同的风险分配及适用条件见表 3-1。

不同类型合同的风险分配及适用条件　　　　　　　　表 3-1

合同类型		合同风险分配	合同适用条件	特点
基于价格的合同	总价合同	工程量变化与市场物价风险均由承包人承担	工程量和市场物价均较为确定	可激励承包人降低成本
	单价合同	工程量变化风险由发包人承担，市场物价风险由承包人承担	工程量较为不确定，市场物价较为确定	可激励承包人降低成本
基于成本的合同	实际成本加百分率合同	工程量变化与市场物价风险均由发包人承担；且发包人存在核定成本的风险，即"道德风险"	工程量和/或市场物价均十分不确定；承包人实际成本易观察	并不鼓励承包人降低成本；发包人面临着较大的"道德风险"
	实际成本加奖金合同	工程量变化与市场物价风险均由发包人承担；且发包人存在核定成本的风险，即"道德风险"	工程量和/或市场物价均十分不确定；承包人实际成本易观察	并不鼓励承包人降低成本；发包人要加强监管，并支付较高的交易成本
	目标成本合同	工程量变化与市场物价风险在一定范围内由发包人和承包人分担；发包人面临"道德风险"	工程量和/或市场物价均十分不确定；承包人实际成本易观察	并不鼓励承包人降低成本；发包人要加强监管，并支付较高的交易成本
	限定最高价合同	工程量变化与市场物价风险在一定范围内由发包人和承包人分担；发包人面临"道德风险"	工程量和/或市场物价均十分不确定；承包人实际成本易观察	并不鼓励承包人降低成本；发包人要加强监管，并支付较高的交易成本

有必要根据表 3-1，并针对工程特点对工程合同计价方式作出合理选择。

3.5.3　合同条款选择与合同间协调策划

1. 合同条款选择

合同条款与合同协议书是合同文件中最重要的部分。发包人应根据需要选择或拟定合同条款，一般应首先考虑选用标准的合同条款，必要时也可根据需要对标准文本作出修改、限定或补充。

选用合同条款时，应注意以下几个问题：

（1）合同条款应尽可能使用标准化合同文本，这样不仅降低签订合同的成本，也可降低可能出现的合同不完备的风险。

（2）合同条款应与双方的管理水平匹配，否则执行时有困难。

（3）选用的合同条款双方都较熟悉，既利于工程发包人的管理，也有利于承包人对条款的执行，可减少争议和索赔。

（4）选用合同条款还应考虑到各方面的制约。

对于招标项目，工程合同一般包括在招标文件中，对于非招标项目一般也是由发包人起草，即发包人居于合同的主导地位，因而发包人应特别关注下列一些重要合同条款：

（1）适用合同关系的法律、合同争议仲裁的机构和程序等。

（2）付款方式。

（3）合同价格调整的条件、范围、方法，特别是由于物价、汇率、法律、关税等的变化对合同价格调整的规定。

（4）对承包人的激励措施，如提前完工，提出新设计、使用新技术新工艺使发包人节省投资，奖励型的成本加酬金合同，质量奖等。

（5）合同双方的风险分配。

（6）保证发包人对工程的控制权力，它包括：工程变更权力，进度计划审批权力，实际质量的绝对检查权力，工程付款的控制权力，承包人付款的控制权力，承包人不履约时发包人的处置权力等。

2. 合同间的协调

就一个工程项目，发包人要与多个承包人签订若干合同，如设计合同、施工合同、供应合同、贷款合同等。在这个合同体系中，相关的同级合同之间，按对工程建设的影响，存在着占主导地位的主合同与其他合同之间各种复杂关系。发包人必须对此作出周密安排和协调，其中既有整体的合同策划，又有具体的合同管理计划。

（1）工作内容的全覆盖。发包人与承包人签订的所有合同所确定的工作范围应涵盖项目的全部工作，完成了各个合同，也实现了工程项目总目标。为防止缺陷和遗漏，应做好下述工作：

1）工程招标前进行项目的系统分析，明确项目系统范围。

2）将项目做结构分解，系统地分成若干独立的合同，并列出各合同的工程量表。

3）进行各合同（各承包人或各项目单元）间的界面分析，划定界面上的工作的责任、质量、工期和成本。

（2）技术上的协调。各合同间只有在技术上协调，才能构成符合项目总目标的技术系统。应注意下述各方面：

1）主要合同之间设计标准的一致性。土建、设备、材料、安装等，应有统一的技术、质量标准及要求，各专业工程（结构、建筑、水、电、通信、机构等）之间应有良好的协调。

2）分包合同应按照总承包合同的条件订立，全面反映总合同的相关内容；采购合同的技术要求须符合工程施工承包合同中技术规范的要求。

3）各合同之间应界面明确、搭接合理。如基础工程与上部结构、土建与安装、材料与运输等，它们之间都存在责任界面和搭接问题。

工程实践中，各个合同签订时间、执行时间往往不是同步的，管理部门也常常是不同的。因此，不仅在签约阶段，而且也在实施阶段；不仅在合同内容上，而且也在各部门管理过程中，都应统一、协调。有时，合同管理的组织协调甚至比合同内容更为重要。

3.5.4　工程风险及其分配策划

一般而言，任何建设工程实施过程中，工程风险总是存在的。如何借助工程合同，将工程风险在承发包人之间合理分配，以谋求应对工程风险的最佳效果，这是工程风险分配策划的任务。

1. 什么是工程风险

工程风险（Construction Project Risk）是指工程实施过程中，由于自然、社会环境的变化，存在众多人们在工程招标投标时难以或不可能完全确定的问题，以及由此可能带来的损失。风险一旦发生，就会导致成本增加或延误工期，造成承担风险一方的经济损失。然而，风险总是与收益并存的，如果某一种风险没有出现，或者控制恰当，减少甚至避免了损失，则承担此风险的一方就可能由此而取得收益，这就是"风险—收益原理"。如在工程施工承包合同中，如果采用的是不可调价的合同，即物价涨落的风险由承包人承担。这种情况下，承包人在投标时必然要考虑到这一风险，而适当提高标价，以应对可能出现物价上涨而引起的损失。工程实施过程中，如果物价上涨的幅度超过了所考虑的额度，则承包人会受到损失，如果物价涨幅小于这一额度或没有上涨，则承包人将会由于承担此风险而获得部分效益。反之，如果采用的是可调价合同，则物价涨落的风险将由发包人承担。这种情况下，合同价格将会因承包人不考虑包含这一风险而有所降低。同样，在合同实施过程中，如果物价不上涨或物价反而下跌，则发包人将由于合同价格的减少而受益；反之，发包人将必须在原合同价格上再增加支付一笔费用。

2. 工程风险分类

根据风险产生的因素，可将工程风险分成以下几类：

（1）政治风险。其是指工程所在地的政治环境发生变化而带来的风险。这个问题对于承包人承包国际工程尤为突出。因为工程发包人所在国的一些政治变动，如战争和内乱、没收外资、拒付债务、政局变化等，都可能给承包人带来不可避免的损失。

（2）经济风险。其是指国家或社会一些影响较大的经济因素的变化而带来的风险，如通货膨胀引起工程材料价格和工资的大幅度上涨，外汇比率变化带来的损失，国家或地区有关政策法规，如税收、保险等变化，而引起的额外费用等。

（3）自然风险。其是指自然因素带来的风险，如施工过程中出现超标准洪水、暴雨、地震、飓风等。

（4）技术风险。其是指一些技术条件的不确定性可能带来的风险，如勘测资料未能全面客观反映或解释失误的地质情况，采用新技术，设计文件、技术规范的失误等。

（5）商务风险。其是指合同条款中有关经济方面的条款及规定可能带来的风险，如支付、工程变更、索赔、风险分配、担保、违约责任、费用和法规变化、货币及汇率等方面的条款。这类风险包含条款中写明分配的、由于条款有缺陷而引起的，或者撰写方有意设置的，如所谓"开脱责任"条款等。

（6）对方的资质和信誉风险。其是指合同一方的业务能力、管理能力、财务能力等有缺陷或者不完全履行合同而给另一方带来的风险。在施工承包合同中，发包人和承包人不仅要相互考虑到对方，同时也必须考虑到监理工程师在这方面的情况。

（7）其他风险。如工程所在地公众的习俗和对工程的态度，当地运输和生活供应条件等，都可能带来一定的风险。

3. 工程风险的分配原则

工程风险分配（Risk Allocation）是指在合同条款中写明，上述各种风险由合同哪一方承担，承担什么责任。这是合同条款的核心问题之一。对工程合同风险，应该按照效率原则和公平原则进行分配。

（1）从合同项目效益出发，最大限度发挥双方的积极性，尽可能做到：

1）谁能最有效地（有能力和经验）预测、防止和控制风险，或能有效地降低风险损失，或能将风险转移给其他方面，则应由他承担相应的风险责任。

2）风险承担者控制相关风险是经济的，即能够以最低的成本将风险控制在某一程度。

3）通过合同风险分配，有利于强化合同各方责任性，充分调动合同各方管理和技术革新的积极性、创造性等。

（2）合同风险分配在合同双方间能体现公平合理，以及责权利平衡，主要包括：

1）承包人提供的工程（或服务）与发包人支付的价格之间应体现公平，这种公平通常以当地当时的市场价格为依据。

2）风险责任与权利之间应平衡。

3）风险责任与机会对等，即风险承担者同时应能享有风险控制获得的收益和机会收益。

4）承担风险的可能性和合理性，即给风险承担者具有风险预测、计划、控制的条件和能力，能够将风险控制在一定程度，保证工程合同能顺利履行。

（3）符合现代工程项目管理理念。如工程总承包合同，一般是采用总价合同，即将工程量风险和市场风险均分配给承包人，这对激励承包人优化工程、降低工程交易成本均有积极意义。

（4）符合工程惯例，即符合通常的工程合同风险分配的方法。如目前在不同领域存在的一些标准工程合同条件，其中的一些合同风险分配方法可称为工程惯例。

4. 发包人一般应承担的风险

（1）不可抗力的社会因素或自然因素造成的损失和损坏，前者如战争、暴乱、罢工等；后者如洪水、地震、飓风等。但工程所在国外的战争、承包人自身工人的动乱以及承包人延误履行合同后发生的情况等除外。

（2）不可预见的施工现场条件的变化。其是指施工过程中出现了招标文件中未提及的不利的现场条件，或招标文件中虽提及，但与实际出现的情况差别很大，且这些情况在招标投标时又是很难预见到的，由此而造成的损失或损坏。在实际工程中这类问题最多是出现在地下的情况，如开挖现场出现的岩石，其高程与招标文件所述的高程差别很大；实际遇到的地下水在水量、水质、位置等方面均与招标文件提供的数据相差很大；设计指定的料场，其土石料不能满足强度或其他技术指标的要求；开挖现场发现了古代建筑遗迹、文物或化石；开挖中遇到有毒气体等。

（3）工程量变化。其是指对单价合同而言，合同价是按工程量清单上的估计工程量计算的，而支付价是按施工实际的支付工程量计算的，由于两种工程量不一致，从而引起合同价格变化的风险。如采用总价合同，则此项风险承包人承担。另一种情况是当某项作业其工程量变化甚大，而导致施工方案变化引起的合同价格变化。

（4）设计文件有缺陷而造成的损失或成本的增加，由承包人负责设计的除外。

（5）国家或地方法规变化导致的损失或成本增加，承包人延误履行合同后发生的除外。

5. 承包人一般应承担的风险

（1）投标文件缺陷。其是指由于对招标文件的错误理解，或者勘察现场时的疏忽，或者投标中的漏项等造成投标文件有缺陷而引起的损失或成本增加。

（2）对发包人提供的水文、气象、地质等原始资料分析、运用不当而造成的损失和损坏。

（3）由于施工措施失误、技术不当、管理不善、控制不严等造成施工的一切损失和损坏。

（4）分包工作失误造成的损失和损坏。

3.5.5　工程保险策划

工程实施过程中风险问题不可回避，而工程实践表明，应对工程风险的重要措施之一是保险。如何在工程合同中合理安排保险，这不仅要满足相关法律法规要求，而且要谋求工程保险的最佳效果。这是工程保险策划的任务。

1. 什么是工程保险

工程保险（Construction Project Insurance）是指发包人或/和承包人向专门保险机构/保险公司缴纳一定的保险费，保险公司建立保险基金。一旦发生所投保的风险事件造成财产或人身伤亡，即由保险公司用保险基金予以补偿的一种制度。

工程保险的实质是一种风险转移，由发包人或/和承包人通过投保，将原应承担的风险责任转移给保险公司承担。建设工程，特别是大型建设工程一般规模大、工期长、涉及面广，潜在的风险因素多。因此，着眼于可能发生的不利情况和意外不测，一般发包人或/和承包人均有必要购买工程保险，他们只需付出少量的保险费，可换得遇到较大损失时得到补偿的保障，从而增强抗御风险的能力。所以国际工程承包业务中，通常都包含工程保险，大多数标准合同条款，还规定必须投保的险种；我国的工程保险也在逐步推开。

2. 工程保险分类

工程保险可以分成两大类：

（1）强制性保险（Compulsory Insurance）。凡合同规定必须投保的险种，称为合同规定的保险或强制性保险。

（2）选择性保险（Selective Insurance）。强制性保险之外的其他保险，称为非合同规定的保险，即选择性保险。

FIDIC 条件和我国颁布的标准/示范合同条件中规定必须投保的险种一般有工程和施工设备的保险、人身事故险和第三方责任险。

3. 工程和施工设备的保险

工程和施工设备的保险，也称"工程一切险"，是一种综合性的保险，它对建设工程项目提供全面的保障。

（1）工程一切险（Engineering and Construction Equipment Insurance）的承保范围，包括：

1）工程本身。其是指由总承包人和分包方为履行合同而实施的全部工程，还包括预备工程，如土方、水准测量；临时工程，如供水、保护堤和全部存放于工地的为施工所必需的材料等。包括安装工程的建筑项目，如果建筑部分占主导地位，也就是说，如果机器、设施或钢结构的价格及安装费用低于整个工程造价的 50%，亦应投保工程一切险。

2）施工用设施。其包括活动房、存料库、配料棚、搅拌站、脚手架、水电供应及其他类似设施。

3）施工设备。其包括大型施工机械、吊车及不能在公路上行驶的工地用车辆，不管这些机具属承包人所有还是其租赁物资。

4）场地清理费。其是指在发生灾害事故后场地上产生了大量的残砾，为清理工地现场而必须支付的一笔费用。

5）工地内现有的建筑物。其是指不在承保的工程范围内、工地内已有的建筑物或财产。

6）由被保险人看管或监护的停放于工地的财产。

工程一切险承保的危险与损害涉及面很广。凡保险单中列举的除外情况之外的一切事故损失全在保险范围内，包括下述原因造成的损失：

1）火灾、爆炸、雷击、飞机坠毁及灭火或其他救助所造成的损失。

2）海啸、洪水、潮水、水灾、地震、暴雨、风暴、雪崩、地崩、山崩、冻灾、冰雹及其他自然灾害。

3）一般性盗窃和抢劫。

4）由于工人、技术人员缺乏经验、疏忽、过失、故意行为或无能力等导致的施工低劣而造成的损失。

5）其他意外事件。

建筑材料在工地范围内的运输过程中遭受的损失和破坏以及施工设备和机具在装卸时发生的损失等，亦可纳入工程险的承保范围。

（2）工程一切险的除外责任。按照国际惯例，属于除外责任的情况通常有以下 7 种：

1）由军事行动，战争或其他类似事件、罢工、骚动，或当局命令停工等情况造成的损失（有些国家规定投保罢工骚乱险）。

2）因被保险人的严重失职或蓄意破坏而造成的损失。

3）因原子核裂变而造成的损失。

4）由于罚款及其他非实质性损失。

5）因施工设备本身原因即无外界原因情况下造成的损失，但因这些损失而导致的建筑事故则不属除外情况。

6）因设计错误（结构缺陷）而造成的损失。

7）因纠正或修复工程差错（如因使用有缺陷或非标准材料而导致的差错）而增加的支出。

（3）工程一切险的保险期和保险金额。工程一切险自工程开工之日或在开工之前工程用料卸放于工地之日开始生效，两者以先发生者为准。开工日包括打地基在内（如果地基亦在保险范围内）。施工设备保险自其卸放于工地之日起生效。保险终止日应为工程竣工验收之日或者保险单上列出的终止日。同样，两者也以先发生者为准。

工程实践中，工程一切险的保险终止常有 3 种情况：

1）保险标的工程中有一部分先验收或投入使用。这种情况下，自该部分验收或投入使用日起自动终止该部分的保险责任，但保险单中应注明这种部分保险责任自动终止条款。

2）含安装工程项目的建筑工程一切险的保险单通常规定有试运行期（一般为一个月）。

3）工程验收后，通常还有一个保修期（一般为一年）。保修期内是否强制投保，各国规定不一样。保修期的保险自工程临时验收或投入使用之日起生效，直至规定的保修期满之日终止。

工程一切险的保险金额按照不同的保险标的确定：

1）合同标的工程的保险总金额。即建成该工程的总价值，包括建筑所需材料设备费、施工费（人工费和施工设备费）、运杂费、保险费、税款以及其他有关费用在内，如有临时工程，还应注明临时工程部分的保险金额。

2）施工设备及临时工程。这些设备或工程一般是承包人的财产，其价值不包括在承包工程合同的价格中，应另列专项投保。这些设备或工程的投保金额一般按重置价值，即按重新换置同一牌号、型号、规格、性能或类似型号、规格、性能的机器、设备及装置的价格，包括出厂价、运费、关税、安装费及其他必要的费用计算重置价值。也有些工程按该项目在保险期内的最高额投保，而根据各个保险期的实际情况收费。

3）场地清理费。按工程的具体情况由保险公司与投保人协商确定。场地残物的清理不仅限于合同标的工程，而且包括工程的邻近地区和发包人的原有财产存放区。场地清理费的保险金额一般不超过工程总保额的 5%（大型工程）或 10%（中小工程）。

（4）工程一切险的免赔额。工程保险还有个特点，就是保险公司要求投保人根据其不同的损失自负一定的责任。这笔由被保险人承担的损失额称为免赔额。工程本身的免赔额为保险金额的 0.5%～2%；施工机具设备等的免赔额为保险金额的 5%；第三者责任险中财产损失的免赔额为每次事故赔偿限额的 1%～2%，但人身伤害没有免赔额。保险人向被保险人支付为修复保险标的遭受损失所需的费用时，必须扣除免赔额。

（5）工程一切险的保险费率（Premium Rate）。建筑工程一切险没有固定的费率表，其具体费率要根据以下因素结合参考费率表制定：

1）风险性质（气候影响和地质构造如地震、洪水或水灾等）。

2）工程本身的危险程度。如工程的性质，工程的技术特征及所用的材料，工程的建筑方法等。

3）工地及邻近地区的自然地理条件。如有无特别危险存在。

4）巨灾的可能性。最大可能损失程度及工地现场管理和安全条件。

5）建设工期长短。其包括试运行期的长短、施工季节、保修期长短及其责任大小等。

6）承包人及其他与工程有直接关系的各方的资信、技术水平及经验。

7）同类工程及以往的损失记录。

8）免赔额的高低及特种危险的赔偿限额。

（6）工程一切险的投保人。有关工程一切险的投保人问题，在国家发展改革委的标准招标文件与住房和城乡建设部的合同示范文本中并不统一。按传统，工程保险由承包人投保，负责与保险公司签订保险单并支付保险费。但近年来，由于工程发包人希望能全面保护其工程投资，特别是在一个建设项目被分成多个合同的情况下，各承包人分别投标，可能产生重复投保或漏保的情况，致使增加了保险费或得不到应有的赔偿额，故有逐渐改由发包人投保的趋势。工程险保险单生效后，投保人就成为被保险人，也就是在施工期间承担风险责任或具有利害关系即具有可保利益的人（也称为受益人）。对工程险而言，发包人和承包人都应是被保险人，所以无论谁去投保，工程险投保人的名义都应是发包人和承包人双方的共同名义。为了避免相互之间追偿责任，大部分保险单都加上共保交叉责任条款。根据这一条款，每一被保险人如同各自有一张单独的保单，其责任部分的损失就可以获得相应赔偿。如果各个被保险人发生相互之间的责任事故，每一责任的被保险人都可以在保单项下获得保障。这样，这些事故造成的损失，都可以由出保单的公司负责赔偿，无须根据责任在相互之间进行追偿。至于施工设备的保险，由于受益人只是承包人，故可以承包人名义投保。

4. 人员伤亡和财产损失的保险

（1）事故责任和赔偿费

1）发包人的责任。发包人应负责赔偿以下各种情况造成的人身伤亡和财产损失：

① 发包人现场机构雇用的全部人员（包括监理人员）工伤事故造成的损失。但由于承包人过失造成在承包人责任区内工作的发包人的人员伤亡，则应由承包人承担责任。

② 由于发包人责任造成在其管辖区内发包人和承包人以及第三方人员的人身伤害和财产损失。

③ 工程或工程的任何部分对土地的占用所造成的第三方财产损失。

④ 工程施工过程中，承包人按合同要求进行工作所不可避免地造成的第三方财产损失。

2）承包人的责任。承包人应负责赔偿以下情况造成的人身伤亡和财产损失：

① 承包人为履行本合同所雇用的全部人员（包括分包商人员）工伤事故造成的损失。承包人可要求其分包方自行承担分包人员的工伤事故责任。

② 由于承包人的责任造成在其管辖区内发包人和承包人以及第三方人员的人身伤害和财产损失。

③ 发包人和承包人的共同责任。在承包人辖区内工作的发包方人员或非承包人雇用的其他人员，由于其自身过失造成人身伤害和财产损失，若其中含有承包人的部分责任如管理上的疏漏时，应由发包人和承包人协商合理分担其赔偿费用。

3）赔偿费用（Compensation Cost）。无论何种责任，其赔偿费用应包括人身伤害和财产损失的赔偿费、诉讼费和其他有关费用。

（2）人员伤亡和财产损失的保险

对于这类问题，一般合同规定必须投保以下两个险种。

1）人身事故险（Personal Accident Insurance）。其是指承包人应对他为工程施工所雇用的职工进行人身事故保险。有分包工程项目，分包方也应为其雇用人员购买此项保险。

对国际工程，对于每一职工的人身事故保险金额，应按工程所在国的有关法律来确定，但不得低于这些法律所规定的最低限额。其保险期应为该职工在现场的全部时间。投保人名义为承包人或分包方。一般而言，发包人和监理单位也应为其在现场人员投保人身事故险。这在我国属强制性保险。

2）第三方责任险（Third Party Liability Insurance）。其是指履行合同过程中，因意外事故而引起工地上及附近地区的任何人员（不包括承包人雇用人员）的伤亡及任何财产（不包括工程及施工设备）的损失而进行的责任保险。一般讲，第三方指不属于施工承包合同双方当事人的人员。但当未为发包人和工程监理人员专门投保时，第三方保险也包括对发包人和工程监理人员由于进行施工而造成人员伤亡或财产损失而进行的保险。对于领有公共交通和运输用执照的车辆事故造成的第三方的损失，不属于第三方责任险范围。有些国际工程施工合同中，还要求第三方责任险包括施工人员在国内家庭的人身伤亡和财产损失。第三方责任险的保险金额由发包人与承包人协商确定。第三方责任险以发包人和承包人的共同名义投保，一般可在投保工程一切险时附带投保。

5. 工程保险的总体规定

（1）承包人应在合同规定的时间内，向发包人提交合同要求的各项保险的副本，并通知工程监理人。保险单的内容必须与合同的规定相一致。

（2）如果在施工过程中，工程的性质、范围或进度发生变化，承包人必须及时通知保险公司并办理补充保险手续，确保保险在整个工期内保持有效。但在通知保险公司前，应先征得发包人同意，并通知工程监理人。

（3）每份保险单（Insurance Policy）都应规定，补偿的货币种类应与修复损失或损害所需的货币种类相一致。

（4）若承包人未能按合同规定的时间、内容等进行投保并保持其有效，发包人可以代为进行此项工作，为此支付的任何保险费用，可以从任何应付或将付给承包人的款额中扣除。

（5）若承包人未能按合同要求办理保险并使之保持有效，而发包人未同意删减此项保险，也未办理此项保险，则任何通过此类保险本可取得的赔偿应由承包人承担。

（6）若保险公司的赔偿费不能满足修复损失或损害所需的全部费用，则不足的部分费用应由承包人和发包人按照各自根据合同应负的义务和责任分别承担。

（7）发包人和承包人均应遵守保险单规定的条件，任何一方违反保险单规定的条件而导致得不到保险赔偿费时，应赔偿由此造成的另一方损失。

（8）保险费（Insurance Premium）的处理可以有多种方法：例如，各项保险费都纳入管理费中，工程量清单中不单列；各项保险费均在工程量清单中单列；某些保险费，如工程险、第三方责任险，列入工程量清单，而施工设备险、承包人人员事故险费用分别计入施工设备的运行费和摊入人工费中等。采用何种方法应在招标文件中予以规定。

【案例3-5】某大型水利枢纽工程保险

一、工程概况

某大型水利枢纽工程位于×××峡谷河段，是一座以防洪、发电、航运为主，兼有灌溉、供水等综合利用功能的水利枢纽工程。工程建设的主要内容包括船闸、泄水闸、电站、鱼道、坝顶交通桥、库区防护等工程。工程建设规模为：正常蓄水位46.0m（黄海高程），总库容 11.87 亿 m³；概算总投资额 86 亿元，计划工期 72 个月。采用 DBB 发包方式，工程施工主标分 8 个。

二、保险险种、投保人

（1）保险险种：建筑安装工程一切险及第三者责任险。

（2）投保人：发包人，即××水利枢纽工程建设总指挥部。

三、保险责任范围

某大型水利枢纽工程的建筑安装工程一切险及第三者责任险，承保该工程施工建设过程中、在保险期限内因自然灾害或意外事故造成本保险工程（包括临时工程、永久工程以及工程设备和工程材料）的物质毁损和灭失；以及因保险责任事故而引起工地内及临近区域的第三者人身伤亡、疾病或财产损失，被保险人依法应承担的经济赔偿责任，除本保险合同载明的除外责任外，保险人应依据本保险合同承担保险赔偿责任及义务。其中洪水投保标准：枢纽部分一期厂房围堰导流标准为 10 年一遇全年洪水，一期枯水围堰导流标准为 8 月～次年 2 月 10 年一遇洪水，二期船闸及其相邻 6.5 孔泄水闸施工围堰导流标准为 8 月～次年 2 月 10 年一遇洪水，三期河道右侧 11 孔泄水闸围堰导流标准为 9 月～次年 2 月 10 年一遇洪水。截流标准采用当月 10 年一遇月平均流量。

上述条件为最低承保条件，超过此投保标准（含最低承保条件）以上所发生的损失由保险公司负责赔偿。

四、工程保险方的选择

某大型水利枢纽工程采用招标方式选择保险方，并委托××保险经纪有限公司作为招标代理。

3.5.6　工程担保策划

工程实践表明，工程担保是确保工程合同顺利履行的重要措施。如何在工程合同中合理安排担保，使其产生最佳效果，这是工程担保策划的任务。

1. 什么是工程担保

工程担保（Construction Guarantee），即工程合同担保，是指工程合同当事人一方，为了确保合同的履行，经双方协商一致而采取的一种保证措施。在担保关系中，被担保合同通常是主合同，担保合同是从合同。担保也可以采用在被担保合同上单独列出担保条款的方式形成。合同中的担保条款同样有法律约束力。担保合同必须由合同当事人双方协商一致自愿订立。如果由第三方承担保证，必须由第三方，即保证人亲自订立。担保的发生以所担保的合同存在为前提，担保不能孤立地存在，如果合同被确认无效，担保也随之无效。

在施工承包合同中，工程担保通常指的是发包人为顺利履行合同，避免因承包人违约而遭受损失，要求承包人提供的保证措施。但是，在国际工程中，FIDIC 条款对发包人在这方面的义务作了规定，即当发包人接受承包人的请求后，应在 28 天内提出合理的证据，表明发包人已作出了资金安排，能保证按合同向承包人支付价款。这实际上就是发包人向承包人提供担保的一种方式。

2. 工程担保分类

常见的工程担保有以下几种：

（1）投标担保（Tender Guarantee）。投标担保是保证投标人在担保有效期内不撤销其投标书。投标担保的保证金额因工程规模大小而异，由发包人按有关规定在招标文件中确定。投标担保的有效期应略长于投标有效期，以保证有足够时间为中标人提交履约担保和签署合同所用。任何投标书如果不附有为发包人所接受的投标担保，即此投标书将被视为不符合要求而被拒绝。在下列情况下，发包人有权没收投标担保：

1）投标人在投标有效期内撤销投标书。

2）中标的投标人在规定期限内未签署协议书，未提交履约担保。

在决标后，招标人应在规定的时间内，向中标和未中标的投标人退还投标保证金及银行同期存款利息。

投标保证金可用保付支票、银行汇票、由银行或公司开出的保函或保证书等各种形式。一般说，银行保函是最常用的形式。当采用银行保函时，其格式应符合招标文件中规定的格式要求。

（2）履约担保（Performance Security）。一般在工程交易中，履约担保是指发包人在招标文件中规定的要求承包人提交的保证履行合同义务的担保。如果承包人违约，未能履行或不完全履行合同规定的义务，导致发包人遭受损失，发包人有权根据履约担保索取赔偿。履约担保有两种形式：

一种是银行或其他金融机构出具的履约保函，用于承包人违约使发包人遭受损失时由保证人向发包人支付赔偿金，其担保金额一般为合同价的 5%～10%。

另一种是由企业出具的履约担保书，当承包人违约后，发包人可要求保证人代替承包人或另请一家承包人履行合同，也可以由保证人支付由于承包人违约使发包人蒙受损失的金额，履约担保书的担保金额一般取合同价的 30%左右。

采用何种履约担保形式，各国际金融组织和各国的习惯有所不同，各种标准条款的规定也不一样。美洲习惯于采用履约担保书，欧洲则用履约保函，亚洲开发银行规定采用银行保函，而世界银行贷款项目列入了两种保证形式，由承包人自由选择任一种形式。FIDIC 条款对此未作出规定，而我国则规定采用何种形式由承包人选定。

承包人应在接到中标函后 28 天内（FIDIC 条款），签订合同协议前（我国条款）将履约担保证件提交给发包人。承包人还应保证履约担保证件在颁发保修责任终止证书（履约证书）前一直有效。发包人则应在颁发证书后 14 天（FIDIC 条款为 21 天）内把履约担保证件退还给承包人。但若保修期（缺陷通知期）内修复工作量不大，发包人又扣留有部分保留金足以补偿修复缺陷的费用时，或发包人要求承包人另行提交保修期担保时，为了尽早解除承包人被冻结的资金，可以将履约担保证件的有效期提前到颁发工程移交证书后的一定时间内。

（3）预付款担保（Pre-payment Security）。承包人在签订合同后，应及时向发包人提交预付款保函，发包人在收到此保函后才支付预付款。预付款担保用于保证承包人应按合同规定偿还发包人已支付的全部预付款。如发包人不能从应支付款中扣还全部预付款，则可以根据预付款担保索取未能扣还的部分预付款。预付款担保金额一般与发包人所付预付款金额相同。但由于预付款是逐月从工程进度款中扣还，因此预付款担保金额也应相应减少，承包人可按月或按季凭付款证明办理担保减值。发包人扣还全部预付款后，应将预付款担保退还给承包人。预付款担保通常也采用银行保函的形式。

（4）缺陷责任担保（Defects Liability Guarantee）。缺陷责任担保是保证承包人按合同规定在保修期中完成对工程缺陷的修复，如承包人未能或无力修复应由其负责的缺陷，则发包人可另行组织修复，并根据缺陷责任担保索取为修复缺陷所支付的费用。缺陷责任担保的有效期与保修期相同。保修期满，颁发了保修责任终止证书后，发包人应将缺陷责任担保退还承包人。

如果某工程的履约担保的有效期包含了保修期，则不必再进行缺陷责任担保。

（5）保留金（Retention Money）。在施工承包合同中，保留金是一种专门的担保方式，即发包人在每月向承包人支付的款项中按某一百分数（5%～10%）扣留一笔款项，称为保留金。如承包人在施工过程中违约而造成发包人受到损失，发包人可从扣留的保留金中取得赔偿。

3. 工程担保的方式和保证人

《中华人民共和国担保法》（以下简称《担保法》）规定，担保的方式有保证、抵押、质押、留置和定金。工程担保通常采用保证方式，即由承包人引入保证人（银行或担保公司）和发包人约定，当承包人违约时由保证人按照约定履行合同或承担责任。约定可采用履约保函或履约担保书的形式。

作为保证人应当具备的必要条件是要具有代为清偿的能力。《担保法》规定，具有代为履行合同能力的法人、其他组织或公民，可以作保证人。《担保法》同时规定以下组织不得作为保证人：

（1）国家机关，但经国务院批准为使用外国政府或国际经济组织贷款进行转贷的除外。

（2）学校、幼儿园、医院等以公益为目的的事业单位或社会团体。

（3）企业法人的分支机构或职能部门，但有法人书面授权的，可以在授权范围内提供保证。承包人也可请几个保证人进行联合担保，在这种情况下，保函或担保书中必须写明各个保证人保证担保的范围，分别承担保证责任。如没有写明或不明确的，则各保证人按"先均分、后连带"的原则承担全部保证责任。

4. 履约担保证件的有效范围和兑现条件

（1）有效范围。履约担保证件只在下列两种情况下无效，其他情况均承担责任：

1）承包人正确、完全地履行合同规定的义务，没有违约，没有造成发包人损失。

2）保证的担保金额已全部支付完。

（2）兑现条件。兑现条件是指发包人在什么证明条件下才能凭保函向保证人索赔兑现。有以下两种类型的兑现条件：

1）无条件保函（Demand Guarantee），或称"索偿即付"式保函。这种保函只要发包人声明承包人违约，且索赔金额在保函担保金额之内，日期在担保有效期内，则保证人就有义务向发包人付款。对这类保函，发包人在兑现前，应提前一段时间通知承包人。

2）有条件保函（Conditional Guarantee），即保证人必须在取得一定的证明条件后才向发包人兑现。常见的条件有：发包人和承包人的书面通知，说明双方一致同意向发包人支付这一笔赔偿费，或仲裁机关的合法裁决书副本，或法院的判决书副本，表明应向发包人支付这一笔赔偿款。

3.5.7　工程分包策划

1. 什么是工程分包

工程（总）承包人（含勘察人、设计人、施工人）经发包人同意后，依法将其承包的部分工程交给拥有相应专业资质第三人（分包人）完成的行为。在分包行为中，承包人只是将其承包工程的某一部分或者某几部分，发包给一个或者几个分包人，并签订分包合同。（总）承包人仍然要就承包合同约定的全部义务向发包人负责。分包人按照分包合同的约定对（总）承包人负责。（总）承包人和分包人就分包工程对发包人承担连带责任。

施工总承包的，建筑工程主体结构的施工必须由总承包人自行完成。

2. 工程分包分类

（1）按分包对象，可将工程施工分包分为施工专业分包和劳务分包两类。

1）施工专业分包。其是指工程（总）承包人将工程施工的某一专业子项目发包给施工分包人，并由分包人独立完成施工任务。

2）劳务分包。其是指工程（总）承包人将某些子项工程的劳务发包给劳务分包人，并由劳务分包人提供劳动力资源。

两者的主要区别是：施工专业分包的分包人用自己的技术、设备和人力资源等完成工程某一子项的施工，并承担该子项施工全部责任和义务，并对（总）承包人负责；劳务分包的分包人主要是向（总）承包人提供劳务，而对工程施工结果不承担责任。

（2）按（总）承包人的意愿，可将工程分包分为一般分包与指定分包两类。

1）一般分包。其是指在招标文件中发包人同意依法分包的条件下，（总）承包人在投标文件中提出工程分包方案，选择分包人，发包人同意后，与发包人签订施工的这类分包。

2）指定分包。其是指在招标文件中发包人就某特殊子项工程指定分包人，并由分包人与（总）承包人签订分包合同的这类分包。

两者主要区别：指定分包是招标文件指定了分包人，并非（总）承包人的自愿选择；而一般分包的分包人是按（总）承包人的意志选择的。

3. 工程分包的动因

（1）（总）承包人工程分包的动因

1）（总）承包人资源不足。在市场竞争日益加剧的情况下，（总）承包人为了保证工程任务的连续性而大量投标，有时可能会发生中标工程过多，企业自有施工资源（人员、设备等）不能满足工程施工需要的情况。为保证施工质量和进度，选择具有相应资质和类似施工经验的分包人协助完成施工任务是一种较好的办法。

2）中标工程中存在部分专业性较强的工程。在新技术日益发展的今天，高新技术在工程建设中得到广泛采用。当中标专业性较强或需要采取某些特殊技术时，选择合适的专业队伍分包，不仅可以解决技术缺乏问题，而且更能保证工程质量和各项指标符合合同要求。如水电工程中的空调系统、电梯、屋面钢网架结构等工程项目施工均有特殊技术要求，若将这些工程分包给专业队伍施工，在施工安全、工程质量等方面将会更有保障。

（2）发包人工程分包的动因

1）某些子项目的特殊性。发包人认为某些子项目特殊，如施工技术有特殊要求，单独招标选择承包人的空间也较小，且子项目规模不大并与其他子项联系密切，因此将其放在其他子项目内招标和管理较适当。

2）承包合同履行过程中，承包人履行合同存在问题。合同承包项目合同不能正常履行，主要原因是合同项目工程技术等方面较为特殊，承包人在能力上出现问题，但工程建设工期又不能拖延，因而发包人指定分包人分包，以确保项目合同正常履行。

4. 工程分包的选择

对发包人而言，在招标文件编制时，有必要对工程分包问题进行策划，即是否需要指定分包，能否同意承包人分包。

（1）劳务分包的选择。对劳务分包，政府制度层面上基本没有限制，而发包人指定劳务分包这种情况基本也少见。因此，对一般招标项目，招标文件对劳务分包没有明确的规定，然而对一些劳动力技能有特殊要求的子项目，就该在招标文件中明确不允许劳务分包，或也不允许施工专业分包。

（2）指定分包的选择。在国内，现行政策并不支持工程招标时就指定分包，如《房屋建筑和市政基础设施工程施工分包管理办法》（中华人民共和国建设部令第 124 号发布，根据住房和城乡建设部令第 19 号修正）就明确：发包人不得直接指定分包工程承包人；水利部颁发的《水利建设工程施工分包管理规定》（2005 年）中规定，项目法人（发包人）一般不得直接指定分包人。但在合同实施过程中，如承包人无力在合同规定的期限内完成合同中的应急防汛、抢险等危及公共安全和工程安全的项目，项目法人经项目的上级主管部门同意，可根据工程技术、进度的要求，对该应急防汛、抢险等项目的部分工程指定分包人。国内工程控制发包人指定分包的一个重要因素是，遏制发包人借指定分包之名，行工程腐败之实；而在国际工程中，指定分包人的案例较多。

因此，对招标人，工程分包策划的主要任务是，在招标文件中明确，是否同意投标人将招标项目分包，若同意分包，具体又提有哪些要求。

3.5.8　工程合同争议解决方案策划

1. 工程合同产生争议的原因

在建设工程项目合同履行过程中，由于当事人对合同条款的不同解释或履约时的不同心态，发生争议是常有的事情。

工程施工承包涉及的方面广泛而且复杂，每一方面又都可能牵涉劳务、质量、进度、安全、计量和支付等问题。所有这一切均需在有关的合同中加以明确规定，不然合同执行中均会存在异议。尽管一般要求施工承包合同规定得十分详细，特别是国际工程，有的甚至制订了十多册，但仍难免有某些缺陷和疏漏（考虑不周或双方理解不一致之处）；而且，几乎所有的合同条款都同成本、价格、支付和责任等发生联系，直接影响发包人和承包人的权利、义务和损益，这些也容易使合同双方为了各自的利益各持己见，即引起争议。

此外，工程施工承包合同，一般其履行的时间很长，特别是对于大型工程项目，往往需要持续几年，在这漫长的履约过程中，难免会遇到工程建设环境条件、法律法规和管理条例以及发包人意愿的变化，这些变化又都可能导致双方在履行合同上发生争议。

2. 常见的工程合同争议内容

工程实践表明，一般的工程合同争议常集中表现在发包人与承包人之间的经济利益上，大致有以下几方面：

（1）关于工程补偿的争议。承包人提出的补偿或索赔要求，如经济补偿或工期索赔，发包人不予承认；或者发包人虽予以承认，但发包人同意支付的金额与承包人的要求相去甚远，双方不能达成一致意见。

（2）关于违约赔偿的争议。如发包人要求承包人对延误工期进行赔偿，承包人认为延误责任不在己，不同意违约赔偿的做法或金额，由此而产生严重分歧。

（3）关于工程质量的争议。发包人对承包人严重的施工缺陷或所提供的性能不合格的设备，要求修补、更换、返工、降价、赔偿；而承包人则认为缺陷已改正，或缺陷责任不属于承包人，或性能试验的方法有误等。因此双方不能达成一致意见或发生争议。

（4）关于中止合同的争议。承包人因发包人违约而中止合同，并要求发包人对因这一中止所引起的损失给予足够的补偿；而发包人既不认可承包人中止合同的理由，也不同意承包人所要求的补偿，或对其所提要求补偿的费用计算有异议。

（5）关于解除合同的争议。解除合同发生于某种特殊条件下，为了避免更大损失而采取的一种必要的补救措施。对于解除合同的原因、责任，以及解除合同后的结算和赔偿，双方持有不同看法而引起争议。

（6）关于计量与支付的争议。双方在计量原则、计量方法及计量程序上的争议；双方对确定新的单价（如工程变更项目）的争议等。

（7）其他争议。如进度要求、质量控制、试验等方面的争议。

3. 解决工程合同争议的方式

解决工程合同争议是维护承发包双方合法权益、保证工程施工顺利进行的重要手段，按我国《民法典》的规定，解决合同争议的方式有：和解、调解、仲裁和诉讼。

（1）和解（Compromise）。其是指承发包双方当事人通过直接谈判，在双方均可接受的基础上，消除争议，达到和解。这是一种最好的解决工程合同争议的方式，既节省费用和时间，又有利于双方合作关系的发展。事实上，在世界各国，履行工程施工承包合同中的争议，绝大多数是通过和解方式解决的。在实行"监理制"的项目上，一般是监理人首先提出合同争议解决方案，当该方案均被承发包双方接受时，合同争议就算解决；当监理人的方案不能被一方或双方接受时，承发包双方进行直接谈判，寻求解决方案。

（2）调解（Conciliation）。其是指当事人双方自愿将工程合同争议提交给一个第三方（个人、社会组织、国家机构等），在调解人主持下，查清事实，分清是非，明确责任，以此为基础，促进双方和解，解决合同争议。对于工程施工承包合同，在设立 DAB 的条件下，工程合同争议，在监理人或承发包双方直接谈判难以达成共识的条件下，可发挥DAB 的作用，请 DAB 进行调解；在没有设立 DAB 的情况下，而承发包双方属同一系统时，经常是请上级行政主管部门作为调解人。此外，还有仲裁机构进行的仲裁调解和法院主持的司法调解。

（3）仲裁（Arbitration）和诉讼（Litigation，Lawsuit）。工程合同争议双方不愿通过和解或调解，或者经过和解和调解仍不能解决争议时，可以选择由仲裁机构进行仲裁或法院进行诉讼审判的方式。我国实行"或裁或审制"，即当事人只能选择仲裁或诉讼两种解决争议方式中的一种。而目前一般标准合同条件中基本倾向选择仲裁方式。当双方签订的合同中确定选用仲裁方式，即设有仲裁相关条款或事后订有书面仲裁协议，则应申请仲裁，且经过仲裁的合同争议不得再向法院起诉。合同条款中没有仲裁条款，且事后又未达成仲裁协议者，则通过诉讼解决争议。在一般工程合同争议中较少采用仲裁和诉讼方案。因为，仲裁或诉讼程序复杂，既要时间，产生的成本也较高，特别是国际工程，时间和经济成本则更高，一般不轻易选择仲裁或诉讼方式来解决工程合同争议。

4. 解决工程合同争议的程序

目前，在我国，对一般工程合同争议，解决的程序如下：

（1）工程监理人调解。在工程监理主持下，协调承发包双方对工程合同的争议，促使争议和解。这种情况是最多的，时间和经济成本也是最低的。

（2）独立于工程利益直接相关方的第三方的调解。在工程监理人调解无效的情况下，承发包双方邀请独立于工程利益直接相关的第三方，如：DAB（Dispute Adjudication Board），若工程项目上已经设立；或工程咨询机构；或政府建设主管部门等主持调解。

（3）仲裁或诉讼。在独立于工程利益直接相关方的第三方调解无效的情况下，通常只能选择仲裁方案。依据工程合同约定的仲裁地点或机构，申请仲裁；一般而言，仲裁结果双方必须执行，仅当某一方不执行仲裁结果，另一方才能向法院提出执行仲裁结果的诉讼。

本章小结

在市场经济环境下，工程实施过程是一交易过程，因而实施工程的第一步是工程交易方案策划，主要包括交易客体（也称标段）的划分和相应交易方式的选择。工程招标公告或投标邀请书发布前，招标人应对招标过程及工程合同条款中规定的重要事项进行策划，并提出最佳的处理方案。这些事项包括工程分标、工程招标方式、投标人资格审查机制、评标机制和合同主要条款编制等。本章重点介绍了这些事项的相关概念、特点及策划要点。对于工程分标、招标方式、投标人资格审查机制、评标机制事项，一般有多方案可以选择，招标人应根据工程特点、建设条件、政策法规等方面因素，进行合理分析、科学比较，甚至借用系统决策方法，选择适合招标项目各事项的方案。如，工程招标方式分公开招标和邀请招标，根据现行政策法规，一般要进行公开招标，仅当满足一些条件时，经报批才能组织邀请招标；又如，对评标机制也存在两种基本的机制，这主要根据工程复杂程度，做出适当的选择。工程合同的风险分配、保险、担保、分包，以及工程合同争议的解决方案等方面问题，在工程合同条款中占有十分重要的地位。本章对这些方面的一般规定作了介绍。值得注意的是，一般规定在标准化合同的通用条款中已经明确，当招标项目具有特殊性时，有必要针对特殊问题的相关规定，通过专用条款对通用合同条款进行补充、修改或完善。

思考与练习题

1. 工程交易方案策划内容与影响因素有哪些？
2. 投标人资格审查方式有哪两类？各有什么特点？审查的内容包括哪些？
3. 工程评标机制有哪几类？各有什么特点？针对具体招标项目如何选择？
4. 工程合同文本策划主要包括哪些内容？
5. 工程分包是如何分类的？为什么指定分包不被鼓励？
6. 工程合同风险分配的基本原则是什么？发包人和承包人一般各承担哪些风险？
7. 常见工程合同计价方式有哪些？各类方式有什么特点？如何合理选择合同计价方式？

第 2 篇
工程招标与投标

工程招标是工程交易的起点，由工程投资方或其确定的建设单位/项目法人承担该任务，此时其被称为工程招标人。工程招标人可自主或委托工程招标代理组织招标活动，其包括：招标策划、发布招标公告或邀请书、发售招标文件、现场踏勘和召开答疑会、接受投标书、开标和评标、决标和发中标通知，以及谈判和签订合同。

工程投标是建设市场主体，如工程施工企业，为获得工程建设任务而参与的市场竞争活动。参与该活动的主体称为投标人，其活动的内容常包括：获取工程招标信息或投标邀请、投标决策、申请投标并获得招标文件、参与现场踏勘和答疑会、编制投标文件、投标和参与开标会；若能中标，则与招标人签订工程合同。工程投标过程与工程招标过程相对应。

工程招标投标是一种市场行为，也是市场主体之间的竞争过程。为维护建设市场竞争秩序，国家先后颁布了《招标投标法》（1999 年首次颁布，2017 年修订）、《招标投标法实施条例》（2011 年首次颁布，2017 年、2018 年和 2019 年先后三次修订），相关部委、地方人大或政府也制订了相关制度。这些法律法规均是规范工程招标投标人行为的依据。

工程招标与投标的相关知识点是一个整体，无论是工程建设单位/招标人，还是工程建设市场主体/投标人，均有必要全面掌握这些知识。

第4章 工程施工招标

本章知识要点与学习要求

序号	知识要点	学习要求
1	工程施工招标条件	熟悉
2	工程施工招标及其文件的内涵和主要内容	熟悉
3	工程施工招标文件的编制原则	熟悉
4	工程施工招标标底、控制价的概念与主要差异	掌握
5	工程施工招标标底、控制价的编制方法	熟悉
6	投标人资格审查的目的、内容、方法和注意事项	了解
7	工程施工评标工作程序与内容	了解
8	施工评标机制或办法的内涵及典型评标机制原理	熟悉

工程施工招标是工程招标中出现频次最高，涉及工程造价份额最大，对工程建设影响最为显著，也最为典型的一类工程招标。工程施工招标不仅有多个重要事项需要策划，而且要编制可操作性的文件、标底或控制价、投标人资格审查，以及组织开标、评标和决标等活动。本章主要介绍与这些活动相关的知识。

4.1 施工招标文件编制

4.1.1 施工招标

1. 什么是施工招标

施工招标是工程招标中的重要一类，是指工程发包人/招标人以获得工程项目实体为目的，或以完成工程施工任务为目的，通过法定的程序和方式吸引施工企业参与竞争，进而从中选择条件优者来完成工程建设任务的活动。

2. 施工招标条件

依法必须招标的工程建设项目，应当具备下列条件才能进行施工招标：

（1）按照国家有关规定需要履行项目审批手续的，已经履行审批手续。

（2）工程资金或者资金来源已经落实。

（3）有满足施工招标需要的设计文件及其他技术资料。

（4）法律、法规、规章规定的其他条件。

在具备施工招标条件的基础上，针对施工招标对象或某施工标段编制招标文件是招标工作的首要环节。

4.1.2　施工招标文件

1. 什么是施工招标文件

施工招标文件（Construction Bidding Document）是指招标人向投标人发出，并告知施工项目特点、需求，以及施工招标投标活动规则和施工合同条件等信息的要约文件。施工招标文件是施工招标投标活动的主要依据，对招标投标活动各方均具有法律约束力。施工招标活动最后，施工招标文件的部分内容经整合会进入工程施工合同。

工程施工招标文件是招标投标活动的基础，很多内容也是工程合同的组成部分。因此，招标文件编制质量的高低不仅影响招标工作，而且是工程合同履行成败的关键因素之一。

2. 施工招标文件的内容

施工招标文件一般包括下列内容：

（1）招标公告或投标邀请书。

（2）投标人须知。

（3）合同主要条款。

（4）投标文件格式。

（5）工程量清单。

（6）技术条款。

（7）设计图纸。

（8）评标标准和方法。

（9）投标辅助材料。

招标人应当在招标文件中规定实质性要求和条件，并用醒目的方式标明。

4.1.3　施工招标文件编制原则和要求

1. 施工招标文件编制原则

编制招标文件应做到系统、完整、准确、明了，使投标人一目了然。编制招标文件的依据和原则是：

（1）应遵守国家的有关法律和法规，如《民法典》《招标投标法》等多种法律法规。对于国际组织贷款的项目，还必须按该组织的各种规定和审批程序来编制招标文件。若招标文件的规定不符合国家的法律、法规，则有可能导致招标文件作废，有时发包人还要赔偿损失。

（2）应注意公正地处理发包人和承包人（或供货方）的利益，即要使承包方获得合理的利润。若不恰当地将过多的风险转移给承包人一方，势必迫使承包人加大风险费，提高投标报价，最终还是发包人增加支出。

（3）招标文件应正确地、详尽地反映建设项目的客观情况，以使投标人的投标能建立在可靠的基础上，从而尽可能减少履约过程中的争议。

（4）招标文件包括许多内容，从投标人须知、合同条件到规范、图纸、工程量清单等，这些内容应力求统一，尽量减少和避免各种文件间的矛盾。招标文件的矛盾会为承包人创造许多索赔的机会，甚至会影响整个工程施工或造成较大的经济损失。

2. 施工招标文件编制要求

编制工程施工招标文件应符合下列要求：

（1）招标文件规定的各项技术标准应符合国家强制性标准。招标文件中规定的各项技术标准均不得要求或标明某一特定的专利、商标、名称、设计、原产地或生产供应者，不得含有倾向或者排斥潜在投标人的其他内容。如果必须引用某一生产供应者的技术标准才能准确或清楚地说明拟招标项目的技术标准时，则应当在参照后面加上"或相当于"的字样。

（2）招标人可以要求投标人在提交符合招标文件规定的投标文件外，提交备选投标方案，但应当在招标文件中作出说明，并提出相应的评审和比较办法。

（3）施工招标项目需要划分标段、确定工期的，招标人应当合理划分标段、确定工期，并在招标文件中载明。对工程技术上紧密相连、不可分割的单位工程不得分割标段。

招标人不得以不合理的标段或工期限制或者排斥潜在投标人或者投标人。依法必须进行施工招标的项目的招标人不得利用划分标段规避招标。

（4）招标文件应当明确规定所有评标因素，以及如何将这些因素量化或者据以进行评估。在评标过程中，不得改变招标文件中规定的评标标准、方法和中标条件。

（5）招标文件应当规定一个适当的投标有效期，以保证招标人有足够的时间完成评标并与中标人签订合同。投标有效期从投标人提交投标文件截止之日起计算。

4.1.4　主要施工招标文件编制

《标准施工招标文件》（2007 年版）分 4 卷，主要内容包括：招标公告或投标邀请书、投标人须知、评标办法、合同条款与格式、工程量清单以及技术标准和要求等。

1. 招标公告

对于公开招标，招标公告（Bidding Announcement）是招标文件中不可缺少的内容。它一方面向社会公示招标项目及相关要求等信息，另一方面有欢迎符合条件的建设企业投标之意。招标人应在相关媒体按照一定的格式向社会发布施工招标公告。《标准施工招标文件》（2007 年版）如【案例 4-1】。

【案例 4-1】招标公告（未进行资格预审）

_____（项目名称）_____标段施工招标公告

1. 招标条件

本招标项目_____（项目名称）已由_____（项目审批、核准或备案机关名称）以_____（批文名称及编号）批准建设，项目业主为_____，建设资金来自_____（资金来源），项目出资比例为_____，招标人为_____。项目已具备招标条件，现对该项目的施工进行公开招标。

2. 项目概况与招标范围

_____（说明本次招标项目的建设地点、规模、计划工期、招标范围、标段划分等）。

3. 投标人资格要求

3.1 本次招标要求投标人须具备_____资质，_____业绩，并在人员、设备、资金等方面具有相应的施工能力。

3.2 本次招标_____（接受或不接受）联合体投标。联合体投标的，应满足下列要求：_____。

3.3 各投标人均可就上述标段中的_____（具体数量）个标段投标。

4. 招标文件的获取

4.1 凡有意参加投标者，请于____年____月____日至____年____月____日（法定公休日、法定节假日除外），每日上午____时至____时，下午____时至____时（北京时间，下同），在_____（详细地址）持单位介绍信购买招标文件。

4.2 招标文件每套售价_____元，售后不退。图纸押金_____元，在退还图纸时退还（不计利息）。

4.3 邮购招标文件的，需另加手续费（含邮费）_____元。招标人在收到单位介绍信和邮购款（含手续费）后____日内寄送。

5. 投标文件的递交

5.1 投标文件递交的截止时间（投标截止时间，下同）为____年____月____日____时____分，地点为_____。

5.2 逾期送达的或者未送达指定地点的投标文件，招标人不予受理。

6. 发布公告的媒介

本次招标公告同时在_____（发布公告的媒介名称）上发布。

7. 联系方式

招标人：_____	招标代理机构：_____
地　　址：_____	地　　址：_____
邮　　编：_____	邮　　编：_____
联 系 人：_____	联 系 人：_____
电　　话：_____	电　　话：_____
传　　真：_____	传　　真：_____
电子邮件：_____	电子邮件：_____
网　　址：_____	网　　址：_____
开户银行：_____	开户银行：_____
账　　号：_____	账　　号：_____

_____年____月____日

招标公告应同时注明所有发布媒介的名称。自招标文件或者资格预审文件出售之日起至停止出售之日止，最短不得少于5天。

2. 投标邀请书

投标邀请书（Invitation to Bids）是指对投标人参与工程投标的邀请书。

投标邀请书分两类：一类是公开招标情况下，投标人通过资格审查后，招标人发出的投标邀请书，相当于投标人通过资格审查的通知书。这类投标邀请书的内容一般十分简单，因招标的许多信息已经在招标公告中明确，但通常在该类投标邀请书中还是应该进一步明确什么时间和地点可购买招标文件、什么时间组织踏勘现场、什么时间投标截止等内容。另一类投标邀请书是在招标人采用邀请招标的情况下，招标人根据分析，向特定人发出的、欢迎其参加投标的邀请书。这类投标邀请书的内容相对丰富，应包括招标公告的大部分内容，如招标条件、项目概况与招标范围、投标人资格要求、招标文件获取、投标文件递交、踏勘现场和投标预备会等，并要求接受邀请的建设企业对于是否参与投标进行确认。

3. 投标人须知

投标人须知（Instruction to Bidders）是指招标文件中用来告知投标人投标时有关注意事项的文件。投标人须知所列条目应清晰、内容明确。一般应包括下列内容：

（1）投标人须知前附表，是主要招标信息的汇总。

（2）总则，包括项目概况、资金来源和落实情况、招标范围、计划工期和质量要求、投标人资格要求、踏勘现场和投标预备会、分包和投标文件对招标文件的响应等方面的内容。

（3）招标文件，包括招标文件的组成、招标文件的澄清及招标文件的修改等相关事项。

（4）投标文件，包括投标文件的组成、投标报价、投标有效期、投标保证金、资格审查资料、备选投标方案和投标文件的编制等相关事项。

（5）投标，包括投标文件的密封和标记、投标文件的递交和投标文件的修改与撤回等事项。

（6）开标，包括开标时间和地点、开标程序等事项。

（7）评标，包括评标委员会、评标原则和评标办法等事项。

（8）合同授予，包括定标方式、中标通知、履约担保和签订合同等事项。

（9）重新招标和不再招标，包括重新招标和不再招标等事项。

（10）纪律和监督，包括对招标人的纪律要求、对投标人的纪律要求、对评标委员会成员的纪律要求、对与评标活动有关的工作人员的纪律要求以及投诉等事项。

4. 评标办法

评标办法（Bid Evaluation Method）是指评价投标人投标文件的方法。招标人评标办法要在招标文件中公布，并在评标过程中执行。评标办法多种多样，《标准施工招标文件》（2007 年版）推荐了经评审的最低投标价法、综合评估法两种评标办法，并具体说明了评审方法和相关指标。对某一项目招标只能选择其中之一。

5. 合同条款

合同条款（Contract Clause）是指招标人拟定的合同履行过程中要求执行的内容，从法律文书角度看，即为合同内容，包括：合同双方当事人的职责范围、权利和义务，监理人（若有）的职责和授权范围；遇到各类问题（如工程进度、工程质量、工程计量、款项支付、索赔、争议和仲裁等）时，各方应遵循的原则与采取的措施等。合同条款一般包括通用合同条件和专用合同条件。

6. 工程量清单

工程量清单（Bill of Quantities），是对合同规定要实施的工程的全部项目和内容按工程部位、性质等列在一系列表内，每张表中既有工程部位需实施的各个子项目，又有每个子项目的工程量和计价要求，以及每个项目报价和总报价等。后两个栏目留给投标人去填写。工程量清单的具体内容由工程量清单说明和工程量清单表两部分组成，采用不同方法编制招标项目预算或投标报价时，具体内容不同。一般房建工程采用综合单价法分析计算工程估价（包括工程标底、报价），【案例 4-2】为《标准施工招标文件》（2007 年版）采用综合单价法条件下的工程量清单。《水利水电工程标准施工招标文件》（2009 年版）同时提供了采用综合单价法、全单价法计算工程估价的两种工程量清单的模板。

【案例 4-2】《标准施工招标文件》（2007 年版）的工程量清单

1 工程量清单说明

1.1 本工程量清单是根据招标文件中包括的、有合同约束力的图纸以及有关工程量清单的国家标准、行业标准、合同条款中约定的工程量计算规则编制。约定计量规则中没有的子目，其工程量按照有合同约束力的图纸所标示尺寸的理论净量计算。计量采用中华人民共和国法定计量单位。

1.2 本工程量清单应与招标文件中的投标人须知、通用合同条款、专用合同条款、技术标准和要求及图纸等一起阅读和理解。

1.3 本工程量清单仅是投标报价的共同基础，实际工程计量和工程价款的支付应遵循合同条款的约定和第七章"技术标准和要求"的有关规定。

1.4 补充子目工程量计算规则及子目工作内容说明：_____
_____。

2 投标报价说明

2.1 工程量清单中的每一子目须填入单价或价格，且只允许有一个报价。

2.2 工程量清单中标价的单价或金额，应包括所需人工费、施工机械使用费、材料费、其他费（运杂费、质检费、安装费、缺陷修复费、保险费，以及合同明示或暗示的风险、责任和义务等），以及管理费、利润等。

2.3 工程量清单中投标人没有填入单价或价格的子目，其费用视为已分摊在工程量清单其他相关子目的单价或价格之中。

2.4 暂列金额的数量及拟用子目的说明：

2.5 暂估价的数量及拟用子目的说明：

3 其他说明

……

4 相关表格

4.1 工程量清单表，见表 4-1。

工程量清单表　　　　　　　　　　　　　　　　表 4-1

_____（项目名称）_____ 标段

序号	编码	子目名称	内　容　描　述	单位	数量	单价	合价

本页报价合计：_____

4.2 计日工表，见表 4-2。

计日工表

表 4-2

编号	子目名称	单位	暂定数量	单价	合价
	劳　务				
	材　料				
	施工机械				
	合　计				

4.3 暂估价表，见表 4-3。

材料暂估价表

表 4-3

序号	名称	单位	数量	单价	合价	备注
	材　料					
	工程设备					
	专业工程					
	合　计					

4.4 投标报价汇总表，见表4-4。

投标报价汇总表 表 4-4

_____（项目名称）_____标段

汇总内容	金 额	备 注
……		
……		
……		
……		
……		
……		
……		
……		
……		
……		
清单小计　A		
包含在清单小计中的材料、工程设备暂估价 B		
专业工程暂估价 C		
暂列金额 E		
包含在暂列金额中的计日工 D		
暂估价 F＝B＋C		
规费 G		
税金 H		
投标报价　P＝A＋C＋E＋G＋H		

4.5 工程量清单单价分析表，见表4-5。

工程量清单单价分析表 表 4-5

序号	编码	子目名称	人工费			材料费						机械使用费	其他	管理费	利润	单价
						主材				辅材费	金额					
			工日	单价	金额	主材耗量	单位	单价	主材费							

7. 招标图纸，技术标准和要求

招标图纸（Drawings），即招标人提供的图纸。招标图纸是投标人拟定施工方案、确定施工方法以及提出替代方案、计算投标报价必不可少的资料。图纸的详细程度取决于设计的深度与合同的类型，详细的设计图纸能使投标人比较准确地计算报价。图纸中所提供的各种资料，发包人和监理人应对其负责，而承包人根据这些资料作出自己的分析与判断，并拟定施工方案，确定施工方法。但发包人和监理人对这类分析和判断不负责任。

技术标准（Technical Specifications）和要求。技术标准规定了工程项目的技术要求，也是施工过程中承包人控制质量和监理人进行监督验收的主要依据。在拟定或选择技术规范时，既要满足设计要求，保证工程的施工质量，又不能过于苛刻，太苛刻的技术要求必然导致投标人提高投标价格。招标文件中使用的规范一般选用国家部委正式颁布的，但往往也需要由监理人主持编制一些适用于本工程的技术要求和规定。规范一般包括：工程所用材料的要求，施工质量要求，工程计量方法，验收标准和规定等。招标文件规定的各项技术标准应符合国家强制性标准。招标文件中规定的各项技术标准均不得要求或标明某一特定的专利、商标、名称、设计、原产地或生产供应者，不得含有倾向或者排斥潜在投标人的其他内容。如果必须引用某一生产供应者的技术标准才能准确或清楚地说明拟招标项目的技术标准时，则应当在参照后面加上"或相当于"的字样。

8. 投标文件格式

投标文件格式是指招标人向投标人提供的投标文件的格式，即投标人的投标文件要遵循的格式或模板。这些文件包括：投标函及投标函附录、法定代表人身份证明、授权委托书、联合体协议书（若允许联合体投标）、投标保证金、已标价工程量清单、施工组织设计、项目管理机构、拟分包项目情况表和资格审查资料等。

4.2　施工招标标底、控制价及其编制

工程招标可设标底或/和控制价，也可不设标底或/和控制价。对此，法律没有明确规定，主要决定于招标人对招标活动的整体策划；对国有资金投资的建筑工程招标，应当设有最高投标限价。

4.2.1　施工招标标底编制

1. 什么是招标标底

招标标底（Tender Base Price）是招标人测算的招标项目的预期价格。招标标底经常被用作是衡量投标人工程报价的尺子，也是工程评标的主要依据之一。

我国《招标投标法实施条例》规定，招标人可以自行决定是否编制标底；一个招标项目只能有一个标底；标底必须保密。接受委托编制标底的中介机构不得参加受托编制标底项目的投标，也不得为该项目的投标人编制投标文件或者提供咨询。招标人设有最高投标限价的，应当在招标文件中明确最高投标限价或者最高投标限价的计算方法。招标人不得规定最低投标限价。

《招标投标法实施条例》又规定，招标项目设有标底的，招标人应当在开标时公布。标底只能作为评标的参考，不得以投标报价是否接近标底作为中标条件，也不得以投标报价超过标底上下浮动范围作为否决投标的条件。

2. 编制标底的依据和原则

（1）编制标底的依据

1）建设工程工程量清单计价规范。

2）国家或省级、行业建设主管部门颁发的计价定额和计价办法。

3）建设工程设计文件及相关资料。

4）招标文件中的工程量清单及有关要求。

5）与建设项目相关的标准、规范、技术资料。

6）工程造价管理机构发布的工程造价信息，工程造价信息没有发布的参照市场价。

7）其他相关资料。主要指施工现场情况、工程特点及常规施工方案等。

（2）编制标底一般应考虑的原则

1）标底要体现工程建设的政策和有关规定。标底虽可浮动，但它必须以国家的宏观控制要求为指导。

2）计算标底时的项目划分必须与招标文件规定的项目和范围相一致，单价编制方法要与招标文件中确定的承包方式相一致。

3）所选择的基础单价（人工、材料、施工机械）要和实际情况相符合，以按实际价格计算为原则。

4）一个招标项目只能有一个标底，不能针对不同的投标人有不同的标底。

5）标底应由施工成本、管理费、利润、税金等组成，一般应控制在批准的概算，或预算，或投资包干的范围内。

3. 标底的编制方法

编制标底常用两种方法，即实物量法和单价法。采用何种方法编制标底，常由招标人根据工程具体情况、招标范围、合同条件等因素而定。

（1）实物量法。将招标项目各计价项目的工程量乘以定额中相应项目的人工、材料和机械台班的消耗量，汇总得出该招标项目所需的全部人工、材料和机械台班数量；然后再分别乘以当时、当地的人工、材料和机械台班（时）单价，求和后得人工、材料和机械台班的总费用；再加上企业管理费、利润、规费和税金；最后汇总得到招标项目估价，经调整后得出招标标底。实物量法的缺陷是招标项目各计价项目的单价不能呈现，难以用于分析投标报价的合理性，也难以支持施工过程按完成工程量进行月支付的支付方式，因此在国内较少采用。

（2）单价法。首先确定招标范围内各计价项目的工程单价，然后将各计价项目的工程量乘以对应的工程单价，汇总相加后再加上工程单价未包含的其他费用（如措施费等），得到招标项目估价，经调整后得出招标标底。单价法又分为工料单价法、综合单价法和全费用单价法。

1）工料单价法。将招标项目各计价子项目的工程量乘以对应的工料单价，汇总得到人、材、机费用，再加上企业管理费、利润、规费和税金，最后汇总得到招标项目估价，经调整后得出招标标底。

2）综合单价法。将招标项目各计价子项目的工程量乘以对应的综合单价，汇总得到分部分项工程费，再加上措施费、规费和税金，汇总得到招标项目估价，经调整后得出招标标底。

3）全费用单价法。将招标项目各计价子项目的工程量乘以对应的全费用单价，再加上措施费，汇总便得到招标项目估价，经调整后得出招标标底。

至于使用工料单价法、综合单价法还是全费用单价法，应视工程类型、计价要求和估价人员的习惯而定。例如，《水利水电工程标准施工招标文件》（2009 年版）提供了两套投标报价模板让招标人进行选择；水利工程计价较多采用全费用单价法，而房屋建筑与装饰工程计价较多采用综合单价法。

4. 设置标底的利弊

招标标底的重要用途是可作为衡量投标人报价的一把尺子，降低招标人评标、决策过程的风险，提高评标效率。这是设置标底有利的一面，但设置标底也存在负面效应，主要表现为：

（1）一定程度上影响企业间的竞争。价格是工程交易的核心内容之一，但工程的高质量、低价格才是企业努力的方向，若以标底作为评价尺子或确定交易价格的依据，可能并不鼓励建设施工企业改进技术和管理。

（2）设置标底可能会滋生工程腐败。若设置标底，势必要将其作为评标尺子或作为参考，而这时标底这一信息就有了价值，给掌握这一信息的人提供了工程腐败空间。

鉴于上述两方面，我国《招标投标法》规定，工程招标可设标底，也可不设标底；设有标底的，评标时应当参考标底；标底要保密。在我国《工程建设项目施工招标投标办法》中进一步规定，编制标底的，标底编制过程和标底必须保密。任何单位和个人不得强制招标人编制或报审标底，或者干预其确定标底。

当前确定中标价的趋势是，实行定额的量价分离，以市场价格和企业定额确定中标价格，以控制价为限制条件，鼓励企业通过技术和管理创新，以提升效率、降低成本，逐步淡化标底的作用。

4.2.2 施工招标控制价编制

1. 什么是招标控制价

招标控制价（Tender Sum Limit）是招标人根据国家或省级、行业建设主管部门颁发的有关计价依据和办法，以及拟定的招标文件和招标工程量清单，结合工程具体情况编制的招标工程的最高投标限价。国有资金投资的工程建设项目应实行工程量清单招标，并应编制招标控制价。

招标控制价的内涵决定了招标控制价不同于标底，可不保密。为体现招标的公平、公正，防止招标人有意抬高或压低工程造价，招标人应在招标文件中如实公布招标控制价，不得对所编制的招标控制价进行上浮或下调。招标人在招标文件中公布招标控制价时，应公布招标控制价各组成部分的详细内容，不得只公布招标控制价总价。同时，招标人应将招标控制价报工程所在地的工程造价管理机构备查。招标控制价超过批准的概算时，招标人应将其报原概算审批部门审核。投标人的投标报价高于招标控制价的，其投标应予拒绝。

我国对国有资金投资项目实行投资概算审批制度，因而国有资金投资工程项目，招标控制价原则上不能超过批准的投资概算。

招标控制价与招标标底的主要差异：前者为投标报价的上限标准，即若投标报价超过该值时，其将作废标（Rejection of All Bids）处理；后者是衡量或评价投标报价的合理性尺子，从工程价格视角，接近标底的报价较为合理。

2. 招标控制价的主要作用

招标控制价应由具有编制能力的招标人，或受其委托具有相应资质的工程造价咨询人编制。其主要作用有：

（1）招标人有效控制项目投资，防止恶性投标带来的投资风险。

（2）增强招标过程的透明度，有利于正常评标。

（3）利于引导投标人投标报价，避免投标人在无标底情况下的无序竞争。

（4）招标控制价反映的是社会平均水平，为招标人判断最低投标价是否低于成本提供参考依据。

（5）可为工程变更新增项目确定单价提供计算依据。

（6）作为评标的参考依据，避免出现较大偏离。

（7）投标人根据自己的企业实力、施工方案等报价，不必揣测招标人的标底，提高了市场交易效率。

（8）减少了投标人的交易成本，使投标人不必花费人力、财力去套取招标人的标底。

（9）招标人把工程投资控制在招标控制价范围内，提高了交易成功的可能性。

3. 招标控制价编制依据

编制招标控制价与编制标底价的依据类似，并注意以下事项：

（1）使用的计价标准、计价政策应是国家或省级行业建设主管部门颁布的计价定额和相关政策规定。

（2）采用的材料价格应是工程造价管理机构通过工程造价信息发布的材料单价，工程造价信息未发布材料单价的材料，其材料价格应通过市场调查确定。

（3）国家或省级行业建设主管部门对工程造价计价中费用或费用标准有规定的，应按规定执行。

4. 招标控制价编制方法

招标控制价编制方法与招标标底编制方法类似，主要差异是：在编制招标控制价时，要适当下调社会生产力水平，并考虑工程实施中的风险因素，包括工程变化和市场波动的风险。因而，工程招标控制价一般比标底要高，但比相对应的工程概算要低。

【案例 4-3】某工程招标控制价和评标基准价形成机制

1. 工程招标控制价形成机制

在工程初步设计和工程概算的基础上，对部分结构细化设计，并组织编制工程预算，直接将工程预算价作为招标控制价。

从理论上讲，工程预算仅体现了社会平均生产力水平，而不能体现市场竞争下应有的较高的生产力水平。因而将其作为招标控制价并不适当。但应该注意到这一事实，目前使用的工程预算定额，基础单价已是多年前的单价，特别是人工单价，明显低于目前市场价。因此，考虑这一因素后，将工程预算价作为工程招标控制价是适当的，在一定程度上反映较先进的生产力水平。

2. 工程评标基准价形成机制

工程评标基准价（相当于标底的作用），在某工程评标中也称评标总价，其综合考虑招标控制价及市场平均价格（投标人有效报价的均值），并以它们的均值为基础，下浮 2%~5% 而成。其中，下浮率在开标现场抽签决定，并公布评标基准价。这样，虽不能说科学、合理，但在实践中能有效遏制工程腐败。

4.3 施工投标人资格审查

招标人应根据招标项目的特点和要求，对投标人进行资格审查，包括选择资格审查机制、确定审查内容和审查方法。

【案例4-4】某工程资格审查纠纷

某轨道交通招标项目，招标文件要求投标人必须有成功完成2个类似招标项目建设的经历和业绩。一名潜在投标人已经有建成1个和在建1个类似招标项目的经历或业绩，在建的即将竣工。该投标人经招标人同意，参加了投标，并且顺利通过了资格预审和评标委员会的评审，被确定为第一中标候选人。后有人举报该投标人。招标人又组织了资格审查，取消了该投标人的中标候选人资格。投标人不服，认为其已告知招标人实际情况，招标人、评标委员会也已对其进行过资格审查，招标人不能出尔反尔再对其进行资格审查。该市招标办也觉得该投标人陈述有理，从中协调要求招标人让其中标。最后，招标人让该投标人中标。

【问题】 应该让该投标人中标吗？招标人的行为是否合规？

【解析】 总的原则是：招标文件如何规定的，招标过程就该如何做，不能随便改变。"投标人必须有成功完成2个类似招标项目建设的经历和业绩"，在资格审查时要拿出证明文件，因而，开始的资格预审就应该取消该投标人的投标资格，这才是合理的。然而，招标人和市招标办又让该投标人中标，这是不合规定的。

4.3.1　投标人资格审查的内容

投标人资格审查的内容各国各地不尽相同，资格预审和资格后审也存在差异，但概括起来主要包括以下几个方面。

1. 投标人一般性资料审核

投标人一般性资料审核的内容包括：

（1）投标人的名称、注册地址（包括总部、地区办事处、当地办事处）和传真、电话号码等，对于国际招标工程，还有投标人国别。

（2）投标人的法人地位、法人代表姓名等。

（3）投标人公司注册年份、注册资本、企业资质等级等情况。

（4）若与其他公司联合投标，还需审核合作者的上述情况。

2. 财务情况审核

财务情况审核的内容包括：

（1）近3年（有的要求5年）来公司经营财务情况。对近3年经审计的资产负债表、公司益损表，特别是对总资产、流动资产、总负债和流动负债情况进行审核。

（2）与投标人有较多金融往来的银行名称、地址和书面证明资信的函件，同时还要求写明可能取得信贷资金的银行名称。

（3）在建工程的合同金额及已完成和尚未完成部分的百分比。

3. 施工经验记录审核

施工经验记录审核的内容包括：

（1）列表说明近几年（如5年）内完成各类工程的名称、性质、规模、合同价、质量、施工起讫日期、发包人名称和国别。

（2）与本招标工程项目类似工程的施工经验，这些工程可以单独列出，以引起审核者重视。

4. 施工机具设备情况审核

施工机具设备情况审核的内容包括：

（1）公司拥有的各类施工机具设备的名称、数量、规格、型号、使用年限及存放地点。

（2）用于本项目上的各类施工机具设备的名称、数量和规格，以及本工程所用的特殊或大型机械设备情况，属公司自有还是租赁等情况。

5. 人员组成和劳务能力审核

人员组成和劳务能力审核的内容包括：

（1）公司总部主要领导和主要技术、经济负责人的姓名、年龄、职称、简历、经验以及组织机构的设置和分工框图等。

（2）参加本项目施工人员的组织机构及其主要行政、技术负责人和管理机构框图。

（3）参加本项目施工的主要技术工人、熟练工人、半熟练工人的技术等级、数量以及是否需要雇用当地劳务等情况。

（4）总部与本项目管理人员的关系和授权。

6. 工程分包和转包计划

工程分包和转包计划的内容有：

（1）哪些项目要分包或转包。

（2）分包、转包单位的名称、地址、资质等级，有无分包合同。

（3）哪些专业性很强的工程需要发包人另行招标，总包与分包的关系等。

（4）分包是否服从总包的统一指挥和结算，应在资格预审中说明自己的态度。

7. 必要的证明或其他文件的审核

必要的证明或其他文件通常包括：

（1）安全生产许可证。企业是否具备由政府相关部门颁发的、有效的安全生产许可证。

（2）审计师签字、银行证明、公证机关公证，国际工程还应有大使馆签证等。

（3）承包商誓言等。

4.3.2　投标人资格审查方法与注意事项

1. 资格审查方法

对投标人实行资格预审时，一般采取综合评价方法。

（1）首先淘汰报送资料不完整的投标申请人。因为资料不全，难以在机会均等的条件下进行评分。

（2）根据招标项目的特点，将资格预审所要考虑的各种因素进行分类，并确定各项内容在评定中所占的比例，即确定权重系数。每一大项下还可进一步划分若干小项，对各资格预审申请人分别给予打分，进而得出综合评分。

（3）淘汰总分低于预定及格线的投标申请人。

（4）对及格线以上的投标人进行分项审查。为了能将施工任务交给可靠的承包人完成，不仅要看其综合能力评分，还要审查其各分项得分是否满足最低要求。

评审结果要报请发包人批准，如为使用国际金融组织贷款的工程项目，还需报请该组织批准。经资格预审后，招标人应当向资格预审合格的投标申请人发出资格预审合格通知书，告知获取招标文件的时间、地点和方法，并同时向资格预审不合格的投标申请人告知资格预审结果。

当采用资格后审时，也可参考上述综合评价机制。

2. 资格审查应注意事项

（1）在审查时，不仅要审阅其文字材料，还应有选择地做一些考察和调查工作。因为有的申请人得标心切，在填报资格预审文件时，往往选择性填写那些工程质量好、造价低、工期短的工程，甚至还会出现言过其实的现象。

（2）投标人的商业信誉很重要，但这方面的信息往往不容易得到，应通过各种渠道了解投标申请人有无严重违约或毁约的记录，在合同履行过程中是否有过多的无理索赔和扯皮现象。

（3）对拟承担本项目的主要负责人和设备情况应特别注意。有的投标人将施工设备按其拥有总量填报，可能包含应报废的设备或施工机具，一旦中标却不能完全兑现。另外，还要注意分析投标人正在履行的合同与招标项目在管理人员、技术人员和施工设备方面是否发生冲突，以及是否还有足够的财务能力再承接本项目。

（4）联合体申请投标时，必须审查其合作声明和各合作者的资格。

（5）应重视各投标人过去的施工经历是否与招标项目的规模、专业要求相适应，施工机具、工程技术及管理人员的数量、水平能否满足本项目的要求，以及具有专长的专项施工经验是否比其他投标人更有优势。

4.4　施工招标的开标、评标和决标

4.4.1　施工招标开标

1. 什么是施工开标

开标（Opening of Bids），即在规定的日期、时间、地点当众宣布所有投标人送来的投标文件中的投标人名称和报价等的活动。开标后使全体投标人了解各家报价和自己的报价在其中的顺序。招标人当场逐一宣读投标书，但不解答任何问题。开标时间、地点通常在招标文件中确定；开标由招标人或其委托的招标代理主持，邀请评标委员会委员、投标人代表、公证部门代表等有关方面代表参加。招标人要事先以有效的方式通知投标人参加开标；投标人代表应按时、按地参加开标。采用公开招标方式时，必须经过开标这一环节，采用竞争性谈判招标方式时，由招标人与投标人分别协商，可省略开标这一环节，但仍需邀请有关部门参与定标会。

2. 有效投标书及开标的一般要求

开标时宣布的仅针对有效投标书。

（1）有效投标书/文件

投标文件有下列情形之一的，招标人应当拒收：

1）逾期送达；但如果迟到日期不长，延误并非由于投标人的过失（如邮政等原因），招标人也可以考虑接受该迟到的投标书，这在国际工程中比较多见。

2）未按招标文件要求密封。

有下列情形之一的，评标委员会应当否决其投标：

1）投标文件未经投标单位盖章和单位负责人签字。

2）投标联合体没有提交共同投标协议。

3）投标人不符合国家或者招标文件规定的资格条件。

4）同一投标人提交两个以上不同的投标文件或者投标报价，但招标文件要求提交备选投标的除外。

5）投标报价低于成本或者高于招标文件设定的最高投标限价。

6）投标文件没有对招标文件的实质性要求和条件作出响应。

7）投标人有串通投标、弄虚作假、行贿等违法行为。

（2）开标的一般要求

1）如果招标文件中规定投标人可提出某种供选择的替代投标方案，这种方案的报价也在开标时宣读。

2）对某些大型工程的招标，有时分两个阶段开标，即投标文件同时递交，但分两包包装，一包为技术标，另一包为商务标。技术标的开标实质上是对技术方案的审查，只有在技术标通过之后才开商务标，技术标不通过的则将商务标原封不动退回。

3）设有标底的招标项目，应在按宣布的开标顺序当众开标前公布标底。

4）开标后任何投标人都不允许更改其投标内容和报价，也不允许再增加优惠条件，但在发包方需要时可以作一般性说明和疑点澄清。

5）开标后，招标人进入评标阶段。

3. 施工开标程序

主持人按下列程序进行开标：

（1）宣布开标纪律。

（2）公布在投标截止时间前递交投标文件的投标人名称，并点名确认投标人是否派人到场。

（3）宣布开标人、唱标人、记录人、监标人等有关人员姓名。

（4）按照投标人须知前附表规定，检查投标文件的密封情况。

（5）按照投标人须知前附表的规定，确定并宣布投标文件开标顺序。

（6）设有标底的，公布标底。

（7）按照宣布的开标顺序当众开标，公布投标人名称、标段名称、投标保证金的递交情况、投标报价、质量目标、工期及其他内容，并记录在案。

（8）投标人代表、招标人代表、监标人、记录人等有关人员在开标记录上签字确认。

（9）开标结束。

4.4.2　施工招标评标

1. 什么是施工评标

评标（Bid Evaluation），是指评标委员会依据招标文件的规定和要求，对投标人递交的投标文件进行审查、评审和比较，以最终确定中标人的活动。施工评标一般有经评审的最低投标价法和综合评估两种办法。

2. 施工评标的原则、组织与纪律

（1）评标原则

评标工作要求讲究严肃性、科学性和公平合理性，任何单位和个人不得非法干预或者影响评标过程和结果；对投标文件评价、比较和分析要客观公正，不以主观好恶为标准；评标人员要遵守评标纪律，严守保密原则，以维护招标投标双方的合法权益。施工评标活动总体应遵循公平、公正、科学和择优的原则，具体原则包括：标价合理，工期适当，施工方案科学合理，施工技术先进；工程质量、工期、安全保证措施切实可行；中标方有良好的社会信誉和工程业绩。

（2）施工评标组织

我国《招标投标法》明确规定：评标委员会由招标人负责组建，评标委员会成员名单一般应于开标前确定。国家计委等七部委 2001 年联合发布，并于 2013 年修订的《评标委员会和评标办法暂行规定》明确：评标委员会由招标人或其委托的招标代理机构熟悉相关业务的代表，以及有关技术、经济等方面的专家组成，成员人数为 5 人以上单数，其中技术、经济等方面的专家不得少于成员总数的 2/3。

评标委员会的专家成员，应当由招标人从建设行政主管部门（或其他有关政府部门）的专家库，或者从工程招标代理机构专家库的相关专业的专家名单中确定。一般招标项目采取随机抽取的方式，特殊招标项目可以由招标人直接确定。评标委员会成员名单在中标结果确定前应当保密。

评标专家一般应符合下列条件：

1）从事相关专业领域工作满 8 年，并具有高级技术职称或同等专业水平。

2）熟悉有关招标投标法律法规，并具有与招标项目相关的实践经验。

3）能够严肃认真、公平公正、诚实廉洁地履行职责。

有下列情形之一的，不得担任评标委员会成员：

1）投标人或投标人的主要负责人的近亲属。

2）项目主管部门或行政监督部门的人员。

3）与投标人有经济利益关系，可能影响投标公正评审的。

4）曾因在招标、评标以及其他与招标投标有关活动中有违法行为而受过行政处罚或刑事处罚的。

（3）施工评标纪律

1）对招标人的纪律要求。招标人不得泄露招标投标活动中应当保密的情况和资料，不得与投标人串通损害国家利益、社会公共利益或者他人合法权益。下列行为均属招标人与投标人串通投标：

① 招标人在开标前开启投标文件，并将投标情况告知其他投标人，或者协助投标人撤换投标文件、更改报价；

② 招标人向投标人泄露标底；

③ 招标人与投标人商定，投标时压低或抬高标价，中标后再给投标人或招标人额外补偿；

④ 招标人预先内定中标人；

⑤ 其他串通投标行为。

2）对投标人的纪律要求。投标人不得相互串通投标或者与招标人串通投标，不得向招标人或者评标委员会成员行贿谋取中标，不得以他人名义投标或者以其他方式弄虚作假骗取中标；投标人不得以任何方式干扰、影响评标工作。

3）对评标委员会成员的纪律要求。评标委员会成员不得收受他人的财物或者其他好处，不得向他人透漏对投标文件的评审和比较、中标候选人的推荐情况以及与评标有关的其他情况。在评标活动中，评标委员会成员不得擅离职守，影响评标程序正常进行，不得使用"评标办法"没有规定的评审因素和标准进行评标。

4）对与评标活动有关的工作人员的纪律要求。与评标活动有关的工作人员不得收受他人的财物或者其他好处，不得向他人透漏对投标文件的评审和比较、中标候选人的推荐情况以及与评标有关的其他情况。在评标活动中，与评标活动有关的工作人员不得擅离职守，影响评标程序正常进行。

3. 评标办法一：经评审的最低投标价法

经评审的最低投标价法一般要经过初步评审和详细评审两个过程。

（1）经评审的最低投标价法，即评标委员会对满足招标文件实质要求的投标文件，根据规定的量化因素及量化标准进行价格折算，按照经评审的投标价由低到高的顺序推荐中标候选人，或根据招标人授权直接确定中标人，但投标报价低于其成本的除外。经评审的投标价相等时，投标报价低的优先；投标报价也相等的，由招标人自行确定。

（2）初步评审，包括：

1）形式评审。形式评审的内容和要求见表 4-6。

施工招标形式评审的内容和要求　　　　　　　　　　　表 4-6

形式评审内容	形式评审要求
投标人名称	与营业执照、资质证书、安全生产许可证一致
投标函签字盖章	有法定代表人或其委托代理人签字或加盖单位章
投标文件格式	符合投标文件格式的要求，无实质性修改
联合体投标人	提交联合体协议书，并明确联合体牵头人（如有）
报价唯一	只能有一个报价

2）资格评审。资格评审的内容和要求见表 4-7。

施工招标资格评审的内容和要求　　　　　　　　　　　表 4-7

资格评审内容	资格评审要求
营业执照	具备有效的营业执照
安全生产许可证	具备有效的安全生产许可证
资质等级	符合投标人须知的相关规定。一般还要查投标负责人的授权委托书
财务状况	符合投标人须知的相关规定
类似项目业绩	符合投标人须知的相关规定
信誉	符合投标人须知的相关规定
项目经理	符合投标人须知的相关规定。一般还要查除项目经理以外的其他高级管理人员
其他要求	符合投标人须知的相关规定
联合体投标人	符合投标人须知的相关规定（如有）

3）响应性评审。主要审查内容包括：①投标内容、工期、工程质量、投标有效期、投标保证金，这些必须符合投标人须知的相关要求；②权利义务，其必须满足合同条款及格式的规定；③已标价工程量清单，其符合工程量清单给出的范围及数量；④技术标准和要求，其必须符合技术标准和要求的规定。

4）施工组织设计和项目管理机构评审。评审的内容和要求见表4-8。

施工组织设计和项目管理机构评审内容和要求　　　　　　　　表 4-8

评审内容	评审要求
施工方案与技术措施	(1)施工布置的合理性评审。对分阶段实施的，还应评审各阶段之间的衔接方式是否合适，以及如何避免与其他承包商之间(若有的话)发生作业干扰； (2)施工方法和技术措施评审。主要评审各单项工程所采取的方法、工序技术与组织措施。包括：所配备的施工设备性能是否合适、数量是否充分；采用的施工方法是否既能保证工程质量，又能加快进度，并减少干扰；工程安全保证措施是否可靠等
质量管理体系与措施	(1)质量管理体系评审：投标人质量管理体系设计方案是否规范、完整，能否与工程特点相适应； (2)质量保证措施评审：质量保证措施方案是否针对工程特点，是否可靠、有效
安全管理体系与措施	(1)安全管理体系评审：投标人安全管理体系是否规范、完整，能否与工程特点相适应； (2)安全保证措施评审：安全保证措施方案是否针对工程安全薄弱环节，是否可靠、有效
环境保护管理体系与措施	(1)环境保护管理体系评审：投标人环境保护管理体系是否规范、完整，能否适应工程的特点； (2)环境保护措施评审：环境保护措施方案是否落地，是否可靠、有效
工程进度计划与措施	首先要看总进度计划是否满足招标要求，进而再评价其是否科学和严谨，以及是否切实可行。发包人有阶段工期要求的工程项目，对里程碑工期的实现也要进行评价
资源配备计划	(1)要依据施工方案中计划配置的施工设备、生产能力、材料供应、劳务安排、自然条件、工程量大小等诸多因素，将重点放在审查作业循环和施工组织是否满足施工高峰月的强度要求，从而确定其总进度计划是否建立在可靠的基础上； (2)由投标人提供或采购的材料和设备，在质量和性能方面是否能满足设计要求或招标文件中的标准。必要时可要求投标人进一步报送主要材料和设备的样本、出厂说明书或型号、规格、地址等
技术负责人	从事技术工作的能力，取得的类似工程的经验
其他主要人员	安全管理人员(专职安全生产管理人员)、质量管理人员、财务管理人员应是投标人本单位人员，其中安全管理人员应具备有效的安全生产考核合格证书
施工设备	主要施工设备的数量、性能和完好状态，能否保证工程质量和安全施工
试验、检测仪器设备	主要试验、检测仪器设备的数量、精度能否满足工程质量和安全管理的要求

（3）详细评审。详细评审的主要任务是确定评标价。评标委员会应根据招标文件规定的单价遗漏、付款条件、保修期服务等方面量化因素，以及招标文件规定的各因素的权重

或量化计算方法，将这些因素一一折算为一定的货币额，并加入投标报价中，最终得出的就是评标价。

评标委员会发现投标人的报价明显低于其他投标报价，或者在设有标底时明显低于标底，使得其投标报价可能低于其成本的，应当要求该投标人作出书面说明并提供相应的证明材料。投标人不能合理说明或者不能提供相应证明材料的，由评标委员会认定该投标人以低于成本报价竞标，其投标作废标处理。

4. 评标办法二：综合评估法

综合评估法的过程与经评审的最低投标价法类似，但内容不同。

（1）综合评估法，也称打分法，是指评标委员会按招标文件确定的评审因素、因素权重、评分标准等，对各招标文件的各评审因素给予赋分，以投标书综合分的高低为基础确定中标人的方法。综合评估法能较为系统、全面地评价投标人履行工程合同的能力、水平。但评审较为复杂，一般被大型或复杂工程采用。

（2）初步评审。综合评估法初步评审的内容包括形式评审、资格评审、响应性评审等，这些具体评审的内容和要求与经评审的最低投标价法类似。

（3）详细评审。不同工程的详细评审存在一定差异，《水利水电工程标准施工招标文件》（2009 年版）详细评审的内容如下：

1）投标人不设标底情况下，确定基准价。采用各投标人有效报价的平均值来确定评标基准价 S。

$$S = \begin{cases} \dfrac{\sum\limits_{i=1}^{n} a_i - M - N}{n - 2}, & (n > 5) \\[4mm] \dfrac{\sum\limits_{i=1}^{n} a_i}{n}, & (n < 4) \end{cases} \tag{4-1}$$

式中　a_i——投标人的有效报价（$i = 1, 2, 3, \cdots, n$）；

　　n——有效报价的投标人的个数；

　M、N——最高和最低投标人的有效报价。

2）投标人设标底情况下，确定基准价。采用复合标底确定评标基准价 S。

$$S = T \times A + \frac{\sum\limits_{i=1}^{n} a_i}{n} \times (1 - A) \tag{4-2}$$

式中　a_i——投标人的有效报价（$i = 1, 2, 3, \cdots, n$）；

　　n——有效报价的投标人的个数；

　　T——招标人标底；

　　A——招标人标底在评标基准价中所占的权重，权重在招标文件中约定。

3）投标报价偏差率的计算方法：

$$偏差率 = \frac{投标人报价 - 评标基准价}{评标基准价} \tag{4-3}$$

4）评分标准。评分主要内容包括：施工组织设计、项目管理机构、投标报价和其他因素共 4 方面。评分的具体内容、分值和评分标准，不同招标工程则不尽相同。

【案例 4-5】某大型抽水泵站工程招标评分标准

某大型抽水泵站工程招标评分标准见表 4-9。

某大型抽水泵站工程招标评分标准表　　　　　　　表 4-9

序号	评分因素	分值	评分标准	赋分
一	施工组织设计	39		
1	完整、合理性	2	投标文件内容完整、编排合理，得 2 分	
2	施工方案与技术措施	28		
2.1	施工布置	2	施工场地布置，以及其他临时设施设计合理得 2 分，否则酌情赋分	
2.2	施工围堰及维护	3	有完整的施工围堰设计、施工方案（填筑、拆除）、防浪涌及维护方案。措施合理，方案可行得 3 分，否则酌情赋分	
2.3	施工排水及降水	2	包括站（闸）塘、地涵基坑降排水和河道施工排水。地质条件认识清楚，有完整的、合理的降排水方案及措施得 2 分，否则酌情赋分	
2.4	土方工程	3	包括站塘基坑开挖及维护、河道开挖及堤防填筑、河道水下疏浚施工以及建筑物、管理区土方回填。有切实可行的土方调配方案及详细的土方施工方案，方案可行、工艺合理、质量有保证得 3 分，否则酌情赋分	
2.5	基础工程	2	包括灌注桩、搅拌桩、管桩和换填土基础工程施工。方案和工艺措施完整合理得 2 分，否则酌情赋分	
2.6	工程原材料、成品半成品	2	工程原材料、成品半成品品质优良，质量保证及措施可行得 2 分，否则酌情赋分	
2.7	混凝土工程	4	混凝土生产、浇筑工艺及组织合理，能满足施工需要并能保证混凝土内外质量，泵站进出水流道混凝土温控措施可行得 4 分。有缺陷，每项少得 0 分，最低不赋分	
2.8	砌石和垫层	1	砌石及垫层施工工艺合理，质量有保证得 1 分，否则不赋分	
2.9	主机泵安装及联合试运行	3	主机泵的安装、调试有详细的技术方案、检测手段与方法，有保证质量的措施，有机组联合试运行方案。方案可行，质量有保证得 3 分，否则酌情赋分	
2.10	金属结构及启闭设备	2	闸门及埋件等的制造（含）防腐工艺、运输、吊装方案、焊接工艺、闸门矫正措施；拦污栅安装、检测工艺；工艺合理，调试方案可行，质量有保证得 1.5 分，否则酌情赋分。启闭机设备制造质量控制措施可行，安装质量有保证得 0.5 分，否则酌情赋分	
2.11	电气设备	2	电气设备的验收、保管和安装、调试有详细的技术方案和保证质量的措施得 2 分，否则酌情赋分	
2.12	房屋及配套工程	2	建筑工程、道路工程、市政工程、园林小品等施工工艺、方案（含外观）合理可行得 2 分，否则酌情赋分	
3	质量管理体系与措施	2	从质量计划、岗位职责、材料采购、过程控制及检验、分项措施的针对性 5 个方面综合评审，体系健全、措施有力得 2 分，否则酌情赋分	

序号	评分因素	分值	评分标准	赋分
4	安全及文明工地管理体系与措施	2	从安全体系建设、安全预案可靠性、安全经费保障、文明工地创建 4 个方面综合评审,体系健全、措施有力得 2 分,否则酌情赋分	
5	工程进度计划与措施	3	从进度计划、关键路径、逻辑关系、措施保证计划 4 个方面进行综合评审,计划合理、措施有力得 3 分,否则酌情赋分	
6	资源配备计划	2	从设备、劳动力、其他施工生产资源类配备和资金使用计划 4 个方面综合评审,满足工程需要得 2 分,否则酌情赋分	
二	项目管理机构评分标准	17		
1	项目经理陈述与答辩	6	根据项目经理现场陈述与回答问题赋分:对本工程项目情况熟悉,掌握工程实施重点、难点,回答问题针对性强,得 4~6 分;对工程情况较熟悉,了解工程实施重点与难点,回答问题针对性较强得 2~4 分;对工程情况熟悉程度一般,回答问题针对性一般得 0~2 分	
2	项目经理专业、职称和业绩	3	具有水利工程及类似专业,专科以上学历(0.5 分),高级工程师以上职称(0.5 分),担任大中型泵站施工项目副经理以上职务(每项工程得 1 分,最多得 2 分)。符合要求赋分,否则不赋分	
3	技术负责人(总工程师)学历、专业、职称和业绩	2	具有水利工程及类似专业,大学本科以上学历(0.5 分),高级工程师以上职称(0.5 分),有大中型泵站施工技术管理经历(1 分)。符合要求赋分,否则不赋分	
4	质量负责人(总质检师)学历、专业、职称和业绩	2	配备专职的总质检师,且具有大学本科及以上学历,具有水利工程及类似专业工程师以上职称(1 分),担任过中型以上水利水电工程质检负责人(1 分)。符合要求赋分,否则不赋分	
5	安全负责人学历、专业、岗位证书、职称和业绩	2	专科以上学历,水利工程及类似专业,工程师以上职称(1 分),担任过中型以上水利水电工程安全负责人(1 分)。符合要求赋分,否则不赋分	
6	工程科负责人学历、专业、岗位证书和业绩	2	大学本科及以上学历,具有水利工程及类似专业工程师以上职称(1 分),担任过中型以上水利水电项目工程科负责人(1 分)。符合要求赋分,否则不赋分	
三	投标报价	40		
1	投标总价	35	评分标准见表 4-10	
2	基础单价、费率、总价项目、报价平衡性	5	合理赋 5 分,基本合理赋 2~4 分,否则酌情赋分。有计算错误每处少得 0.5 分(本项最低得 0 分)	
四	其他因素	4		
1	业 绩	2	近 5 年有类似项目(指大中型泵站工程或水电站工程)施工业绩的,具备 2 项的赋 0.5 分,具备 3 项的赋 1 分(附合同证明)。施工项目获得省部级(不含副省副部级)或以上工程质量奖项的,每项赋 0.5 分,最多赋 1 分	
2	财务状况	1	近 3 年连续盈利的赋 1 分	
3	流动资金	1	有 500 万元以上资金能用于本工程作流动资金的赋 1 分(附相关证明)	

投标总价评分标准（35 分）　　　　　　　　　　表 4-10

偏差率（%）	……	−6	−5	−4	−3	−2	−1	0	1	2	3	……
得分	……	33	34	35		33	31	29	27	25	23	……

注：（1）偏差率计算公式中的投标报价指经算术错误修正后的投标报价。

　　（2）偏差率的计算结果中，介于上述数值之间的，采用内插法计算。百分率保留小数点后一位，小数点后第二位四舍五入。

5. 投标人资格后审

未进行资格预审的招标项目，在确定中标候选人前，评标委员会须对投标人的资格进行审查；投标人只有符合招标文件要求的资质条件时，方可被确定为中标候选人或中标人。

进行资格预审的招标项目，评标委员会应就投标人资格预审所报的有关内容是否改变进行审查。如有改变，审查是否按照招标文件的规定将所改变的内容随投标文件递交；内容发生变化后是否仍符合招标文件要求的资质条件。资质条件符合招标文件要求的，才能被确定为中标候选人或中标人；否则，其按废标处理。

6. 评标成果

评标委员会完成评标后，应向招标人提出书面评标成果，即评标报告，并在该报告中推荐 1～3 名中标候选人，且有明确排列顺序。评标报告由评标委员会全体成员签字。

依法必须进行招标的项目，招标人应当自收到评标报告之日起 3 天内公示中标候选人，公示期不得少于 3 天。中标通知书由招标人发出。

4.4.3　施工招标决标与签订合同

1. 什么是决标

决标（Award of Contract），也称定标，即最后确定中标人或最后决定将合同授予某一个投标人的活动。决标一般由招标人/发包人作出，招标人也可委托评标委员会进行决标。

2. 决标的相关规定

我国《招标投标法》规定，中标人的投标应当符合且能够最大限度满足招标文件中规定的各项综合评价标准或能够满足招标文件的实质性要求，并且经评审的投标价格最低的（投标价格低于成本的除外）才能中标。

在确定中标人之前，招标人不得与投标人就投标价格、投标方案等实质性内容进行谈判。

招标人根据评标委员会提出的书面评标报告和推荐的中标候选人确定中标人。招标人也可以授权评标委员会直接确定中标人。

使用国有资金投资或者国家融资的项目，招标人应当确定排名第一的中标候选人为中标人。排名第一的中标候选人放弃中标、因不可抗力提出不能履行合同，或者招标文件应当提交履约保证金而在规定期限内未能提交的，招标人可以确定排名第二的中标候选人为中标人。排名第二的中标候选人因与前者同样的原因不能签订合同的，招标人可以确定排名第三的中标候选人为中标人。依次确定其他中标候选人与招标人预期差距较大，或者对招标人明显不利的，招标人可以重新招标。

3. 签订合同

确定中标人后，招标人应在投标有效期内以书面形式向中标人发出中标通知书（Notice of Contract Award to the Winning Bidder），同时将中标结果通知未中标的投标人。中标通知应经政府招标投标管理机构核准和公示，无问题后方可发出。中标通知书对招标人和中标人均具有法律效力。

中标人收到中标通知书后，自中标通知书发出之日起 30 天内，应以招标文件和中标人的投标文件为依据，与招标人订立书面合同。中标人无正当理由拒签合同的，招标人取消其中标资格，其投标保证金不予退还；给招标人造成的损失超过投标保证金数额的，中标人还应当对超过部分予以赔偿。发出中标通知书后，招标人无正当理由拒签合同的，招标人向中标人退还投标保证金；给中标人造成损失的，还应当赔偿损失。

通常招标人在签合同前要与中标人进行合同谈判。合同谈判必须以招标投标文件为基础，并不能改变其实质性内容，各方提出的修改补充意见在经双方同意后，确立作为合同协议书的补遗，并成为合同文件的组成部分。

双方在合同协议书上签字，同时承包人应提交履约保证，才算正式决定了中标人，至此招标工作方告一段落。招标人应及时通知所有未中标的投标人，并退还所有的投标保证金。

本章小结

工程施工招标是所有工程招标中所涉金额较大，对工程建设影响最大，也是十分典型的一类招标。本章主要介绍了施工招标、施工招标文件编制、招标标底或控制价编制、投标人资格审查，以及施工招标开标、评标和决标等方面的相关概念、方法和要求。施工招标文件目前有多个示范文本，如《标准施工招标文件》（2007 年版）、《水利水电工程标准施工招标文件》（2009 年版）和《世界银行贷款项目招标文件范本：土建工程国内竞争性招标文件》等。它们的内容大同小异，但当确定采用某一文本后，应按该文本要求编制。工程标底或控制价是招标人在编制招标文件中要确定的十分重要的参数。前者是招标人对招标项目的价格预期，后者是招标人对最高投标价的限价，应根据工程特点、建设市场现状和社会生产力水平组织编制。评标是工程施工招标中的重要一环，其关系到选择谁中标和施工合同价的高低。施工评标的基本办法有两种：一是经评审的最低投标价法，二是综合评估法。两者的评标过程分为初步评审和详细评审；初步评审内容类似，但详细评审内容差别较大。前者评审过程相对简单，一般适用于结构与技术较为简单的小型工程；而后者评审过程较为复杂，一般适用于技术复杂、工程规模较大的工程。

思考与练习题

1. 何为工程施工招标文件？编制施工招标文件的基本原则、施工招标文件的基本内容包括哪些？
2. 何为工程施工招标标底、控制价、评标价？它们之间存在哪些异同？
3. 工程施工投标人资格审查的内容和注意事项有哪些？
4. 工程施工评标如何组织？工程施工评标工作程序与内容包括哪些？
5. 两种评标办法的主要异同有哪些？

第 5 章　工程施工投标

本章知识要点与学习要求

序号	知识要点	学习要求
1	工程施工投标的概念和组织形式	掌握
2	工程施工投标程序和主要环节	熟悉
3	工程施工投标决策的内涵及主要影响因素	熟悉
4	工程施工投标决策的分析方法	了解
5	工程施工投标文件组成	熟悉
6	工程施工组织设计的内容及编制方法	熟悉
7	工程施工投标预算和投标报价的概念	掌握
8	工程施工投标报价编制的准备工作	熟悉
9	工程施工投标报价编制程序和方法	熟悉
10	工程施工投标技巧和纪律	了解

工程施工投标是工程实体交易的重要活动之一。工程施工投标人是潜在的工程承包人，中标者即为工程承包人。一般建设施工企业十分重视施工投标工作，并在企业内部设有主管工程施工投标的职能部门，具体负责施工投标组织、投标策划、投标实施等工作，若中标，则与招标人/发包人签订工程施工合同。

5.1　工程施工投标组织、程序和文件

5.1.1　施工投标及其基本条件

1. 什么是施工投标

施工投标（Construction Bidding）是投标人（Bidder），即潜在的工程产品卖方（Seller）或潜在的工程施工承包人，通过了招标人（发包人或买方）的资格审查，并根据招标人的招标要求，用提交投标文件的方式，争取获得工程建造或施工的过程或活动。

2. 施工投标的基本条件

工程施工承包商试图参与施工投标，首先要寻找目前存在的施工招标人及其施工招标项目；其次要分析招标人发布的招标公告，或收到的投标邀请书，仅当满足招标人在这些公告或投标邀请书中提出的要求，施工承包商才有参与施工投标的机会，进而考虑是否参与施工投标竞争。施工承包商经分析，若认为满足招标人的投标资格要求，则决定参与投

标，此时，一般的施工承包商才变成了具体施工投标人，当然一般要经施工项目招标人资格认定后，才是真正意义上的施工项目投标人，方可参与施工投标的所有活动。

5.1.2　施工投标组织

若是一个施工承包商单独投标，投标组织是指对投标班子成员的要求和组成问题；若是几个施工承包商联合投标，则是指联合承包体的组织问题。

1. 单个施工承包商的施工投标组织

当某个施工承包商决定要参加某工程项目的投标之后，应立即组织一个高效精干的投标班子。对参加投标班子的人员要认真选择，一般应具备下列条件：

（1）具有一定的专业知识。要求每个参加投标的人员既精通工程技术又精通经营管理可能苛刻了些，但一般要求参加投标的人员精通其中一项，而在其他方面也应具有一定水平。如精通工程技术，而在经济、管理、法律等方面也有一定水平；或精通经营管理，而在工程技术方面也有一定水平。将这两种人员组合在一起，组成工作班子，才能处理好在投标中可能出现的各种问题。

（2）具有丰富的实践经验。不仅需要熟悉施工和估价的工程师，还需要懂设计或有设计经验的设计工程师，因为从设计或施工角度对招标文件的设计图纸提出改进方案，进而节省投资和加快工程进度，往往是投标人中标的重要条件。

（3）具有经济合同的法律知识和工作经验。这类人员应了解我国乃至国际上的有关法律和国际惯例，并对开展招标投标业务所应遵循的各项规章制度有充分的了解。

（4）掌握一套科学的研究方法和手段。诸如科学的调查、统计、分析、预测方法。

（5）其他能力。最好有熟悉物资采购的人员参加投标班子，对国际工程一般还需要工程翻译，当然在投标人员中最好应该有一些通晓招标国语言的工程师。

以上要求的基本素质往往难以集中到某个人身上，因而要求各种人员合理组合，并在工作中紧密合作、取长补短，充分发挥投标班子的群体作用。

2. 多个承包商联合的施工投标组织

为了在激烈的投标竞争中取胜，一些承包商往往相互联合组成一个临时性的或长期性的联合承包组织，以发挥各承包商的优势，增加竞争实力。

联合承包组织有多种形式，如：

（1）合资公司（Joint Enterprise），即正式组织一个新的法人单位，进行注册并进行长远的经营活动。在我国对建设企业实行资质管理的条件下，本组织形式的应用还存在一定的障碍。

（2）联合体/集团（Consortium）。各承包商单独具有法人资格，但联合体/集团不一定以集体名义注册为一家公司，他们可以联合投标并承包一项或多项工程。

（3）联营体（Joint Venture）。为了特定的项目组成的非永久性团体，也称虚拟企业，对某项目进行投标、承包和实施。该项工程承包任务结束，清理完合营期间的财务账目，或者该项工程联合投标失败后，这项联营也就终结。联营体是建设市场不同主体联合构建的紧密型联合组织，本质上为非法人地位的股份制企业。就所承包工程项目，该企业的股东需要承担项目风险或分享项目收益。

联合体/集团这种形式，各承包商在其分工负责的范围内具有相对独立性，分担施工的成分多一些；联营体则共同施工的成分多一些。目前在联合承包中，联合体/集团的组织形式用得较多，其主要有下列优点：

（1）增大融资能力。大型建设工程项目需要承包商有巨额的履约保证金和周转资金，资金不足者无法承担这类项目。采用联合集团承包后，可增大融资能力，减轻每一公司的资金压力。

（2）分散风险。大型工程，特别是国际工程，风险因素很多，如经济方面的风险、技术方面的风险和管理方面的风险等。诸多风险若由一家承包人承担，对其是十分不利的，而由多家承包人承担则可减少他们的压力。

（3）弥补技术力量的不足。大型工程项目需要很多专门的技术，而技术力量薄弱和经验少的企业是不能承担的。采用联合体/集团或联营体的方式联合承包，则可使各家承包商之间的技术专长取长补短，形成强大的综合实力。

（4）提高报价的可靠性。几家承包商联合投标时，报价可采用分头制定、互相查对、合伙制定、共同检查的方法确定，一般来说报价更可靠些。

多个承包商联合施工投标要注意两点：一是投标人须知中是否明确接受联合投标，即招标人是否接受联合投标；二是联合投标时，联合体成员，即多个承包商一定要签订联合投标协议，并作为投标文件的组成部分。

5.1.3　施工投标程序和主要环节

工程施工投标的一般程序如第 1 章图 1-8 所示。

1. 投标分析与决策问题

建设市场上施工项目招标活动十分频繁，任何一个施工承包商均不可能、也不应当见标就投。一般要经过投标分析和决策，才最终决定是否参与施工投标。这是施工承包商控制投标风险、提高中标率，并获得较好经济效果的重要措施。投标决策内容较为丰富，在 5.2 节将详细介绍。

2. 申报资格预审

资格预审（Prequalification）能否通过是承包商能否中标的第一关。作为拟参与施工投标的承包商，申报资格预审时应注意以下问题：

（1）准备一份一般的资格预审文件。承包商要在平时就将一般资格预审的有关资料准备齐全，最好全部存放在计算机内，针对某一招标项目填写资格预审调查表时，再将有关资料整合，并加以补充完善。

（2）针对工程特点，填好资格预审表。在填写预审表时，要加强分析，针对工程特点，下功夫填好重点内容，特别要反映出本公司的施工经验、施工水平和施工组织能力，这些往往是业主考虑的重点。

（3）加强信息收集，及早动手做好资格预审申请的准备。这样可及早发现问题，并加以解决。当针对某一招标项目，发现本企业某些缺陷，如资金、技术或施工设备有问题时，则应及早考虑寻找合作伙伴，弥补某些不足，或组成联营体参加资格预审。

（4）做好递交资格预审文件后的跟踪工作，以便发现问题，及时解决。若是国外工程，可通过当地分公司或代理人做好这一工作。

通过项目招标人资格审查的承包商，才能转变为项目投标人。

3. 参与踏勘工程现场和投标预备会

投标前工程现场的踏勘、调查是工程施工投标人必须经历的投标程序。在去工程现场踏勘、调研之前，应仔细地研究招标文件，特别是文件中的工作范围、专用条款，以及设计图纸和说明，然后拟定调研纲，确定重点要解决的问题，做到事先有准备。一般招标人均会组织投标人进行一次工地现场踏勘。

投标人现场踏勘应从下列几方面进行调查了解：

（1）工程的性质以及与其他工程之间的关系。

（2）投标人拟投标段工程与其他承包商或分包商之间的关系。

（3）施工现场地形、地貌、地质、气象、水文、交通、电力和水源供应以及有无障碍物等。

（4）工地附近有无住宿条件、料场开采条件、设备维修条件和其他加工条件等。

（5）工地附近生活供应和治安情况等。

4. 分析招标文件、校核工程量、编制施工组织设计

（1）分析招标文件。招标文件是投标的主要依据，因此应该仔细地分析研究。研究招标文件，其重点应放在研究投标人须知、专用条款、设计图纸、工程范围及工程量表上，对于技术规范和设计图纸，最好要组织专人研究，弄清楚招标项目在技术上有哪些特殊要求。

（2）校核工程量。对招标文件中的工程量清单，投标人一定要进行校核，这不仅会影响到投标报价，若中标还可能影响到投标人的经济利益。例如，当投标人大体上确定工程总报价后，对某些子项目施工中可能会增加工程量的，可适当提高单价；而对某些子项目工程量估计会减少的，可以适当降低单价。在工程量核对中，若发现有重大出入，如漏项或算错，必要时应找业主核对，要求业主给予书面形式说明。对于总价合同，校核工程量的工作显得尤为重要。

（3）编制施工组织设计（Construction Planning）。投标过程中的施工组织设计比较粗略，但必须有一全面规划，不同的施工方案和施工组织对工程报价影响很大。

5. 分析计算投标报价

投标报价（Bid Price）计算工作内容一般包括：核对清单中的工程量、基础单价分析、综合单价计算、各清单费用计算（工程项目清单、措施项目清单、其他项目清单），以及汇总各清单费用，最后确定报价。这部分内容在下文详细介绍。

6. 准备备忘录提要

招标文件中通常明确规定，不允许投标人对招标文件的各项要求进行随意取舍、修改或提出保留。但在投标过程中，投标人对招标文件进行反复深入的研究后，经常会发现许多问题，这些问题大致可分为 3 类：

第一类是对投标人有利的，可以在投标时加以利用或在以后提出索赔要求的问题。这类问题投标人可以在投标时不提及。

第二类是明显对投标人不利的问题，如总价合同中子项工程漏项或工程量少计。这类问题投标人应及时向业主提出质询，要求更正。

第三类是投标人通过修改招标文件的某些条件或是希望补充某规定，以使自己在合同实施过程中能处于主动地位的问题。

这些问题在准备投标文件时应单独写成一份备忘录提要，但这份备忘录提要不能附在投标文件中提交，只能由投标人保存。第三类问题一般留待合同谈判时逐一提出来，并将谈判结果写入合同协议书的备忘录中。通常而言，投标人在投标过程中，除第二类问题

外，一般是少提问题，多收集信息，以争取中标。

5.1.4　施工投标文件组成

投标文件编制，也称填写投标书。显然，投标文件编写应完全按照招标文件的要求进行，一般不带任何附加条件，有附加条件的投标文件（投标书）一般视作废标处理。施工投标文件的内容包括：

（1）投标函及投标附录。投标函一般要明确投标总报价、工期、施工质量等级等相关承诺；投标附录包括项目经理姓名、价格调整的差额计算等方面。

（2）法定代表人身份证明、授权委托书。法定代表人身份证明一般包括单位名称、地址、经营年限，以及法定代表人姓名和身份证号码等信息；授权委托书一般明确参与投标活动代理人的相关信息。

（3）联合体协议书（若联合投标）。一般要明确联合体成员单位、牵头单位名称，以及他们之间的职责分工。

（4）投标保证金。其可以采用汇票、支票、电汇以及银行担保等方式。若采用汇票、支票、电汇方式，应附上相关票据复印件；若采用担保方式，要提供无条件支付担保书，并由担保人及其法定代表人盖章和签字，若是委托代理人签字，则要附上授权委托书。

（5）已标价的工程量清单报价表。该表格式随合同类型而定，单价合同一般将各项单价开列在工程量清单上。有时招标人要求提交单价分析表，则需按招标文件规定将主要的或全部单价附上单价分析表。

（6）施工组织设计。投标人在编制施工组织设计时，应积极使用 BIM 等现代技术，并与传统文字、图表等相结合，三维立体地表达施工组织、施工方法和采用的施工技术；结合工程特点提出切实可行的工程质量、安全生产、文明施工、工程进度、技术和组织措施，同时应对关键工序、复杂环节重点提出相应技术措施，如冬雨期施工技术、减少噪声、减少环境污染、地下管线及其他地上地下设施的保护加固措施等。

（7）项目管理机构表。一般包括：管理组织机构图和相应人员的姓名、执业或职业资格证明，以及主要技术和管理人员简历。

（8）拟分包项目情况表。若将部分子项工程分包给其他承包商，则需将分包的工程项目、主要内容、分包项目预计造价，以及分包商名称、资质等级和法定代表人等情况纳入该表。

（9）资格审查资料。其主要包括投标人基本情况资料汇总、近 3 年财务状况、近 5 年完成的类似项目情况等。

（10）原件的复印件和其他材料。原件的复印件主要是投标人基本情况资料的复印件，如投标保函、承包商营业执照、企业资质等级证书、承包商投标全权代表的委托书及其姓名和地址、能确认投标人财产及经济状况的银行或金融机构的名称和地址等。

5.2　工程施工投标决策

5.2.1　投标决策及其准备工作

1. 什么是投标决策

投标决策（Bidding Decision）是指投标人获取招标相关信息，拟去投标，并通过资格审查，或直接获得投标邀请书后，做出是否去参与投标的选择。广义的投标决策的概念还包括投标人投标报价的选择。

2. 投标决策的准备工作

若到某一新地区或国外去投标，投标的准备工作一般应分为两个阶段：第一阶段是有意识地到该地区或该国，对投标市场作调查研究，而并不是针对某一个标；第二阶段则是在看到招标公告或接到招标邀请之后的具体准备工作。对于本地投标，一般来说完成第二阶段具体的准备工作即可。

投标决策准备工作包括下列几方面资料的收集和调查研究。

（1）建筑市场情况，包括建设工程项目及投资情况、建筑材料价格（特别是当地砂石料等地方建筑材料的货源和价格、当地机电设备的采购条件和价格）、当地劳务的技术水平及雇用价格、当地的运输条件及价格等。

（2）招标项目的特点、要求、结构型式、技术复杂程度、施工特点、工期等。

（3）招标人及其咨询单位的资信、资金来源、协作情况、对招标是否有倾向性（即想让哪个承包商承包）等。

（4）各投标竞争对手的基本情况，如技术、装备、管理水平、中标迫切程度、投标报价动向、与招标单位之间的人际关系等。

（5）国家和工程所在地区对工程招标承包的有关规定、法律条款、税率等。

对于国外工程，还应对国际政治经济形势进行分析，如工程项目所在国的政治形势是否稳定，有无发生暴动、战争或政变的可能，以及工程项目所在国与我国的经贸往来、与我国政府的关系等。

5.2.2　投标决策的影响因素

投标决策应考虑以下几方面的因素：

（1）投标人方面因素，即主观条件因素。具体指有无完成此项目的实力以及对投标人目前和今后的影响。主要包括：投标人的施工能力和特点、投标人拥有的施工机械设备、投标人有无从事过类似工程的经验和有无垫付资金的来源，以及投标项目对投标人今后业务发展的影响。

（2）工程方面因素。其主要包括：工程特点（包括工程性质、规模和复杂程度）、工程建设条件（包括气象、水文、地质，以及社会对工程建设的支持状态等）、施工条件（如道路交通、供水和供电情况）、工程材料供应条件和工程施工工期要求。

（3）工程招标主体方面因素。其主要包括：招标人的信誉（特别是项目资金的来源和工程款项的支付能力）、招标人是否要求承包商带资承包或延期支付。对于国外工程，还要考虑招标人所在国政治、经济形势，货币币值稳定性，施工机械设备和人员进入该国有无困难，该国法律对外商的限制程度等。

5.2.3　投标决策的分析方法

决策理论中有多种方法支持投标决策，这里介绍比较实用、也是最简单的加权评分法。

使用加权评分法时，投标人必须事先列出评价内容，制定出各评价内容的权数和评价系数，见表 5-1。具体步骤如下：

用加权评分法决策投标项目举例 表 5-1

评价内容	权数 p_i	评价系数 k_i	评价分数 S_i
1. 招标项目的可行性和资金来源可靠性	15	1	15
2. 招标人的要求及合同条款,本企业能否做到	10	0.8	8
3. 本企业管理水平及队伍素质	10	0.7	7
4. 本企业机械及设备能力的适应性	5	1	5
5. 本企业流动资金及周转期的适应性	5	0.4	2
6. 本企业的在建工程对招标项目的影响	5	0.9	4.5
7. 本企业信誉	5	1	5
8. 该投标项目可能盈亏及风险程度	20	0.5	10
9. 该投标项目能否带来新的合同	5	0.5	2.5
10. 战胜竞争对手的可能性	20	0.6	12
合计	100		$S=71$

（1）列出评价内容。评价内容应根据投标人和招标项目的具体情况列出，表 5-1 中是一般均要列出的评价内容。

（2）确定各种评价内容的权数。为了衡量各评价内容对招标决策的影响程度，把各评价内容分成若干等级，并将其数量化（如分成 4 级，用 20、15、10、5 表示），称其为权数，用 p_i 表示。如表 5-1 中第 8 项"该投标项目可能盈亏及风险程度"对投标人至关重要，因此，取 $p_8=20$。为使评价结果具有可比性，规定各评价内容权数之和为 100，即 $\sum p_i = 100$。

（3）确定各种评价内容的评价系数。表 5-1 中各项评价内容处于最满意状态时，评价系数用 1 表示，达不到这种状态时，用 0.9、0.8、0.7……表示，并记为 k_i。

（4）计算评价总分。各项评价内容的评价权数 p_i 乘以它的评价系数 k_i，然后累加，即得总分 S，即有：

$$S = \sum p_i k_i \tag{5-1}$$

评价总分 S 具有两个作用：一是对某一个招标项目投标机会作出评价，投标人可以根据过去的经验，确定一个评价总分的最小值 S_{min}，若某招标项目计算出的评价总分 S 大于该最小值 S_{min}，即 $S>S_{min}$，则可以参加投标竞争，否则不能参加投标竞争。当然还要注意到权数大的评价内容的满意程度，有时权数大的评价内容不满意时也不宜投标。二是可用 S 来比较若干个同时可以考虑投标的项目，看哪个 S 最高，则可考虑优先投哪个标。

5.3 施工组织设计编制

投标人的施工组织设计在投标文件中占有非常重要的地位，尤其对大型、复杂施工项目则更加重要。一方面，施工组织设计的科学性、合理性在招标人评标中占有相当大的权重，其对保证施工工期、质量和安全有重大影响；另一方面，其是编制投标报价的基础，不同的施工方案，施工成本不尽相同，对施工进度、质量和安全的影响也不同，要在保证工程质量等的前提下选择施工成本低的施工方案，并根据优化的施工方案分析计算报价，以提升竞争力。

5.3.1　施工方案与技术措施的编制

投标人在施工方案与技术措施编制方面要做的工作有：

（1）分析施工条件。根据招标文件和踏勘施工现场获得的资料，对工程所在地的地形、地质、气象、水文，以及交通、当地材料供应等做出客观的分析，明确它们对工程施工的影响程度，为其他各部分的施工组织设计提供依据。

（2）编制主体工程施工方案。其包括：编制招标项目主要建筑物的施工程序、施工方法、施工布置和主要施工机械等的方案，并进行比较和选择。对其中关键技术问题，如特殊基础管理处理、大体积混凝土的温度控制、深基坑开挖等，做出专门设计。

（3）编制施工辅助设施、施工临时工程和施工交通运输方案。对于大型工程，根据主体工程施工任务和要求，对施工辅助设施，如混凝土拌合系统、钢筋加工系统等，分别确定生产能力、生产工艺、生产设备和平面布置；对大型施工临时工程，如沿河工程的围堰、现场办公用房、设备与仓库等，进行专门设计；根据施工场内外运输条件，选定场内外运输方案。

（4）施工总布置。根据招标项目施工场区地形地貌、主体工程布置、临时工程安排，对施工场地进行分期分区规划，确定分期分区布置方案；进而编制施工总平面图，包括临时工程、加工系统、现场办公用房、设备与仓库，以及供水、供电、卫生、生活、消防等设施的情况和布置。

（5）编制施工进度计划。其包括：施工总体进度计划、年度进度计划、单位工程进度计划等分项进度计划，找出招标项目进度计划的关键路线、关键活动和进度控制环节；对工程施工中的进度控制环节进行专门认证。用施工进度网络图或施工进度表等方式表达施工进度，并醒目标示出关键路线。

（6）编制各技术供应计划。根据工程规模和施工进度计划，通过定额分析，对主要建筑材料、主要施工机械设备，列出总需要量和年或月需要量。

5.3.2　施工质量管理体系与措施的编制

（1）分析投标工程项目施工质量管理特点，找出主要施工质量问题和主要影响因素，为施工质量保证体系构建、施工质量保证措施选择提供支持。

（2）构建施工质量保证体系。其包括：

1）思想保证子体系。牢固树立"质量第一，用户至上""下道工序是用户""服务对象是用户"等观点。

2）组织保证子体系。根据投标项目施工质量的主要问题，设置质量管理机构，配备相应的专职质量管理人员、专门的质量检验部门或试验室；搭建基层施工班组，组建质量管理小组，形成施工质量保证网络。

3）工作质量保证子体系。其包括施工准备质量保证体系、施工过程或施工现场质量保证子体系。

（3）编制施工质量控制对象体系。其包括：

1）劳动主体的质量控制。其包括参与工程建设的各类人员的生产技能、文化素养、生理体能、心理行为等方面的个体素质及经过合理组织充分发挥其潜在能力的群体素质。

2）劳动对象的控制。其包括对原材料、半成品、设备等构成工程实体部分的控制。

3）施工工艺的控制。其包括：全面正确地分析工程特征、技术关键及环境条件等资料，明确质量目标、验收标准、控制的重点和难点；制定合理有效的施工技术方案，以及施工区段划分、施工流向及劳动组织等；合理选用施工机械设备和施工临时设施，合理布置施工总平面图和各阶段施工平面图；合理选用和设计保证质量的模具、脚手架等；详细分析气象、地质等环境不利因素对施工的影响及其应对措施。

4）施工设备的控制。其包括起重设备、各项加工机械、专项技术设备、检查测量仪表设备，以及模板、脚手架等施工设备。

（4）编制施工质量控制过程体系。其包括：

1）施工前质量控制。控制内容有：施工及其管理人员资质控制，对有持证上岗要求岗位的人员进行严格检查控制；对工程所需原材料、构配件在使用前进行检查，严禁不合格材料用在工程上；对使用的施工机械的运行状态进行检查，严禁相关指标不达标的施工机械在现场使用；检查施工现场的水平坐标、高程水准点。对于重要工程，一般监理工程师向承包商提供坐标点和水准点，并要求承包商复核，最后由监理工程师审核。

2）施工中质量控制。其包括：完善工序质量控制，把影响工序质量的因素纳入可控状态。严格工序间交接检查，如基础工程中，对开挖的基槽、基坑、未经地质验收和量测的标高、尺寸，不得浇筑垫层混凝土。如钢筋混凝土工程中，安装模板后，未经检查验收，不得架设钢筋；钢筋架设后，未经检查验收，不得浇筑混凝土等。组织定期或不定期的现场会议，分析、通报工程质量状况，协调施工相关方之间的业务关系。

3）施工后期质量控制。其包括：按规定的质量评定标准和办法，对完成工程进行质量检验或评定；审核有关质量检验报告及技术文件；整理有关工程项目的竣工验收资料，并编目、建档；按合同要求，组织工程验收。

5.3.3　施工进度计划与措施的编制

投标项目施工工期在投标人须知中有明确规定。因此，投标人应根据这一规定工期，编制施工进度计划和保证实现进度计划的工程措施。

（1）分析投标项目的特点和实现施工工期目标的主要影响因素。其包括工程规模、技术特点、施工方案、施工布置，以及自然、社会影响因素等。

（2）编制施工总进度计划。在招标人规定工期的约束下，以主要工程施工为主线，如水利水电工程一般以施工导流、围堰截流、基坑排水、坝基开挖、基础处理、施工度汛、坝体拦洪、水库蓄水和机组发电等为主线，草拟施工总进度。在此基础上，根据施工条件、施工方法，对主要施工部分的施工强度进行论证，主要目的是论证施工所用资源供应是否合理，若不合理，则有必要对草拟施工总进度计划进行调整，直到在规定工期下资源供应计划经济合理，该施工总进度计划才能成为投标项目的总进度计划。

（3）年进度计划或单位工程进度计划。对大型或工期较长的施工投标项目，一般有必要在施工总进度计划的基础上编制年进度计划或单位工程进度计划。

（4）编制保证施工进度措施计划。施工进度实施中，会受到自然、社会等多种因素的影响，应在分析施工进度风险的基础上，编制实现施工总进度计划的措施计划。其包括分析进度可能滞后的子项目对总工期的影响程度，进而制定应对措施。

（5）施工进度计划与措施的编制要求：

1）鼓励选用现代技术编制施工进度计划，如 BIM 技术。

2）采用图文结合方式描述施工进度计划。要明确施工过程的各个关键日期；在施工总进度图上要标明施工进度的关键路线和关键子项目；要提供人工、主要机械和主要材料供应强度图、主要施工设备表。

5.3.4　施工安全管理体系与措施的编制

（1）分析投标工程项目施工安全管理特点，找出主要施工安全问题和主要影响因素，为施工安全计划体系编制、施工安全保证措施选择提供支持。

（2）构建施工安全计划体系。针对投标施工项目安全管理重点，编制下列施工安全子项计划：

1）安全组织和安全责任分工计划。在施工现场成立安全领导小组、设立安全管理机构或配备安全员的基础上，要明确技术质量、材料设备、计划合同、试验室等相关部门的安全管理责任。

2）安全技术措施计划。其包括：技术措施针对的项目开工和完成时间、技术措施内容和目的、技术措施的经费预算和来源、技术措施落实负责人和技术措施的预期效果等。

3）安全检查计划。其包括：安全检查的内容、安全检查的主要形式和方法。

4）事故应急预案。其包括：综合应急预案，即在总体上对应急组织、应急行动、应急措施和保障措施所作的安排；专项应急预案是针对具体的事故类别（如基坑开挖、脚手架拆除等事故）、危险源和应急保障而制订的计划或方案，是综合应急预案的组成部分，应按照综合应急预案的程序和要求组织制订，并明确专门的救援程序和应急救援措施。

（3）编制施工安全控制体系。其包括：

1）人的不安全行为控制。针对投标施工项目的特点，提出控制人的身体缺陷、错误行为和违纪违章的措施。

2）物的不安全状态控制。其主要控制设备和装置的缺陷、作业场所的缺陷，以及物质和环境的危险源。

3）安全事故预防。"安全第一，预防为主"，针对投标项目主要安全问题特点，提出事故预防措施和应急措施是施工安全管理的重中之重。

【案例 5-1】基坑（槽）施工安全事故预防与控制措施

基坑（槽）施工容易发生坍塌、中毒、触电、机械伤害等类型的生产安全事故，坍塌事故尤为突出。

1. 基坑施工安全隐患的主要表现形式

（1）挖土机械作业无可靠的安全距离。

（2）没有按规定放坡或设置可靠的支撑。

（3）设计的考虑因素和安全可靠性不够。

（4）土体出现渗水、开裂、剥落。

（5）在底部进行掏挖。

（6）沟槽内作业人员过多。

（7）施工时地面上无专人巡视监护。

（8）堆土离坑槽边过近、过高。

（9）邻近的坑槽有影响土体稳定的施工作业。

（10）基础施工离现有建筑物过近，其间土体不稳定。

（11）防水施工无防火、防毒措施。

（12）人工挖孔桩施工前不进行有毒气体检测。

2. 基坑施工发生坍塌前的主要迹象

（1）周围地面出现裂缝，并不断扩展。

（2）支撑系统发出挤压等异常响声。

（3）环梁或排桩、挡墙的水平位移较大，并持续发展。

（4）支护系统出现局部失稳。

（5）大量水土不断涌入基坑。

（6）相当数量的锚杆螺母松动，甚至有的槽钢松脱等。

3. 基坑施工安全控制的主要内容

（1）挖土机械作业安全。

（2）边坡与基坑支护安全。

（3）降水设施与临时用电安全。

（4）防水施工时的防火、防毒安全。

（5）人工挖孔桩施工的安全防范。

4. 基坑施工安全控制要点

（1）专项施工方案的编制

1）土方开挖之前要根据土质情况、基坑深度及周边环境，确定开挖方案和支护方案，深基坑或土层条件复杂的工程应委托具有岩土工程专业资质的单位进行边坡支护的专项设计。

2）土方开挖专项施工方案的主要内容应包括放坡要求、支护结构设计、机械选择、开挖时间、开挖顺序、分层开挖深度、坡道位置、车辆进出道路、降水措施及监测要求等。

（2）基坑开挖前的勘察内容

1）充分了解地质和地下水位状况。

2）认真查明地上、地下各种管线（如上下水、燃气、热力、电缆等）的位置和运行状况。

3）充分了解周围建（构）筑物的状况。

4）充分了解周围道路交通状况。

5）充分了解周围施工条件。

（3）基坑施工安全技术措施

1）基坑开挖时，两人操作间距应大于2.5m。多台机械开挖，挖土机间距应大于10m。在挖土机工作范围内，不允许进行其他作业。挖土应由上而下，逐层进行。严禁先挖坡脚或逆坡挖土。

2）土方开挖不得在危岩、孤石的下边或贴近未加固的危险建筑物的下面进行。施工中应防止地面水流入坑、沟内，以免发生边坡塌方。

3）在坑边堆放弃土、材料和移动施工机械时，应与坑边保持一定的距离；当土质良好时，要距坑边1.0m以外，堆放高度不能超过1.5m。

4）基坑开挖应严格按要求进行放坡。施工时应随时注意土壁的变化情况，如发现有裂纹或部分坍塌现象，应及时进行加固支撑或放坡，并密切注意支撑的稳固和土壁的变化。当采取不放坡开挖时，应设置临时支护，各种支护应根据土质及基坑深度经计算确定。

5）采用机械多台阶同时开挖时，应验算边坡的稳定，挖土机与边坡应保持一定的安全距离，以防塌方，造成翻机事故。

6）在有支撑的基坑中使用机械挖土时，应防止碰坏支撑。在坑槽边使用机械挖土时，应计算支撑的强度，必要时应加强支撑。

7）在进行基坑和管沟回填土时，其下方不得有人，所使用的打夯机等要检查电器线路，防止漏电、触电，停机时要切断电源。

8）在拆除护壁支撑时，应按照回填顺序，从下而上逐步拆除。更换护壁支撑时，必须先安装新的，再拆除旧的。

5.3.5　环境保护管理体系与措施的编制

（1）分析工程建设和工程施工对环境的影响。工程施工对环境的影响，因工程施工特点和工程所在地的环境现状而存在较大的差异。因工程建设对环境的影响问题，不属于投标人的问题，是需要工程投资方或业主方在工程开始实施之前妥善解决的问题，即采取工程措施，消除或减轻由主体工程项目建设而对环境造成的影响。工程施工过程通常消耗大量的能源和材料，同时产生大量的废水、废气、固体废弃物等，并造成噪声、光污染等环境问题，对环境有着不可低估的影响。

（2）构建环境保护管理体系。其包括：环境保护管理目标和指标、环境保护管理组织与责任分工、施工过程环境监测和测量、不达标状态纠正与预防，以及环境管理体系的运行控制、应急准备与响应和管理评审等。

（3）编制环境保护管理措施方案。针对施工过程可能存在的重点环境问题，提出符合实际的环境保护措施方案，包括组织措施、技术措施，并明确支持措施方案的经济来源。

（4）编制环境保护监测、评估方案。根据施工阶段划分和进度安排，明确不同阶段、不同时间施工环境保护的重点、监控重点，并对阶段性保护管理工作进行评估，明确下阶段施工过程环境问题的预防重点。

5.4　工程施工投标报价

参与投标竞争是施工企业承接施工业务的主要来源，而确定投标报价又是投标文件编制的一项重要内容。

5.4.1　施工投标报价及其重要性

1. 什么是施工投标报价

施工投标报价（Tender Offer，Bidding），是指施工投标人决定投标，并根据施工招标文件和市场环境，分析计算工程子项单价和投标项目总价，并与其他投标文件一起向招标人提交等活动的总和。施工投标报价必须有报价，但只能有一个报价。若发现招标文件存在优化空间，可优化工程后报价，但还必须按原招标文件要求编制一个报价，并进行详细说明。

2. 施工投标报价的重要性

施工投标报价对施工投标人十分重要,主要表现在下列两方面:

(1)投标报价关系到投标书是否有效。若招标文件设有控制价,当投标报价高于控制价时,则该投标文件视为废标,即无效投标书;若投标报价过低,如被评标委员会认定低于成本价时,则该投标文件也视为废标。

(2)投标报价高低关系到中标可能性和中标后的获利空间。若投标人报价较高,中标可能性降低,但若能中标,则会获得较丰厚的利润;反之,可提高中标可能性,但中标后,则获利空间较小,甚至会面临亏损的风险。

5.4.2　施工投标报价准备

针对一个特定的招标工程,影响投标人报价的因素有很多。因此,在投标报价之前,投标人需要详细研究招标文件、开展市场调查和工程现场调查、对拟分包的工程进行询价、编制施工方案等一系列准备工作。

1. 研究施工招标文件

招标人的招标文件一方面用于介绍招标项目情况,另一方面提出招标要求、招标规则等。因此,投标人必须研究招标文件,弄清招标项目情况、招标人的意图、招标范围、承包人的责任等与投标报价紧密相关的信息,以确保有效投标,并争取提出合理的报价。

(1)"投标人须知"分析

"投标人须知"是要求投标人了解的有关事项,包括招标工程及发包人概况、投标人必须遵守的规定和投标书所需提供的文件等。投标人获取招标文件后,就有必要对"投标人须知"中的下述内容进行重点分析:

1)资金来源。首先要弄清楚招标工程的资金来源,属政府拨款,还是发包人自有资金或是银行贷款;其次是各种资金来源的可靠性及比例,以评估发包人付款风险。

2)投标担保。要注意招标人对投标担保形式、担保机构、担保数额和担保有效期的规定,以防止投标文件不符合这方面要求而被判为无效投标。

3)投标报价的要求。招标文件通常对投标报价中的各种价格和取费标准有不同的规定,如哪些价格用暂估价,哪些可以自报,哪些执行政府定价;工程所在地的规费有哪些,费率是多少;暂列金额是多少等。没有按照招标文件的报价要求报价,特别是规费项目及其费率,投标文件有可能被判为无效。

4)投标文件的编制和提交。投标人要特别注意对投标文件的组成内容、格式、份数、密封、签名盖章等方面的要求,以防投标文件被判为无效。`

5)备选方案。要注意招标文件对多方案投标的规定,有些招标文件允许投标人提出不同于招标文件所给的设计方案(即备选方案)的报价,但有些招标文件明确表示不接收其他方案。

6)评标办法及标准。投标的目标是要争取中标,这就要求投标人详细研究评标方法,采用综合评估法时要关注各个评标因素的打分标准和权重。投标文件及投标报价必须迎合评标方法及标准。

(2)合同条件分析

合同条件是招标文件的重要组成部分,内容相当丰富,投标人编制投标报价时应着重分析以下几方面:

1) 承包人的任务、工作范围和责任。报价前首先应明确承包的范围界限和责任界限，现场管理和协调方面的责任，承包人为发包人和监理人提供现场工作与生活条件方面的责任等，并将承担这些任务和责任的费用计入报价。

2) 合同计价方式。合同计价有多种方式，如总价合同和单价合同等。不同计价方式的合同，实质上对风险进行了不同的分配，这涉及工程量风险、价格风险由谁承担的问题，投标报价需予以考虑。

3) 合同付款方式及时间。对承包人而言，什么时候能够获得多少工程款，关系到资金回笼时间。这与承包人的奖金组织方案与融资成本相关。

4) 工程变更和索赔的处理。合同对工程变更是如何界定的，实际工程量超出工程量清单中的估计工程量是否属于变更，单价如何调整；新增项目变更的工程量一般均按实际工程量结算，但单价如何确定；变更与索赔中的管理费、利润能否补偿等。这些问题都会影响报价。

5) 施工工期。其主要是看招标文件给定的合同工期是否宽裕，是否需要赶工期，这涉及人工和施工机械的组织与安排，涉及赶工增加费的计取。

6) 发包人的责任与义务。其主要关注两方面：一是发包人为承包人提供的工作与生活条件，如办公用房、职工宿舍等；二是发包人负责采购供应的工程材料和设备。前者可以减少承包人的支出，降低承包人的成本。后者对报价的影响较为复杂，投标人除了要考虑对发包人供应的材料、设备的配合费用外，还要考虑价格风险的减少和隐含利润的丧失。

（3）工程量清单分析

1) 工程量计算规则。工程量清单的工程量计算规则与报价所用定额的计算规则是否一致、清单项目与所用定额项目的内容是否对应必须弄清楚，它涉及综合单价的计算。

2) 工程量清单复核。首先要清楚招标文件对工程量的规定，即工程量清单中的工程量是估计的还是固定的；如果是固定的，今后按清单工程量支付，那么清单工程量是投标前核准，还是中标后复核；如果规定投标前核准，且复核后发现工程量误差较大，则可与招标人澄清，切忌擅自改动。

3) 工程量变更估计。根据招标文件的招标范围和以往的承包经验，估计工程量变更的可能性。对于可能增加工程量的项目，综合单价可以报的略高，反之则略低。

4) 暂列金额及计日工。暂列金额额度是招标文件确定的，不需要投标人自行报价，但必须计入报价，不可漏项。计日工需投标人自主报价。

2. 市场询价与现场调查

投标人编制报价时，有必要掌握生产要素的市场情况、施工现场的条件，以及发包人和竞争对手的情况。

（1）市场询价

1) 材料询价。建筑材料市场上的价格波动较大，而材料费在工程造价中占有较大比例，材料价格的高低对投标估价影响很大。因此，通过材料询价搜集市场最新价格信息是投标报价前重要的准备工作。材料询价时，要特别注意材料质量的可靠性，以及供货时间、地点等附加条件。

2) 施工机械设备询价。其分为两类：一是拟购买施工机械的采购询价；二是拟承租施工机械的租赁询价。采购询价的渠道主要是施工机械的生产厂家和经销商；租赁询价的渠道主要是当地机械设备租赁企业和租赁服务中介机构。采购询价的内容和方式与材料询价基本相同。租赁询价的内容除了机械设备的型号、性能等问题外，还应详细了解租赁费用的构成和计价方法。

3）劳务询价。根据劳务人员的招募方式，劳务询价一般分为两种：一是向劳务企业招募劳务人员，则向相关劳务企业询价；二是在劳务市场招募零散劳动力，则应对劳务市场的劳动力价格进行调查。劳务询价应采用询价单的方式进行，询价内容包括工种、工作内容、工作条件、每天工作时间、计价方式、工资标准等。

（2）施工现场调查

施工现场条件不仅影响施工组织设计和施工方案，也影响工程施工的成本。施工现场调查的主要内容包括：

1）一般情况调查。其包括：自然条件情况（如水文、气象自然灾害等）、交通运输和通信情况（运输方式，如公路、铁路、水运、空运等）和当地生产要素市场情况（如砂、石、砖、商品混凝土的价格和可供量，以及当地劳动力的数量、技术水平、雇佣价格等）等。

2）施工条件调查。其包括：

① 施工用地范围及其地形、地貌、标高，以及地上、地下障碍物情况。

② 施工现场周围的道路、进出场条件、交通限制。

③ 施工现场临时设施搭设、施工机具停放、材料堆放的条件。

④ 施工现场生产制作和加工的场地条件。

⑤ 施工现场工人住宿、搭建食堂的条件。

⑥ 施工现场周边建筑物、构筑物、地下管线的情况。

⑦ 施工现场供电、供水、通信等情况。

⑧ 当地政府对施工现场管理的一般要求和特殊要求，如对噪声、扬尘控制的要求等。

⑨ 其他，如市政排水、社会公共设施（如医院）、生活治安等情况。

3）发包方调查。发包方调查的主要内容包括建设单位，以及由发包人委托的设计单位、监理单位和咨询公司等的基本情况，如他们的责任和义务、社会信誉、工程经验等。

4）竞争对手调查。其是指对参加同一招标工程投标的潜在投标人的调查，主要内容包括：

① 可能参与投标竞争的主要对手有哪些。

② 主要竞争对手承担招标工程的能力，包括技术、经验、人力、设备等方面。

③ 主要竞争对手在建工程任务的饱满情况及中标愿望的强烈程度。

④ 主要竞争对手的报价倾向。

⑤ 主要竞争对手与招标人的关系等。

3. 分包询价

（1）分包询价分类

分包包括一般分包和指定分包两类。一般分包是指由（总）承包人自主确定分包工程范围、自愿选定分包，并与分包商签订分包合同的分包方式，其是（总）承包商的自愿行为，不得向发包人收取额外的费用。指定分包是指由发包人指定分包工程范围和分包人，并由（总）承包人与分包人签订分包合同的分包方式，其体现了发包人的意愿，而非（总）承包人的自愿行为，（总）承包人要向分包人提供必要的工作条件和施工配合，负责整个现场管理和协调。因此，（总）承包人可以向发包人收取一定数量的总包管理费。

（2）分包询价的内容

对于一般分包，投标人应在制定施工方案时确定需要分包的工程范围。分包的工程范围主要考虑工程的规模、专业性，以及与分包人之间的合作、各自的优势等因素。分包询价的主要内容包括：

1）分包人的施工方法、技术措施、验收标准及方式。

2）分包人的工期及进度计划。

3）由分包人提供的主要材料的质量、品质证明资料。

4）分包工程的报价及其有效期。

5）需要（总）承包人提供的工作条件和施工配合要求。

（3）分包询价分析

收到各个分包人的报价之后，可从以下几方面进行分包询价分析：

1）分包标函的完整性。分包标函是否包括分包询价要求回复的全部内容，回复的内容是否明确等。

2）分项报价的完整性。报价的项目是否完整，各个子项单价的费用内容是否完整等。

3）分包报价的合理性。

4）其他因素分析，如质量有无保证、主要材料的质量与品质是否符合要求、工期能否满足工程总体进度要求、有无特殊要求等。

4. 施工方案编制

在投标项目总体施工方案、施工布置、施工进度安排的基础上，根据招标文件要求确定工程量清单中每一个子项的施工方案，为选用工程定额提供基础。

【案例 5-2】某投标人对招标文件研究不足而遭受较大损失

某输水渠道工程施工标，长 7.3km，投资约 2.3 亿元，施工内容包括土方开挖、防渗体填筑等子项工程。在招标文件中，招标人对防渗体土质有特别要求，并在设计图上明确标示出了 6 个取土料场位置，以及它们与输水渠道工程的相对位置、距离和每个料场的可取土地量，但在文字上没有专门说明。

某投标人在投标过程中，仅注意到了 5 个取土料场，对距离现场最远的第 6 个料场没有关注，并据此编制投标报价。后来该投标人中标了，在施工过程中发现 5 个取土料场用料不够，要求招标人另提供料场，并提出工程变更要求。但发包人不承认该变更事项，因此承包人在经济上受到较大损失。

【问题】提出的工程变更为什么不能成立？

【解析】问题的关键是投标人没有认真研究招标文件。招标文件包括设计文件，当然也包括相关图纸，图纸上能明确的，不一定再用文字去说明。显然，这是投标人投标过程的失误。即使看设计图纸时漏了第 6 个料场，若投标文件做得仔细，那在编制施工组织设计时也会发现仅靠距工程较近的 5 个料场的料是不能满足施工需要的，这样也会发现问题。按照较近的料场计算工程成本，报价自然会低，且容易中标。但工程实施中还是要从较远的地方运料，发生较高的成本。对于这些，发包人是不会作为工程变更处理的，即不会给承包人调整工程单价或成本补偿，这是承包人应承担的责任。

5.4.3　施工投标报价编制

1. 投标预算与投标报价

（1）投标预算是指在施工进度计划、主要施工方法、分包单位和资源安排确定之后，根据企业定额及询价结果，对完成招标项目所需费用的估计。投标预算的编制是以合理补偿成本为原则，不考虑竞争因素，不涉及投标决策问题。其作用，一是为投标报价提供一个基准；二是用于评价投标报价的风险度。

（2）投标报价是指在投标预算的基础上，根据竞争对手的情况和本企业的经营目标，就投标项目向招标人提出的工程预期承包价格。若中标，则为承包工程的合同价。

有些施工企业忽视投标预算的作用，不做预算分析而直接在报价单上填报工程单价，或仅凭经验估计投标报价总额。这样很容易在激烈竞争的环境下迷失方向，或者报错价而失去中标机会，或者因中标而陷入亏损风险的泥潭。

2. 投标报价影响因素

投标报价应当在投标预算的基础上进行。一个合理的投标报价，应充分考虑以下因素：

（1）招标工程范围。招标工程的范围不仅包括工程实体范围，还包括工作范围。因此，在理解招标工程范围时，不但要看工程量清单和施工图纸，还要看施工合同条款。施工合同条款明确了发包人和承包人的权利与义务，涉及招标工程的工作范围。

（2）目标工期、目标质量要求。投标预算一般只反映招标工程在正常工期和合格质量标准（符合国家验收标准）条件下的费用。现在许多招标工程要求的目标工期往往小于国家颁布的工期定额，发包人对质量的要求也往往高于国家验收标准，投标报价对这些因素的影响要有所反映。

（3）建筑材料市场价格及其风险因素。材料费占工程造价的比例较大，有些合同的发包人为了控制工程造价，更愿意采用固定单价合同，由承包人承担材料的涨价风险。这时投标人必须认真研究建筑材料的市场价格走势，并在投标报价中考虑价格风险因素。

（4）现场施工条件和施工方案。现场施工条件会影响施工成本，投标报价时要考虑其中的有利因素和不利因素。同时，投标报价要反映施工方案的个性差异，尤其是工程量清单的措施费用项目。

（5）招标文件的分析结果。招标文件分析的结果必须反映到投标报价中，特别是评标办法与标准、合同条款和工程量清单等方面。如评标办法是综合评分法还是经评审的最低投标价法，综合评分中报价分如何确定，清单工程量有没有偏差等，都应在投标报价中体现。

（6）竞争对手及中标的迫切性。投标报价是一种竞争性决策，必须考虑竞争对手的情况，如有哪些竞争对手参加投标，竞争对手的实力、报价习惯和中标的迫切性等。

（7）本企业的经营策略。本企业针对当前招标工程的经营策略也是应当考虑的因素之一。本企业年度经营目标完成情况、当前任务的饱满程度、人力及设备资源利用率等都会影响企业的经营策略。

3. 投标预算价编制

（1）施工投标预算编制依据。其与工程概算和施工图预算相比，差异较大，主要包括：

　　1）招标文件确定的工程范围。

　　2）招标文件提供的工程量清单。

　　3）招标文件中合同条件的相关规定。

　　4）工程所在地人工、材料和施工机械使用的市场价。

　　5）投标人的企业定额或相关资料数据。

　　6）投标人的计划利润。

　　7）招标文件的计价要求，如暂估价、暂列金额等。

　　（2）施工投标预算的费用组成。其与工程概算和施工图预算相比，比较接近。单位建筑概算或施工图预算由人工费、材料费、施工机械使用费、企业管理费、利润、规费和税金组成；施工投标预算除这些费用外，还包括招标文件列入的暂估价、暂列金额等。

　　（3）施工投标预算编制方法。其与施工图预算相比，编制方法完全相同。目前常用方法主要有两种：综合单价法和全费用单价法。

　　1）综合单价法。将工程量清单各计价项目的工程量乘以对应的综合单价后汇总相加，得到投标项目的分部分项工程费；然后计算措施费、其他项目费（招标文件要求的计价，如暂估价、暂列金额等）；最后计算规费和税金，合计后便为投标预算。综合单价法的计算原理及程序如图 5-1 所示。

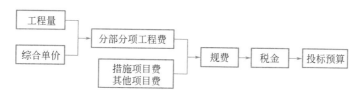

图 5-1　综合单价法的计算原理及程序图

　　2）全费用单价法。全费用单价包含工程量清单各计价项目的人工费、材料费、施工机械使用费、企业管理费、利润、规费和税金等各项费用。因此，计价项目的工程量乘以对应的全费用单价即为该计价项目的预算，汇总各计价项目的预算，再加上措施费及其他项目费（招标文件要求的计价，如暂估价、暂列金额等）便得到投标预算。

　　编制施工投标预算选择何种方法，这并不是投标人的权利，而取决于招标文件采用了何种编制方法。如在《水利水电工程标准施工招标文件》（2009 年版）中就提供了两种编制方法，当然招标文件只可能选择一种。而招标人选择的，是投标人必须要响应的。

　　4. 投标预算价复核

　　投标预算价复核是指投标预算价正式确定以前，对投标预算进行的审查、核算，以减少和避免投标预算价的失误，为提出合理的投标报价打下基础。投标预算价审核的方式多种多样，不同种类工程的差异性可能也较大，常用的方法主要有：

　　（1）以一定时期某地区各类建设项目的单位工程造价，对投标预算价进行审核。房屋工程按每平方米造价，铁路、公路按每公里造价，铁路桥梁、隧道按每延米造价；公路桥梁按桥面每平方米造价等。按照各个国家和地区的情况，分别统计、搜集各种类型建筑的单位工程造价。

　　（2）运用全员劳动生产率即全体人员每工日的生产价值，对投标预算价进行审核。所谓全员劳动生产率是指全体人员每工日的生产价值。一定时期内，由于受企业一定的生产水平所影响，具有相对稳定的全员劳动生产率水平。因而企业在承揽同类工程或机械化水平相近的项目时，具有相近的全员劳动生产率水平。因此，可以作为尺度将投标预算价与类似工程造价进行比较，从而判断投标预算价的合理性。

（3）用各类单位工程用工用料正常指标，对投标预算价进行审核。表 5-2 为某建筑企业各类建筑工程单位工程用工用料指标表。

某建筑企业各类建筑工程单位工程用工用料指标表　　　　　　表 5-2

序号	建筑类型	人工（工日/m²）	水泥（kg）	钢材（kg）	木材（m³）	砂子（m³）	碎石（m³）	水（t）
1	砌混结构楼房	4.0～4.5	150～200	20～30	0.04～0.06	0.3～0.4	0.2～0.3	0.7～0.9
2	多层框架楼房	4.5～5.5	220～240	50～65	0.05～0.06	0.4～0.5	0.4～0.6	1.0～1.3
3	高层框架楼房	5.5～6.5	230～260	60～80	0.06～0.07	0.45～0.55	0.45～0.65	1.2～1.5

（4）用各分项工程价值的正常比例，如一栋楼房的基础、墙体、楼板、屋面、装饰、水电、各种专用设备等分项工程，在工程价值中所占有的大体合理的比例，对投标预算价进行审核。例如，对国外房建工程，主体结构工程（包括基础、框架和砖墙三个分项工程）的价值约占总价的 55%；水电工程约占 10%；其余分项工程的合计价值约占 35%。

（5）用各类费用的正常比例。如用人工费、材料设备费、施工机械费、间接费等各类费用之间所占有的合理比例，对投标预算价进行审核。任何一个工程费用都是由人工费、材料设备费和施工机械使用费组成的，它们之间均有一个合理的比例。将投标预算价的各类费用比例与同类工程的统计数据进行比较，也能判断投标预算价的合理性。

（6）用储存的一个国家或地区的同类型工程报价项目和中标项目的预测工程成本资料（即预测成本比较控制法），对投标预算价进行审核。若承包商曾对企业在同一地区的同类工程报价进行积累和统计，则还可以采用线性规划、概率统计等预测方法进行分析，计算出投标项目造价的预测值。将投标预算值与预测值进行比较，也是衡量投标预算价正确性和合理性的一种有效方法。

（7）用个体分析整体综合控制的方法。如先对组成一条铁路工程的线、桥、隧道、站场、房屋、通信信号等各个体工程逐个进行分析，然后再对整条铁路工程进行综合研究控制，对投标预算价进行审核。

5. 投标报价确定

投标预算是按投标人完成招标项目所需成本和拟获得的利润，并没有考虑企业的经营需要和市场竞争状态；而投标报价一般要考虑企业经营状态，如中标的迫切性、市场的竞争状态、竞争对手的数量及有竞争能力对手的报价情况。因此，投标报价应是根据企业经营状况和市场竞争状态等，对投标预算适当调整而得到的一个投标项目价格的估计值。这个调整幅度一般不会很大，通常在 5% 以内。如企业当下迫切中标，则可适当调低投标预算作为投标报价，以争取中标，但也不能调到低于企业完成项目的成本价，反之则可直接使用或适当提高投标预算，将其作为投标报价；当市场竞争激烈，且有强劲的竞争对手时，有必要适当调低投标预算作为投标报价，以争取中标，同样也不能低于成本价。

6. 填报工程量清单注意事项

不同行业或不同招标人可能采用不同格式的工程量清单。【案例 4-2】为《标准施工招标文件》（2007 年版）采用综合单价法时的工程量清单格式，适用于一般房屋建筑工程；对水利水电工程，《水利水电工程标准施工招标文件》（2009 年版）提供了采用综合单价法或全单价法两种计算工程估价相对应工程清单的格式，它们是存在差异的。填报工程量清单时，要仔细研究招标文件的工程量清单说明、投标报价说明；若有工程量清单报价表填写规定时，对其还要认真研究，投标人必须严格按这些说明或规定填写工程量清单。

【案例 5-3】被认定为低于成本价的投标

2011 年 5 月，某开发公司根据初步设计概算，准备出资 6500 余万元兴建一幢办公楼，拟采用公开招标方式选择施工承包人。该公司按相关法律和招标文件约定，组织由工程技术、经济和管理方面的专家构成的评标委员会，并授权由其直接确定中标人。招标文件出售后，共有 8 家建筑公司参加投标。其中 1 家建筑工程公司报价为 4850 万元。在公开开标、评标和确定中标人的程序中，其他 7 家建筑公司对该建筑工程公司 4850 万元的报价提出异议，均认为该报价低于成本价，属于以亏本的报价排挤其他竞争对手的不正当竞争行为。评标委员会在评审过程中，对照工程概算，并质询该建筑工程公司相关人员，其对报价低的原因说不出适当的理由。因此，评标委员会认为，该建筑工程公司投标报价低于成本价，否定其投标，另确定中标人。

【问题】评标委员会的做法是否适当？

【解析】个别企业为得到工程项目，恶意压价，以低于成本报价竞标，是一种法律所禁止的行为。评标委员会的做法符合我国有关规定。

我国《招标投标法》规定，中标人不得以低于成本的方式投标竞争。这里所讲的低于成本，应该是指低于投标人为完成投标项目所需支出的"个别成本"。由于每个投标人的管理水平、技术能力不同，完成同样的工程项目，成本是存在差异的。投标人凭借高效的管理、先进的技术，以较低的报价参与投标竞争，这是其竞争实力强的表现，招标人应选其中标。但低于其成本报价时，结果肯定要亏损或进行偷工减料，损害招标人的利益。本案例中该建筑工程公司报价与工程概算差距较大，并在质询时说不出低报价的正当理由。因此，评标委员会的做法是合理的、可推广的，而投标人低于本企业成本进行报价的做法是不鼓励的。若将其作为一种报价技巧，要充分考虑不能中标的风险。

5.5 工程施工投标技巧和纪律

投标技巧是指在投标报价中采用什么手法使招标人可以接受，而中标后又能获得更多的利润。可将投标技巧分为开标前的技巧和开标后的技巧。

5.5.1 开标前的技巧

（1）不平衡报价法（Unbalanced Bids），也称前重后轻法。它是指一个工程项目的投标报价在总价基本确定后，如何调整内部各个子项目的报价，以期既不影响总报价，又在中标后可以获得较好的经济效益。下列几种情况可考虑采用不平衡报价法：

1）能够早日完工的项目，如基础工程、土方工程等，可以报较高的单价，以利于及早收回工程款，加速资金周转；而后期工程项目，如机电设备安装、装饰等，可适当降低单价。

2）经工程量核算，估计今后工程量会增加的项目，其单价可适当提高；而工程量可能减少的项目，其单价可适当低些。

3）设计图纸内容不明确，估计修改后工程量要增加的项目，其单价可高些；而工程内容不明确的，其单价不宜提高。

4）没有工程量只填报单价的项目，如疏浚工程中的淤泥开挖，其单价宜高些，这并不影响总价。

5）暂定项目或选择项目，若经分析肯定做，则单价不宜低；而不一定做，则单价不宜高。

不平衡报价法的应用一定要建立在对工程量清单表中工程量仔细核对分析的基础上。同时提高或降低单价也应把握好度，一般可在10%左右，以免引起业主反感，甚至导致废标。

（2）多方案报价法。对于某些招标文件，若要求过于苛刻，则可采用多方案报价法，即按原招标文件报一个价。然后再提出，若对某些条件做修改，可降低报价，报另一个较低的价，以此来吸引发包人。有时，投标人在研究招标文件时发现，原招标文件的设计和施工方案不尽合理，则投标人可提出更合理的新方案来吸引发包人，并提出与该新方案相适应的报价，以供发包人比较。当然一般这种新设计和施工方案的总报价要比原方案的报价低。应用多方案报价法时要注意的是，对原招标方案一定要报价，否则是废标。

（3）突然降价法。报价是一项保密的工作，但由于竞争激烈，其对手往往通过各种渠道或手段来刺探情况，因此在报价时可采用一些迷惑对方的手法。如不打算参加投标，或准备报高价，表现出无利可图不干等现象，并有意泄露一些情报，而到投标截止前几小时，突然前去投标，并压低报价，使对手措手不及。采用突然降价法时，一定要考虑好降价的幅度，在临近投标截止日期前，根据情报分析判断，做出正确决策。

（4）先亏后盈法。有的承包商为了占领某一地区的建筑市场，或对一些大型工程中的第一期工程，不计利润，只求中标。这样在后续工程或第二期工程招标时，凭借经验、临时设施及创立的信誉等因素，比较容易拿到工程，并争取获利。

（5）优惠条件法。在投标中能给发包方一些优惠条件、解决发包方的某些困难，有时这是投标取胜的重要因素。

5.5.2 开标后的技巧

开标后，各投标人的报价已公开，但发包人不一定选择最低报价者中标，经常会考虑多种因素，然后确定中标者。在国际工程招标中常有议标谈判环节，投标人若能充分利用议标谈判的机会，就可提高中标概率。议标谈判，通常选2~3家条件较好的投标人进行。在议标谈判中的主要技巧有：

（1）降低投标价格。投标价格不是中标的唯一因素，但是很重要的因素。在议标中，投标人适时提出降价要求是关键。只有摸清招标者的意图，在得到其希望降低标价的暗示后，才能提出降价要求。因为有些国家政府的招标法规中规定，已投出的投标书不得改动任何文字，否则投标无效。此外，降低价格要适当，不能损害投标人自己的利益。

（2）补充投标优惠条件。在议标谈判中，投标人还可考虑其他重要因素，如缩短工期、提高质量、降低支付条件、提出新技术和新工艺方案等。利用这些优惠条件吸引发包人，并争取中标。

【案例 5-4】某投标人的不平衡报价

某办公楼施工招标文件的合同条款中规定：预付款数额为合同价的 30%，开工后 3 天内支付，上部结构工程完成一半时一次性全额扣回，工程款按季度支付。

某投标人对该项目投标，经造价工程师估算，总价为 900 万元，总工期为 24 个月。其中，基础工程估价为 1200 万元，工期为 6 个月；上部结构工程估价为 4800 万元，工期为 12 个月；装饰和安装工程估价为 3000 万元，工期为 6 个月。

该投标人为了既不影响中标，又能在中标后取得较好的收益，决定采用不平衡报价法，对造价工程师的原估价作适当调整，基础工程调整为 1300 万元，结构工程调整为 5000 万元，装饰和安装工程调整为 2700 万元。

另外，该投标人还考虑到，该工程虽然有预付款，但平时工程款按季度支付不利于资金周转，决定除按上述调整后的数额报价外，还建议招标人将支付条件改为：预付款为合同价的 10%，工程款按月支付，其余条款不变。

【问题】该投标人运用的不平衡报价法是否恰当？除了不平衡报价法，该投标人还运用了哪种报价技巧？运用是否得当？

【简析】该投标人不平衡报价法运用得基本恰当。因为该投标人是将属于前期工程的基础工程和主体结构工程的报价调高，而将属于后期的装饰工程和安装工程的报价调低，这样可以在施工的早期阶段收到较多的工程款，从而提高所得工程款的现值；而这三类工程报价的调整幅度均在 10% 以内，一般也是可以接受的，对中标的可能性影响较小。该投标人运用的另一种投标技巧是多方案报价法，该报价技巧的运用也较得当。因为该投标人的报价既适用于原付款条件，也适用于建议的付款条件。

5.5.3　施工投标纪律

对投标人而言，不仅要争取中标，而且要争取获得更高的利润；但在投标时，既要讲究投标技巧，也要遵循投标纪律。在工程施工投标中，投标人不得相互串通或者与招标人串通投标，不得向招标人或者评标委员会成员行贿谋取中标，不得以他人名义投标或者以其他方式弄虚作假骗取中标；投标人不得以任何方式干扰、影响评标工作。

（1）不得以他人名义投标。下列行为均属以他人名义投标：

1）投标人挂靠其他施工单位。

2）投标人从其他施工单位通过转让或租借的方式获取资格或资质证书。

3）由其他单位及法定代表人在自己编制的投标文件上加盖印章或签字的行为。

（2）不允许他人以本单位名义承揽工程。

下列行为，视为允许他人以本单位名义承揽工程：

1）投标人的法定代表人的委托代理人不是投标人本单位人员。

2）投标人拟在施工现场所设项目管理机构的项目负责人、技术负责人、财务负责人、质量管理人员、安全管理人员（专职安全生产管理人员）不是本单位人员。

投标人本单位人员，必须同时满足以下条件：

1）聘任合同必须由投标人与之签订。

2）与投标人有合法的工资关系。

3）投标人为其办理社会保险关系，或具有其他有效证明其为本单位人员身份的文件。

（3）不允许投标人串通投标报价。下列行为均属投标人串通投标报价：

1）投标人之间相互约定抬高或压低投标报价。

2）投标人之间相互约定，在招标项目中分别以高、中、低价位报价。

3）投标人之间先进行内部竞价，内定中标人，然后再参加投标。

4）投标人之间其他串通投标报价的行为。

【案例 5-5】高速公路工程招标投标过程的违法事件

某省政府欲投资修建一条纵贯全省的高速公路，决定采取分段招标方式选择承包人。其中一段 120km 长标段因地形简单、易于施工，引起了多家承包商的兴趣。其中，甲建筑公司已有几个月未接到项目，想借助这一工程使企业改变经营局面。因此，该公司的领导对此次招标极为重视。经多方打听，得知本工程招标负责人李某是本公司职员王某的亲属。于是，甲建筑公司通过王某送给李某 5 万元现金。李某在收到钱之后答应帮忙，同时告知甲建筑公司，省内还有乙建筑公司很有实力，是其最大的竞争对手，并且已经决定参加投标，可能开出的价格和条件都非常优惠。因此，建议甲建筑公司先和乙建筑公司沟通。投标前，甲建筑公司的老总与乙建筑公司的老总见面，并经过谈判达成协议，约定在这次投标中，乙建筑公司将全力支持甲建筑公司，提高自己的投标价，减少提出的优惠条件；甲建筑公司则补偿乙建筑公司 20 万元协助费，并且双方以后将长期"友好合作"。在投标截止日的前 1 天，工程招标负责人李某又将其他建筑公司的投标价和投标文件等重要信息悄悄转交给甲建筑公司，使甲公司在投标截止日之前修改并递交了投标文件。

后经当众开标，评标委员会评审，最后的结果是甲建筑公司以低于其他投标人的投标价和相对更优惠的条件而中标。

【问题】上述事件中存在哪些违法行为？

【解析】①甲建筑公司通过王某送给李某 5 万元现金，李某接受了，显然是违法的，分别属行贿和受贿行为；②甲建筑公司与乙建筑公司的"友好合作"行为属投标人之间的"围标、串标"行为，违反我国《招标投标法》；③李某将其他建筑公司的投标价和投标文件等重要信息悄悄转交给甲建筑公司，这属招标方工作人员与投标人间的"串标"行为，也违反我国《招标投标法》。

本章小结

在现代工程建设中，施工投标是一项常见的工程交易活动，工程建筑企业只有积极参与工程投标，企业才能生存和发展。本章首先以工程施工投标程序为主线，介绍工程投标的主要环节，并对其中的主要环节——施工投标决策、施工组织设计编制、施工投标报价编制以及施工投标技巧和纪律作了较为详细的介绍。投标决策问题的核心是哪个标能去投，哪个标不能去投，要进行科学分析和合理决策；施工组织设计既是工程施工的计划，也是投标报价的基础性工作，特别对大型、复杂工程，招标人十分重视，在评标中占有相当权重，甚至对此实行"一标否决"制，因此本章就如何编制施工组织设计作了较多介绍；投标报价不仅关系到投标人能否中标，若中标，与中标人的利润空间密切相关，因此投标报价至关重要，这是投标人参与投标活动时第二个需要决策的问题。

思考与练习题

1. 何为工程施工投标？施工投标组织方式有哪些？施工投标文件包括哪些？

2. 施工投标程序如何？工程施工投标主要环节包括哪些内容？

3. 施工组织设计包括哪些内容？如何编制？

4. 施工投标报价要做哪些准备工作？

5. 施工投标预算是什么？施工投标预算方法有哪些？各有什么特点？

6. 施工投标报价与投标预算是什么关系？投标报价编制程序和方法如何？

7. 施工投标技巧包括哪些？施工投标人要遵守哪些纪律？

第6章　工程勘察设计与其他类型招标投标

本章知识要点与学习要求

序号	知识要点	学习要求
1	工程勘察设计招标投标文件编制与评标	掌握
2	工程监理招标投标文件编制与评标	掌握
3	工程材料、设备采购招标投标文件编制与评标	熟悉
4	工程总承包招标文件编制	熟悉
5	工程总承包评标方法	熟悉
6	国际工程招标的典型模式、招标方式	了解
7	国际工程招标投标特点与评标	了解

对工程建设，除工程施工招标投标外，还包括工程勘察设计招标投标、工程咨询/监理招标投标、工程材料设备采购招标投标，以及工程总承包和国际工程招标投标。本章对上述这些招标投标作简要介绍，并重点介绍它们与施工招标投标的不同之处。

6.1　工程勘察设计招标与投标

工程勘察、设计是工程建设中的两个重要环节，它们联系密切。在工程实践中，工程勘察、设计有时整合在一起组织招标，有时分别组织招标。

6.1.1　工程勘察设计招标投标范围、方式与程序

1. 什么是工程勘察设计招标投标

工程勘察设计是工程勘察与工程设计的统称。在工程建设中，可将它们作为一项任务，由一家具有相应资质的企业完成，也可分为两部分，由两家具有相应资质的企业分别完成。

工程勘察（Investigation and Survey），是对工程建设地点的地形、地质和水文等状况进行测绘、勘探测试，并提供工程建设所需基础资料的活动。工程勘察阶段通常分为初步勘察和详细勘察。

工程设计（Design），则是根据建设工程的要求，对建设工程所需的技术、经济、资源、环境等条件进行综合分析、论证，编制工程设计文件的活动。工程设计一般划分为初步设计和详细设计；详细设计有时又进一步细分为施工招标设计和施工图设计。

工程勘察与工程设计是工程建设过程中紧密相关的两个重要环节。工程初步勘察应满

足场址选择和初步设计等的要求；详细勘察应符合施工图设计的要求。当工程勘察不能满足设计要求时，必须进行补充勘察。在我国建设企业发展初期，这两项建设任务常由一个企业完成。因此，目前许多承担勘察设计任务的企业名称为"×××工程勘察设计（研究）院"。

工程勘察设计是工程建设的龙头，其工作质量水平的高低直接影响工程功能、质量，并影响工程运行和工程投资的绩效。

工程勘察设计招标投标，是指招标客体为工程勘察或设计，选择工程勘察设计人的这类招标投标。

2. 工程勘察设计强制招标范围

工程勘察、设计招标，是指招标人在实施工程勘察、设计工作之前，以公开或邀请书的方式提出招标项目的指标要求、投资限额和实施条件等，由愿意承担勘察设计任务的投标人按照招标文件的要求，分别报出项目的构思方案和实施计划，然后由招标人通过开标、评标确定中标人的过程。

对符合我国《必须招标的工程项目规定》列出的范围和标准的工程项目，必须依据我国现行《工程建设项目勘察设计招标投标办法》等有关规定进行招标。任何单位和个人不得将依法必须进行招标的项目化整为零或者以其他任何方式规避招标。

按照国家规定，需要履行项目审批、核准手续的依法必须进行招标的项目，有下列情形之一的，经项目审批、核准部门审批、核准，项目的勘察设计可以不进行招标：

（1）涉及国家安全、国家秘密、抢险救灾或者属于利用扶贫资金实行以工代赈、需要使用农民工等特殊情况，不适宜进行招标。

（2）主要工艺、技术采用不可替代的专利或者专有技术，或者其建筑艺术造型有特殊要求。

（3）采购人依法能够自行勘察、设计。

（4）已通过招标方式选定的特许经营项目投资人依法能够自行勘察、设计。

（5）技术复杂或专业性强，能够满足条件的勘察设计单位少于 3 家，不能形成有效竞争。

（6）已建成项目需要改、扩建或技术改造，由其他单位进行设计影响项目功能配套性。

（7）国家规定的其他特殊情形。

实行勘察设计招标的工程项目，招标人可以依据工程建设项目的不同特点，实行勘察设计一次性总体招标；也可以在保证项目完整性、连续性的前提下，按照技术要求实行分段或分项招标。

经招标人同意，中标单位也可将初步设计和施工图设计的部分工作分包给具有相应资质条件的其他设计单位，分包单位就其完成的工作成果与总承包方一起向发包方承担连带责任。

勘察任务可以单独发包给具有相应资质条件的勘察单位实施，也可以将其工作内容包括在设计任务中。由于通过工程勘察取得的成果是工程设计所需的基础资料，因此将勘察任务包括在工程设计发包范围内，由具有相应能力的设计单位去完成，或由它再去选择承担勘察任务的分包人。这可减轻工程发包方的协调、管理工作量。

此外，根据现行《工程建设项目勘察设计招标投标办法》，依法必须招标的工程建设项目，招标人可以对项目的勘察、设计、施工以及与工程建设有关的重要设备、材料的采购实行工程总承包招标。

3. 工程勘察设计招标方式

工程建设项目勘察设计招标分为公开招标和邀请招标。国有资金投资占控股或者主导地位的工程建设项目，以及国务院投资主管部门确定的国家重点项目和省、自治区、直辖市人民政府确定的地方重点项目，除符合国家有关规定条件并依法获得批准外，应当公开招标。依法必须进行公开招标的项目，在下列情况下可以进行邀请招标：

（1）技术复杂、有特殊要求或者受自然环境限制，只有少量潜在投标人可供选择。

（2）采用公开招标方式的费用占项目合同金额的比例过大。

有上述情形，属于按照国家有关规定需要履行项目审批、核准手续的项目，由项目审批、核准部门在审批、核准项目时作出认定；其他项目由招标人申请有关行政监督部门作出认定。招标人采用邀请招标方式的，应保证有 3 个以上具备承担招标项目勘察设计的能力，并具有相应资质的特定法人或者其他组织参加投标。

4. 工程勘察设计招标程序

工程勘察设计招标与投标，与工程施工招标与投标相比，招标的标的、计价方式、评标方法等均有较大差别，但招标程序基本相似。因此，工程勘察设计招标与投标程序可参见第 1 章图 1-7 和图 1-8。

6.1.2　工程勘察设计招标

1. 工程勘察设计招标应具备的条件

按照我国现行《工程建设项目勘察设计招标投标办法》的规定，依法必须进行勘察设计招标的工程项目，在工程招标时应当具备下列条件：

（1）招标人已经依法成立。

（2）按照国家有关规定需要履行项目审批、核准或者备案手续的，已经审批、核准或者备案。

（3）勘察设计有相应资金或者资金来源已经落实。

（4）所必需的勘察设计基础资料已经收集完成。

（5）法律法规规定的其他条件。

2. 工程勘察设计招标文件编制

招标文件是指导工程勘察设计单位正确投标的依据，也是对投标人提出要求的文件。工程勘察招标文件编制与工程设计招标文件编制类似，此处主要介绍工程设计招标文件编制，对于两者差异之处，将作简要说明。

（1）招标文件的主要内容。根据《工程建设项目勘察设计招标投标办法》等文件，招标人应根据招标项目的特点和需要编制招标文件，招标文件应包括以下几方面内容：

1）招标公告（或投标邀请书）。

2）投标人须知。

3）评标办法。

4）合同条款及格式。

5）发包人要求。

6）投标文件格式。

7）投标人须知前附表规定的其他资料。

招标人对已发出的招标文件进行必要的澄清或者修改时，应当在提交投标文件截止日期 15 天前，以投标人须知前附表规定的形式通知所有购买招标文件的投标人。澄清发出的时间或修改招标文件的时间距投标截止时间不足 15 天的，并且澄清或修改内容可能影响投标文件编制的，应相应延长投标截止时间。

（2）发包人要求。由招标人根据行业标准设计招标文件（如有）、招标项目具体特点和实际需要编制，并与"投标人须知""通用合同条款""专用合同条款"相衔接。

发包人要求应尽可能清晰准确，对于可以进行定量评估的工作，发包人要求不仅应明确规定其功能、用途、质量、环境、安全，并且要规定偏差的范围和计算方法，以及检验、试验、试运行的具体要求。对于设计人负责提供的有关服务，在发包人要求中应一并明确规定。发包人要求通常包括但不限于以下内容：

1）设计要求。招标人应当根据项目情况明确相应的设计要求，一般应包括项目概况、设计范围及内容、设计依据、项目使用功能的要求、设计人员要求等。

2）适用规范标准。其包括国家、行业、项目所在地规范名录、标准名录和规程名录。

3）成果文件要求。其包括成果文件的组成（设计说明、图纸等）；成果文件的深度；成果文件的格式要求、份数要求和载体要求；以及成果文件的展板、模型、沙盘、动画要求等。

4）发包人财产清单。其包括发包人提供的设备、设施和资料，以及发包人财产使用要求及退还要求。

5）发包人提供的便利条件。其包括发包人提供的生活条件、交通条件、网络和通信条件，以及发包人提供的协助人员等。

6）设计人需要自备的工作条件。其包括设计人自备的工作手册、办公设备、交通工具、现场办公设施和安全设施等。

7）发包人的其他要求。对于工程勘察招标，发包人要求相应应包括勘察要求，具体包括项目概况、勘察范围及内容、勘察依据、基础资料、勘察人员和设备要求等。

3. 投标人资格审查

招标方式不同，招标人对投标人资格审查的方式也不同。如采用公开招标，一般会采取资格预审的方式，由投标人递交资格预审文件，招标人通过综合对比分析各投标人的资质、能力、信誉等，确定候选人参加勘察设计的招标工作。如采用邀请招标，则会简化以上程序，由投标人将资质状况等信息反映在投标文件中，与投标书共同接受招标人的评判。但无论是对投标人的资格预审，还是资格后审，审查内容是基本相同的，一般包括对投标人资质的审查、能力的审查、业绩的审查 3 个方面，具体审查资质、财务、业绩、信誉、项目负责人和其他主要人员、勘察设备等是否满足要求。

（1）资质审查。资质审查主要是检查投标人的资质等级和其可承接项目的范围，检查申请投标单位所持有的勘察设计资质证书等级是否与拟建工程项目的级别一致，不允许无资质证书或低资质单位越级承接工程勘察、设计任务。

（2）能力审查。能力审查包括对投标人的技术力量和所拥有的技术设备两方面的审查。投标人的技术力量，主要考查项目负责人和其他主要人员是否满足完成工程勘察设计任务的需要。设备能力主要审查开展正常勘察或设计任务所需的器材和设备在种类、数量方面是否满足要求。

（3）业绩审查。通过审查投标人报送的最近几年完成的工程勘察设计项目一览表，包括工程名称、规模、标准、结构形式、勘察设计服务期限等内容，评定其勘察设计能力和水平。重点考察已完成的勘察设计项目与招标工程在规模、性质、形式上是否相适应，即判断投标人有无此类工程的经验。

招标人对其他关注的问题，也可以要求投标人报送有关材料，作为资格审查的内容。招标文件规定接受联合体投标的，联合体应符合招标文件的要求和有关规定。

6.1.3　工程勘察设计投标

1. 投标文件的组成

投标人应当按照招标文件或者投标邀请书的要求编制投标文件，并在规定的时间内送达。投标文件应包括下列内容：

（1）投标函及投标函附录。

（2）法定代表人身份证明或授权委托书。

（3）联合体协议书（如有）。

（4）投标保证金（如有）。

（5）勘察或设计费用清单。

（6）资格审查资料。

（7）勘察纲要或设计方案。

（8）投标人须知前附表规定的其他资料。

投标人在评标过程中作出的符合法律法规和招标文件规定的澄清确认，构成投标文件的组成部分。

2. 资格审查资料

对已进行资格预审的，投标人在递交投标文件前，发生可能影响其投标资格的新情况的，应更新或补充其在申请资格预审时提供的资料，以证实其各项资格条件仍能继续满足资格预审文件的要求，且没有实质性降低；对未进行资格预审的，投标人应按相关规定提供资格审查资料，以证明其满足招标人规定的资质、财务、业绩、信誉等要求。

3. 投标报价

工程勘察设计项目投标报价应包括国家规定的增值税税金，除招标文件另有规定外，增值税税金按一般计税方法计算。投标人应按招标文件规定的"投标文件格式"的要求在投标函中进行报价，并填写勘察或设计费用清单。

投标人应充分了解招标项目的总体情况及影响投标报价的其他要素。投标人在投标截止日期前修改投标函中的投标报价总额，应同时修改投标文件"勘察或设计费用清单"中的相应报价。招标人设有最高投标限价的，投标人的投标报价不得超过最高投标限价，最高投标限价通常在投标人须知前附表中载明。

投标人应当根据自身的技术与管理水平、市场行情、项目竞争状况等因素，按招标文件的规定，自主确定投标文件中的勘察设计收费报价。同时，不得违反相关技术标准的规定或招标文件的要求，通过降低服务质量、减少服务内容等手段进行恶性竞争，扰乱正常市场秩序。

6.1.4　工程勘察设计评标与决标

工程项目开标后即可进入评标、决标阶段，从众多投标人中择优选出中标单位后，招标人即与其签订合同。评标由招标人依法组建的评标委员会负责，评标委员会由招标人或其委托的招标代理机构熟悉相关业务的代表，以及有关技术、经济等方面的专家组成。评标委员会成员人数以及技术、经济等方面专家的确定方式通常在招标文件中载明。评标委员会按照招标文件"评标办法"规定的方法、评审因素、标准和程序对投标文件进行评审。"评标办法"没有规定的方法、评审因素和标准，不作为评标依据。

勘察设计评标一般采用综合评估法。各评审因素的评审标准、分值和权重等由招标人自主确定。国务院有关部门对各评审因素的评审标准、分值和权重等有规定的，从其规定。招标文件的"评标办法"部分应列明全部评审因素和评审标准，并标明投标人不满足要求即否决其投标的全部条款。评标委员会对满足招标文件实质性要求的投标文件，按照招标文件规定的评分标准进行打分，并按得分由高到低顺序推荐中标候选人，或根据招标人授权直接确定中标人，但投标报价低于其成本的除外。综合评分相等时，以投标报价低的优先；投标报价也相等的，以勘察纲要或设计方案得分高的优先；如果勘察纲要或设计方案得分也相等，按照招标文件中"评标办法"的规定确定中标候选人顺序。

采用综合评估法进行勘察设计评标时，主要分为初步评审和详细评审两个阶段。

（1）初步评审。具体包括：

1）形式评审，主要评审因素包括投标人名称、投标文件格式、联合体投标人等。

2）资格评审，主要评审因素包括资质要求、财务要求、业绩要求、信誉要求、项目负责人、勘察设备等。

3）响应性评审，主要评审因素包括投标报价、投标内容、勘察或设计服务期限、质量标准、投标有效期、投标保证金、权利义务、勘察纲要或设计方案等。

上述有一项不符合评审标准的，评标委员会应当否决其投标。

（2）详细评审。具体包括：

1）资信业绩评分，主要评分因素包括信誉、类似项目业绩、项目负责人资历和业绩、其他主要人员资历和业绩等。

2）勘察纲要/设计方案评分，主要评分因素包括勘察/设计范围与内容、勘察/设计依据和工作目标、勘察/设计机构设置和岗位职责、勘察/设计说明与方案、勘察/设计质量和进度及保密等保证措施、勘察/设计安全保证措施、勘察/设计工作重点难点分析、合理化建议。

3）投标报价评分，可按一定公式计算投标报价的偏差率，进而评分。

4）其他因素。在详细评审阶段，招标人可根据项目具体情况，在合理的评分值范围内自行确定各评审因素所占的评分满分值；对于技术特别复杂或者地质、地形条件特别复杂的工程项目，评分应以技术文件为主；其他项目评分应以商务文件为主。评标委员会发现投标人的报价明显低于其他投标报价，使得其投标报价可能低于其个别成本的，应当要求该投标人作出书面说明并提供相应的证明材料。投标人不能合理说明或者不能提供相应证明材料的，评标委员会应当认定该投标人以低于成本报价竞标，并否决其投标。

评标完成后，评标委员会应按招标文件规定，向招标人提交书面评标报告和中标候选人名单。招标人根据评标委员会提出的书面评标报告和推荐的合格中标候选人确定中标人。招标人也可以授权评标委员会直接确定中标人。

招标人应在接到评标委员会的书面评标报告之日起 3 天内公示中标候选人，公示期不少于 3 天。招标人和中标人应当在投标有效期内，并在自中标通知书发出之日起 30 天内，按照招标文件和投标文件订立书面合同。

6.1.5　工程勘察设计招标与施工招标的比较

勘察设计招标与施工招标相比，具有自身独特之处。招标人通过勘察设计招标，选定中标人，由其将建设单位对建设项目的设想转变为可实施的蓝图，而施工招标选定的承包人则是根据设计的具体要求，去完成规定的施工任务。因此，勘察设计招标文件对投标人提出的要求通常不是很具体，只是简要介绍招标项目的实施条件、应达到的技术经济指标、总投资限额和进度要求等。投标人根据相应的规定和要求分别报出招标项目的勘察/设计构思方案、实施计划和工程概算；招标人通过开标、评标等程序确定中标人，然后由中标人根据预定方案去实现。勘察设计招标与施工招标的主要区别表现在下列几方面：

（1）招标文件的内容不同。勘察设计招标文件中仅提出勘察/设计依据、招标项目应达到的技术经济指标、项目限定的工作范围、项目所在地的基本资料、要求完成的时间等内容，没有具体的工作量指标。

（2）对投标报价编制的要求不同。投标人的投标报价不是按具体的工程量清单填报单价后算出总价，而是首先提出勘察/设计构思、初步方案，阐述该方案的优点和实施计划，然后在此基础上编制投标报价。

（3）开标方式不同。开标时不是由招标人按各投标书的报价高低去排定标价次序，而是由各投标人自己说明其勘察纲要或设计方案的基本构思、意图及其他实质性内容，并不排定标价顺序。

（4）评标原则不同。勘察设计招标评标时更多关注勘察纲要或设计方案的先进性、合理性，所达到的技术经济指标，对工程项目投资效益的影响，而不过分追求投标人报价高低。

6.2　工程监理/咨询招标与投标

6.2.1　工程监理/咨询招标投标范围、方式与程序

1. 什么是工程监理/咨询招标投标

工程监理（Construction Supervision），是指具有相应资质的工程监理人受工程项目法人/建设单位委托，依据国家有关工程建设的法律法规，经建设主管部门批准的工程项目建设文件、建设工程监理合同及其他建设工程合同，对工程建设实施的专业化监督管理。现有工程实践中，工程监理主要指施工监理，即在施工阶段对建设工程的质量、进度、造价进行控制，对合同、信息进行管理，对工程建设相关方的关系进行协调，并履行建设工程安全生产管理法定职责的服务活动。

工程咨询（Construction Consultation），在我国目前即为全过程工程咨询，指具有相应资质的工程咨询机构或其联合体受工程建设单位/项目法人委托，依据国家有关工程建设的法律法规，经建设主管部门批准的工程项目建设文件、工程咨询合同及其他建设工

合同，为建设单位提供投资策划、招标代理、勘察、设计、监理、造价、项目管理等整体或部分内容组合的服务。

工程监理招标投标是指招标投标客体为工程监理服务，选择工程监理人的这类招标投标。工程监理企业通过投标方式获得监理任务，以保证企业的生存和发展。通过招标方式选择工程监理人，一方面，通过竞争可以筛选出性价比较好的工程监理服务方；另一方面，通过招标方式签订工程监理合同，明确规定工程监理合同双方的责任、权利和义务。

工程咨询招标投标与工程监理招标投标性质类似，标的一般不同。政府相关部门或行业协会还没有出台相关参考文本，因而暂可参考工程监理招标投标的一些做法，下面也不进行详细讨论。

项目法人可以自行组织监理招标，也可以委托具有相应资质的招标代理机构组织招标。必须进行监理招标的项目，招标人自行办理招标事宜的，应向招标投标管理机构备案。

参加投标的监理企业应当是取得监理资质证书、具有法人资格的监理公司、监理事务所或兼承监理业务的工程设计、科学研究及工程建设咨询的单位，同时必须具有与招标工程规模相适应的资质等级。

2. 工程监理范围

根据有关规定，下列建设工程建设必须实施监理：

（1）国家重点建设工程。其是指依据《国家重点建设项目管理办法》所确定的对国民经济和社会发展有重大影响的骨干项目。

（2）大中型公用事业工程。其是指项目总投资额在 3000 万元以上的下列工程项目：供水、供电、供气、供热等市政工程项目；科技、教育、文化等项目；体育、旅游、商业等项目；卫生、社会福利等项目；其他公用事业项目。

（3）成片开发建设的住宅小区工程。建筑面积在 5 万 m² 以上的住宅建设工程必须实行监理；建筑面积 5 万 m² 以下的住宅建设工程，可以实行监理，具体范围和规模标准由省、自治区、直辖市人民政府建设行政主管部门规定。为了保证住宅质量，对高层住宅及地基、结构复杂的多层住宅应当实行监理。

（4）利用外国政府或者国际组织贷款、援助资金的工程。使用世界银行、亚洲开发银行等国际组织贷款资金的项目，或使用国外政府及其机构贷款资金的项目，或使用国际组织或者国外政府援助资金的项目。

（5）国家规定必须实行建设监理的其他工程。其中部分工程因为工程规模、工程性质、投资额、投资方等不同，必须采用招标方式选择建设监理单位。项目总投资额在 3000 万元以上关系社会公共利益、公众安全的基础设施项目和学校、影剧院、体育场馆项目。

3. 工程监理招标方式与程序

与工程施工招标一样，工程监理招标的方式通常也分为公开招标和邀请招标两种。招标人采用公开招标方式的，应在国家或地方指定的报刊、信息网络及有形建筑市场发布招标公告。招标人采用邀请招标方式的，应当向 3 个以上具备资质条件的特定监理单位发出投标邀请书。招标公告或投标邀请书应当载明招标人的名称和地址、招标项目的性质和数量、实施地点和时间以及获取招标文件的办法等事项。

工程监理招标投标的基本程序与工程施工招标程序大体相似。在整个招标投标过程中，各地鼓励工程监理招标文件编制和发放、投标文件编制和递交、评标和评标报告编制等工作采用电子化方式。

6.2.2　工程监理招标

1. 工程监理招标条件

工程监理招标通常应具备下列条件：

（1）按国家、地方有关规定已办理各项项目审批手续。

（2）工程资金或资金来源已落实。

（3）有满足工程监理需要的技术资料。

（4）法律、法规和规章规定的其他条件。

2. 工程监理招标文件及其编制

工程监理招标实际上是征询投标人实施监理工作的方案建议。为了指导投标人正确编制投标书，招标文件通常应包括以下几方面，并提供必要的资料：

（1）招标公告（或投标邀请书）。

（2）投标人须知（包括工程名称、地址、建设规模、投资额、性质、建设单位、招标范围、合格投标人的资格条件、工程资金来源和落实情况、标段划分、工期要求、质量要求、监理服务期质量要求、缺陷责任期监理服务要求、现场踏勘和答疑安排，投标文件编制、提交、修改、撤回的要求，投标报价上、下限值或合理价，投标保证金，投标有效期，开标时间、地点等）。

（3）评标办法。

（4）合同条款及格式。

（5）委托人要求，由招标人根据行业标准监理招标文件（如有）、招标项目具体特点和实际需要编制，并与"投标人须知""通用合同条款""专用合同条款"相衔接。

（6）投标文件格式。

（7）投标人须知前附表规定的其他资料。

招标人应当在招标文件中规定实质性要求和条件，同时明确依法招标、监理费用依规支付、支持监理工作等内容。

相关法律法规通常鼓励招标人使用国家或地方制定的工程监理招标文件示范文本。

3. 工程监理人资格审查

建设单位根据项目的特点确定了委托监理工作范围后，即应开始选择合格的监理人。监理人受建设单位委托进行工程建设的监理工作，用自己的知识和技能为建设单位提供技术咨询和服务工作，与设计、施工、加工制造等承包经营活动有本质的区别，因此，衡量监理人能力的标准应该是技术第一，其他因素从属于技术标准。

招标人应根据招标项目的特点和要求，对工程监理投标人进行资格审查，以确定工程监理投标人在资质、财务、业绩、信誉、总监理工程师资格和其他主要监理人员、试验检测仪器设备等方面是否符合要求，可采用资格预审的方式，也可采用资格后审的方式。对于资格预审，在接到投标邀请书或得到招标人公开招标的信息之后，监理投标企业应主动与招标人联系，获得资格预审文件，并按照招标人的要求提供参加资格预审的资料。资格预审文件的内容应与招标人资格预审的内容相符，一般包括：

（1）企业营业执照和组织机构代码证，资质等级证书和其他有效证明。

（2）近年财务状况。

（3）拟投入的主要试验检测仪器设备。

（4）近年主要工程监理业绩等。

资格预审文件制作完毕之后，按规定的时间递交给招标人，接受招标人的资格预审。

工程实践中，资格预审方法通常包括合格制和有限数量制（评审制）两种。一般情况下，应当采用合格制，凡符合资格预审文件规定资格审查标准的申请人均通过资格预审，即取得相应投标资格。当潜在投标人过多时，可采用有限数量制。此时，招标人在资格预审文件中应规定资格审查标准和程序，明确通过资格预审的申请人数量，并应明确最后一名得分相同时的处理办法。

招标人对投标申请人进行资格后审的，投标人应当依照招标公告中载明的时间、地点和方法获取招标文件。

招标文件中规定接受联合体投标的，资格审查所需的表格和资料应包括联合体各方相关情况等。

4. 工程监理服务费

国家发展改革委、建设部于 2007 年印发了《建设工程监理与相关服务收费管理规定》（发改价格〔2007〕670 号），规定建设工程监理与相关服务收费根据建设项目性质不同情况，分别实行政府指导价或市场调节价。依法必须实行监理的建设工程施工阶段的监理收费实行政府指导价；其他建设工程施工阶段的监理收费和其他阶段的监理与相关服务收费实行市场调节价。实行政府指导价的建设工程施工阶段监理收费，其基准价根据《建设工程监理与相关服务收费标准》计算，浮动幅度为上下 20％。实行市场调节价的建设工程监理与相关服务收费，由发包人和监理人协商确定收费额。

2015 年，国家发展改革委颁布《关于进一步放开建设项目专业服务价格的通知》（发改价格〔2015〕299 号），明确在已放开非政府投资及非政府委托的建设项目专业服务价格的基础上，全面放开实行政府指导价管理的工程监理费价格，实行市场调节价。

在招标文件中，招标人可以按照招标项目的监理范围和工作内容，设置最高投标限价。

6.2.3　工程监理投标

工程监理投标是指投标人响应工程监理招标文件，参加投标竞争的活动。投标人应具备相应的监理资质，并在监理大纲（含质量、安全、文明施工、工期、造价等）、总监理工程师资格、现场人员组成、工程监理业绩、检测设备等方面满足招标文件提出的要求。

在通过资格预审（如有）后，监理投标单位应向招标人购买招标文件，根据招标文件的要求和自身情况编制投标文件。投标文件应当包括下列内容：

（1）投标函及投标函附录。

（2）法定代表人身份证明或授权委托书。

（3）联合体协议书。

（4）投标保证金。

（5）监理报酬清单。

（6）资格审查资料。

（7）监理大纲。

（8）投标人须知前附表规定的其他资料。

投标人在评标过程中作出的符合法律法规和招标文件规定的澄清确认，构成投标文件的组成部分。

在工程监理招标投标过程中，投标人的授权委托代理人通常应为拟担任项目总监理工程师的人选。

6.2.4　工程监理评标与决标

1. 评标

工程监理评标是招标人委托评标委员会对监理投标文件评审的过程，通常采用综合评估法。评标委员会对满足招标文件实质性要求的投标文件，按照招标文件规定的评分标准进行打分，并按得分由高到低的顺序推荐中标候选人，或根据招标人授权直接确定中标人，但投标报价低于其成本的除外。综合评分相等时，以投标报价低的优先；投标报价也相等的，以监理大纲得分高的优先；如果监理大纲得分也相等，招标人按照其事先在招标文件中的规定确定中标候选人顺序。

工程监理评标可根据需要分阶段进行，如分为初步评审和详细评审两个阶段，即首先对各投标人的投标文件进行初步评审，然后对通过初步评审的投标文件进行详细评审。初步评审又可分为形式评审、资格评审和响应性评审。依据招标文件规定进行初步评审时，有一项不符合评审标准的，应当否决其投标。对于已进行资格预审的，当投标人资格预审申请文件的内容发生重大变化时，评标委员会依据招标文件规定的标准对其更新资料进行评审。

详细评审时，主要从资信业绩、监理大纲和投标报价等方面展开，涉及的具体评审因素主要包括：

（1）资信业绩方面，包括：履约信誉、财务能力、类似项目业绩、总监理工程师和其他主要人员资历和业绩、拟投入的试验检测仪器设备等。

（2）监理大纲方面，包括：监理范围、监理内容；监理依据、监理工作目标；监理机构设置和岗位职责；监理工作程序、方法和制度；质量、进度、造价、安全、环保监理措施；合同、信息管理方案；监理组织协调内容及措施；监理工作重点、难点分析；合理化建议等。

（3）投标报价方面，可按一定方式计算投标报价的偏差率作为评分基础。

此外，招标人可根据工程内容和特点增加对主要监理人员的现场答辩，并设置一定分值。

评标委员会评标的最终成果是评标报告，其中包括推荐中标候选人名单。这与工程施工评标类似。

2. 决标与签订合同

招标人在评标委员会推荐的中标候选人中确定中标人或授权评标委员会直接确定中标人。此后，招标人应当向中标人发出中标通知书，同时将中标结果通知所有未中标的投标人。

招标人和中标人应当在中标通知书发出之日起 30 天内，根据招标文件和中标人的投标文件订立书面合同。中标人无正当理由拒签合同，在签订合同时向招标人提出附加条件，或者不按照招标文件要求提交履约保证金的，招标人有权取消其中标资格，其投标保证金不予退还；给招标人造成的损失超过投标保证金数额的，中标人还应当对超过部分予以赔偿。

招标人发出中标通知书后，在签订合同过程中向中标人提出附加条件的，中标人有权拒绝，或招标人拒签合同的，招标人有义务赔偿中标人的相关损失。

联合体中标的，联合体各方应当共同与招标人签订合同，就中标项目向招标人承担连带责任。

6.3　工程材料、设备采购招标与投标

6.3.1　工程材料和设备采购招标投标范围、方式与程序

1. 什么是工程材料、设备采购招标投标

采购，即选择购买，工程材料和设备采购（Equipment Purchase），是指选择购买的对象是工程材料、设备。

工程材料、设备采购招标投标是指采购招标对象为工程材料、设备，选择相应生产或供应商的这类招标投标。

工程材料、设备采购可分为两类：一是工程材料和通用设备的采购；二是大型设备的采购。前者一般为现货交易；而后者为期货交易，即"先订货、后生产（制造）"。因而采用招标方式进行采购时，两者存在一定的差异。

2. 工程材料、通用设备采购招标范围

符合我国《必须招标的工程项目规定》范围和标准的，必须通过招标选择材料、设备供应单位。任何单位和个人不得将依法必须进行招标的项目化整为零或者以其他任何方式规避招标。

工程建设项目招标人对项目实行总承包招标时，未包括在总承包范围内的材料、通用设备属于依法必须进行招标的项目范围且达到国家规定规模标准的，应当由工程建设项目招标人依法组织招标；以暂估价形式包括在总承包范围内的材料、通用设备属于依法必须进行招标的项目范围且达到国家规定规模标准的，也应当依法组织招标。

工程材料、通用设备采购招标的范围主要包含：

（1）以政府投资为主的公益性、政策性项目需采购的材料、通用设备，应委托有资格的招标机构进行招标。

（2）国家规定必须招标的材料、通用设备，应委托有资格的招标机构进行招标。

（3）竞争性项目等材料、通用设备的采购，其招标范围另有规定。

有下列情况之一的材料、通用设备项目，可以不进行招标：

（1）采购的材料、通用设备只能从唯一的制造商处获得。

（2）采购的材料、通用设备可由需求方自己生产。

（3）采购的活动涉及国家安全和秘密。

（4）法律、法规另有规定的。

3. 工程材料、通用设备采购招标方式与程序

工程材料、通用设备采购招标方式多种多样，招标的方式不同，其工作程序也随之不同，具体可分为国际招标与国内招标、公开招标与邀请招标的不同组合。其中，国际公开招标也称国际无限竞争性招标（International Unlimited Competitive Open Bidding），其基本特点在于业主对其拟采购材料、设备的供货对象，没有民族、国家、地域等方面的限制，只要制造商、供货商能按标书要求，提供满足招标文件要求的材料设备，均可参加投标竞争。经过开标、询价等阶段，评出性价比最佳者中标。此种招标方式要求将招标信息公开发布，便于世界各国有兴趣的潜在投标者及时得到信息。一般要求有相当数量的标的，使中标金额的服务费足以抵消这期间发生的费用支出，招标金额在 200 万美元以上的，多采用这种招标方式。国际邀请招标，也称国际有限竞争性招标（International Limited Competitive Selected Bidding），通常在下面几种情况下采用：该采购的材料、设备制造商在国际上不是很多；对拟采购材料、设备的制造商、供应商的情况比较了解，对其材料、设备性能、供货周期，以及他们在世界上特别在中国的履约能力都比较熟悉，潜在投标者资信可靠；由于项目采购周期很短，时间紧迫，或者由于对外承诺等其他原因，不宜进行公开竞争性招标。

工程材料、通用设备采购招标程序总体上与施工招标的程序类似。对无法精确拟定其技术规格的材料、通用设备，招标人可以采用两阶段招标程序：

第一阶段，招标人可以首先要求潜在投标人提交技术建议，详细阐明材料、通用设备的技术规格、质量和其他特性。招标人可以与投标人就其建议的内容进行协商和讨论，达成一个统一的技术规格后编制招标文件。

第二阶段，招标人应当向第一阶段提交了技术建议的投标人，提供包含统一技术规格的正式招标文件，投标人根据正式招标文件的要求提交包括价格在内的最后投标文件。

6.3.2 工程材料、通用设备采购招标

1. 工程材料、通用设备采购招标应具备的条件

依法必须招标的工程建设项目，应当具备下列条件才能进行工程材料、通用设备采购招标：

（1）招标人已经依法成立。

（2）按照国家有关规定应当履行项目审批、核准或者备案手续的，已经审批、核准或者备案。

（3）有相应资金或者资金来源已经落实。

（4）能够提出工程材料、通用设备的使用与技术要求。

依法必须进行招标的工程建设项目，按国家有关规定需要履行审批、核准手续的，招标人应当在报送的可行性研究报告、资金申请报告或者项目申请报告中将工程材料、通用设备招标范围、招标方式、招标组织形式（自行招标或委托招标）等有关招标内容报项目审批、核准部门审批、核准。项目审批、核准部门应当将审批、核准的招标内容通报有关行政监督部门。

2. 工程材料、通用设备采购招标准备

在正式进入招标工作之前，尚需完成一些准备工作：

（1）作为招标机构，要了解与掌握本建设项目立项的进展情况、项目的目的和要求，

了解国家关于招标投标的具体规定。作为招标代理机构，则应向业主了解工程进展情况，并向项目单位介绍国家招标投标的有关政策，介绍招标的经验和以往取得的效果，介绍招标的工作方法、招标程序和招标周期内时间的安排等。

（2）根据招标的需要，要对项目中涉及的材料、通用设备和服务等一系列的要求，开展信息咨询，收集各方面的有关资料，做好准备工作。这种工作一是要做早，二是要做细。做早，就是招标工作要尽早地介入，一般在项目建议书上报或主管单位审批项目建议书时就要介入。这样在将来编制标书时可以对项目中的各种需要和应坚持的原则问题做到了如指掌、配合紧密，也会取得好的效果。招标机构从这时起，就应指定业务人员专门负责这一项目，人员一经确定，就不得变动，放手让这一专门小组与用户、信息中心多接触、多联系，发挥专门小组人员的积极性。

3. 工程材料、通用设备采购招标的分标

由于工程材料、通用设备的种类繁多，不可能有一个能够完全生产或供应工程所用材料、通用设备的制造商或供货商存在，所以不管是以询价、直接订购的方式，还是以公开招标方式采购工程材料、通用设备，都不可避免地会遇到分标问题。此处主要介绍工程材料、通用设备招标的分标工作内容，工程材料或其他机电设备的询价、直接订购分标可参照开展。

工程材料、通用设备采购分标时，应遵循的原则是：有利于吸引更多的投标者参与投标，以发挥各供货商的特长，降低材料、设备的价格，保证供货时间和质量，同时便于招标工作的管理。工程材料、通用设备采购分标和工程施工招标不同，一般是将一个工程有关的材料、通用设备采购分为若干个标，即将招标内容按工程性质和材料、通用设备性质划分为若干独立的招标文件，而每个标又分为若干个包，每个包又分为若干项。每次报标时，可根据工程材料、设备的性质只发一个合同包或划分为几个合同分别发包，如电气设备包、电梯包等。供货商投标的基本单位是包，在一次招标时其可以投全部的合同包，也可以只投一个或几个包，但不能仅投一个包中的某几项。工程材料、通用设备采购分标时需要考虑的因素主要有：

（1）招标项目的规模。根据工程项目中各材料、设备之间的关系，预计金额的大小等来分标。每一个标若分得太大，则要求技术能力强的供货商来单独投标或由其他组织投标，而中小供货商一般无法参与。由此投标者数量将减少，可能引起投标报价的增加。反之，若标分得太小，可以吸引更多的供货商，但很难引起国外供货商的兴趣。同时，招标评标的工作量将加大。因此，分标时应注意标的大小适中。

（2）工程材料、通用设备性质和质量要求。如果分标时考虑到大部分或全部机电设备由同一厂商制造供货，或按相同行业划分，则可减少招标工作量，吸引更多竞争者。有时考虑到某些技术要求国内完全能达到，可以单列一个标向国内招标，而将国内制造有困难的设备单列一个标向国外招标。

（3）工程进度与供货时间。如果一个工程所需供货时间较长，而在项目实施过程中对各类设备、材料的需要时间不同，则应从资金、运输、仓储等条件来进行分标，以降低成本。

（4）供货地点。如果一个工程地点分散，则所需材料、设备的供货地点也势必分散，因而应考虑外部供货商、当地供货商的供货能力，运输、仓储等条件来进行分标，以利于

保证供应和降低成本。

(5) 市场供应情况。有时一个大型工程需要大量的建筑材料和设备，如果一次采购，势必引起价格上涨，应合理计划、分批采购。

(6) 货款来源。如果买方向一个以上机构贷款，各贷款机构对采购的限制条件可能有不同要求，应考虑这一限制，合理分标，以吸引更多的供货商参加投标。

4. 工程材料、通用设备采购招标文件的编制

在设备采购的招标文件中，必须说明包括工程设计单位提出的设备清单及其品种、规格、牌号、型号，指定的生产厂家及厂址、出厂日期和供货的地点、条件等一系列要求，以便设备供应商投标报价。其中关于进口设备的招标工作，尚须遵守有关的特殊规定。

根据我国《工程建设项目货物招标投标办法》等规定，招标文件一般包括下列内容：

(1) 招标公告（或投标邀请书）。根据需要，可分为适用于电子化招标投标和适用于非电子化招标投标两种情况进行编写。具体内容包括：招标人的名称和地址；招标货物的名称、数量、技术规格、资金来源；交货的地点和时间；获取招标文件或者资格预审文件的地点和时间；对招标文件或者资格预审文件收取的费用；提交资格预审申请书或者投标文件的地点和截止日期；对投标人的资格要求等。

(2) 投标人须知。其分为"投标人须知前附表"和"投标人须知正文"两部分，对整体招标项目概况、招标范围、交货期、交货地点及投标人资格要求等进行编写，同时约定了投标文件组成、投标、开标、评标、合同授予等内容。

(3) 评标办法。其分为"评标办法前附表"和"评标办法正文"两部分，主要对评标方法、评审标准、评标程序进行编写。

(4) 合同条款及格式。其分为通用合同条款、专用合同条款和合同附件格式三部分。通用合同条款内容固定，可供直接引用使用；通用合同条款未尽说明的，可以在专用合同条款中补充。

(5) 供货要求。由招标人根据行业标准材料采购招标文件（如有）、招标项目具体特点和实际需要编制，并与"投标人须知""通用合同条款""专用合同条款"相衔接。

(6) 投标文件格式。明确投标文件所需提供的资料范围和格式。

(7) 投标人须知前附表规定的其他资料。

招标人应当在招标文件中规定实质性要求和条件，说明不满足其中任何一项实质性要求和条件的投标将被拒绝，并用醒目的方式标明；没有标明的要求和条件在评标时不得作为实质性要求和条件。对于非实质性要求和条件，应规定允许偏差的最大范围、最高项数，以及对这些偏差进行调整的方法。

国家对招标货物的技术、标准、质量等有特殊要求的，招标人应当在招标文件中提出相应特殊要求，并将其作为实质性要求和条件。

在工程材料、设备国际招标中，其招标文件的内容相对更为具体全面，包括投标邀请书，投标人须知，材料、设备需求一览表，技术规格，合同条件，合同格式，各类附件共七大部分，这对完善我国工程材料、设备采购招标文件具有一定帮助。

此外，对大型工程设备，其招标投标与工程施工类似。

5. 资格审查

招标人可以根据招标工程材料、通用设备的特点和需要，对潜在投标人进行资格审

查。审查内容同样包括资质、财务、业绩、信誉等方面，投标人为代理经销商的，对投标人的资质要求包含对制造商的资质要求，对投标人的业绩要求包含对投标设备的业绩要求。

资格审查分为资格预审和资格后审。资格预审是指招标人出售招标文件或者发出投标邀请书前对潜在投标人进行的资格审查。资格预审一般适用于潜在投标人众多或者大型、技术复杂的工程材料、设备的公开招标及需要公开选择潜在投标人的邀请招标。资格后审是指在开标后对投标人进行的资格审查。资格后审一般在评标过程中的初步评审开始时进行。

采取资格预审的，招标人应当发布资格预审公告。资格预审文件一般包括资格预审公告、申请人须知、资格要求、其他业绩要求、资格审查标准和方法、资格预审结果的通知方式等内容。同时，招标人应当在资格预审文件中详细规定资格审查的标准和方法。采取资格后审的，招标人应当在招标文件中详细规定资格审查的标准和方法。

招标文件规定接受联合体投标的，联合体应符合招标文件要求和有关规定。

6.3.3　工程材料、通用设备采购投标

投标人应当按照招标文件的要求编制投标文件。投标文件应当对招标文件提出的实质性要求和条件作出回应。一个制造商对同一品牌、同一型号的材料或设备，仅能委托一个代理商参加投标。投标文件一般包括以下内容：

（1）投标函。

（2）法定代表人（单位负责人）身份证明或授权委托书。

（3）联合体协议书。

（4）投标保证金。

（5）商务和技术偏差表。

（6）分项报价表。

（7）资格审查资料。

（8）投标材料质量标准或设备技术性能指标的详细描述。

（9）技术支持资料。

（10）相关服务计划。

（11）投标人须知前附表规定的其他资料。

投标人在评标过程中作出的符合法律法规和招标文件规定的澄清确认，构成投标文件的组成部分。

投标人根据招标文件载明的货物实际情况，拟在中标后将供货合同中的非主要部分进行分包的，应当在投标文件中载明。

投标人应当在招标文件要求提交投标文件的截止时间前，将投标文件密封送达招标文件中规定的地点。招标人收到投标文件后，应当向投标人出具标明签收人和签收时间的凭证，在开标前任何单位和个人不得开启投标文件。

6.3.4　工程材料、通用设备采购评标

工程材料、通用设备评标由招标人依法组建的评标委员会负责。评标委员会由招标人或其委托的招标代理机构中熟悉相关业务的代表，以及有关技术、经济等方面的专家组成。评标委员会成员人数以及技术、经济等方面专家的确定方式在投标人须知前附表中

载明。

工程材料、通用设备评标活动通常可分为 5 个步骤，即：评标准备，初步评审，详细评审，澄清、说明或补正，推荐中标候选人或直接确定中标人及提交评标报告。其中，详细评审阶段可按技术响应评审、其他因素评审、投标报价评审、汇总评分结果的程序开展。

1. 评标主要考虑的因素

工程材料、通用设备评标时应同时考虑商务、技术和报价三方面因素。其中，商务方面的因素包括履约能力、业绩等；技术方面的因素包括性能和质量、相关服务能力等。

（1）投标报价。对投标人的报价，既包括生产制造的出厂价格，还包括他所报的安装、调试、协作等售后服务的价格。

（2）运输费。其包括运费、保险费和其他费用，如对超大件运输时，道路、桥梁加固所需的费用等。

（3）交货期。以招标文件中规定的交货期为标准，如投标书中所提出的交货期早于规定时间，一般不给予评标优惠，因为当施工还不需要时，交货会增加业主的仓储管理费和货物的保养费。如果迟于规定的交货日期，但推迟日期尚属于可以接受的范围之内，则在评标时应考虑这一因素。

（4）材料、设备的性能和质量。其主要比较材料的质量、设备的生产效率和适应能力，还应考虑设备的运营费用，即设备的燃料、原材料消耗、维修费用和所需运行人员费等。如果材料、设备质量或性能超过招标文件要求，使业主得到收益，评标时也应将这一因素予以考虑。

（5）备件价格。对于各类备件，特别是易损备件，考虑在 2 年内取得的途径和价格。

（6）支付要求。合同内规定了购买货物的付款条件，如果标书中投标人提出了付款的优惠条件或其他的支付要求，尽管与招标文件规定偏离，但业主可以接受，也应在评标时加以计算和比较。

（7）相关服务。其包括卖方是否能派遣合格技术人员到施工场地为买方提供服务、可否提供备件、能否进行维修服务，以及安装监督、调试、人员培训等可能性和价格。

（8）其他与招标文件偏离或不符合的因素等。

2. 评标方法

（1）工程材料、通用设备采购的评标方法

工程材料、通用设备采购的评标方法通常包括综合评估法和经评审的最低投标价法。

技术复杂或技术规格、性能、制作工艺要求难以统一的材料、设备，一般采用综合评估法进行评标。评标委员会对满足招标文件实质性要求的投标文件，按照规定的评分标准进行打分，并按得分由高到低顺序推荐中标候选人，或根据招标人授权直接确定中标人，但投标报价低于其成本的除外。综合评分相等时，以投标报价低的优先；投标报价也相等的，以技术得分高的优先；如果技术得分也相等，按照评标办法前附表的规定确定中标候选人顺序。

技术简单或技术规格、性能、制作工艺要求统一的材料、设备，一般采用经评审的最低投标价法进行评标。评标委员会对满足招标文件实质性要求的投标文件，根据招标文件规定的评标价格调整方法进行必要的价格调整，并按照经评审的投标价由低到高的顺序推荐中标候选人，或根据招标人授权直接确定中标人，但投标报价低于其成本的除外。经评审的投标价相等时，投标报价低的优先；投标报价也相等的，按照评标办法前附表中的规定确定中标候选人顺序。

（2）大型设备招标评标方法

对于大型设备招标，其评标与一般材料和通用设备采购招标评标存在一定差异。【案例 6-1】是某大型水利枢纽工程水轮发电机组采购招标时使用的评标方法。

【案例 6-1】某大型水利枢纽工程水轮发电机组采购招标的评标方法

评标委员会对满足招标文件实质性要求的投标文件，按分值构成与评分标准进行打分，并按得分由高到低顺序推荐中标候选人。综合评分相等时，以投标报价低的优先；投标报价得分也相等的，以技术部分分高者优先。

（1）评审标准。其包括初步评审标准和详细评审标准，其中初步评审标准又分为形式评审标准、资格评审标准和响应性评审标准。

1）形式评审标准。其包括：

① 投标人名称：与营业执照一致。

② 投标文件签字盖章：投标文件应用不褪色的材料书写或打印。投标文件正本除封面、封底、目录、分隔页外，其余每一页均应加盖投标人单位公章，并由投标人的法定代表人或其委托代理人签字。委托代理人签字的，投标文件应附法定代表人签署的授权委托书。投标文件应尽量避免涂改、行间插字或删除。如果出现上述情况，修改之处应加盖单位公章或由投标人的法定代表人或其委托代理人签字确认。

③ 投标文件格式：符合招标文件要求。

④ 投标文件密封和标记：投标文件的正本与副本分开包装，加贴封条，并在封套的封口处加盖投标人单位公章；投标文件的封套上除应清楚地标记"正本"或"副本"字样外，还应写明所投标段名称和合同编号、招标人的名称和地址、投标人的名称和地址，并加盖单位公章，以及"在投标截止时间之前不得拆封"的声明。

⑤ 投标文件的正本、副本数量：通常正本一份，副本多份，有时还要求提交电子版本。正本和副本的封面上应清楚地标记"正本"或"副本"的字样。当副本和正本不一致时，以正本为准。

⑥ 投标文件的印刷与装订：投标文件的正本与副本应采用 A4 纸印刷（图表页可例外），分别装订成册，编制目录和页码，并不得采用活页装订。资格审查资料符合招标文件要求。

⑦ 报价唯一：只能有一个报价。

2）资格评审标准。其包括：

① 营业执照：具备有效的营业执照。

② 资质要求：通常包括，投标人具有国内独立法人资格；持有国家质量监督检验检疫总局颁发的全国工业产品生产许可证；通过 ISO9001 系列质量体系认证；具有相应设备的生产许可证。

③ 财务要求：包括投标人企业注册资本金和近几年年平均流动资金的要求。

④ 业绩要求：如近几年内成功生产过相关设备制造项目，并已投入使用且运行正常。

⑤ 信誉要求：由投标人出具加盖法人印章和法定代表人签字或盖章的承诺书，以证

明投标人没有正在被设区市级及以上行政或纪检、监察等主管部门责令停业、取消投标资格；财产没有被司法部门或行政执法部门接管、冻结和处于破产状态；已执行或正在执行的合同不存在欺诈行为、业绩没有虚报；投标文件内容真实、无弄虚作假。

3）响应性评审标准。其包括：

① 投标内容：包括设备制造、出厂前的试验及验收、运输交货和技术文件的提供、工地现场安装与调试的技术指导和监督、现场试运行和验收以及有关技术服务等。

② 交货时间：符合合同规定要求。

③ 质量要求：符合合同条款、设计图纸和技术条款要求。

④ 投标有效期：通常为自投标截止日起 90 天。

⑤ 投标保证金。

⑥ 权利义务：符合招标文件中"合同条款及格式"规定。

⑦ 设备清单报价表：符合"投标报价表"给出的范围及数量。

⑧ 技术标准和要求：符合"技术文件"规定。

⑨ 偏离：不允许重大偏离。

详细评审分值构成。

详细评审主要对投标文件中的投标报价、工程技术和商务经济三部分进行综合评分（百分制），即按百分制分别给投标报价部分、工程技术部分和商务经济部分分配分值。

为便于对投标报价进行打分，通常按某种方法计算出一个评标基准价。根据投标人的实际报价与评标基准价之间的关系，按具体确定的评分标准评定该投标人在报价方面的得分。

3. 评标程序

（1）初步评审

1）在初步评审中有一项不符合评审标准的，评标委员会应当否决其投标。

2）投标人有以下情形之一的，评标委员会应当否决其投标：

① 投标文件没有对招标文件的实质性要求和条件作出响应，或者对招标文件的偏差超出招标文件规定的偏差范围或最高项数；

② 有串通投标、弄虚作假、行贿等违法行为。

3）投标报价有算术错误及其他错误的，评标委员会按以下原则要求投标人对投标报价进行修正，并要求投标人书面澄清确认。投标人拒不澄清确认的，评标委员会应当否决其投标。

① 投标文件中的大写金额与小写金额不一致的，以大写金额为准。

② 总价金额与单价金额不一致的，以单价金额为准，但单价金额小数点有明显错误的除外。

③ 投标报价为各分项报价金额之和，投标报价与分项报价的合价不一致的，应以各分项合价累计数为准，修正投标报价。

④ 如果分项报价中存在缺漏项，则视为缺漏项价格已包含在其他分项报价之中。

（2）详细评审

采用综合评估法时，评标委员会按规定的量化因素和分值进行打分，并计算出综合评估得分。采用经评审的最低投标价法时，按招标文件规定的评标价格调整方法进行必要的价格调整，并编制"标价比较表"。

评标委员会发现投标人的报价明显低于其他投标报价，使得其投标报价可能低于其成本的，应当要求该投标人作出书面说明并提供相应的证明材料。投标人不能合理说明或者不能提供相应证明材料的，由评标委员会认定该投标人以低于成本报价竞标，并否决其投标。

（3）投标文件的澄清和补正

1）在评标过程中，评标委员会可以书面形式要求投标人对投标文件中不明确、对同类问题表述不一致或者有明显文字和计算错误的内容作必要的澄清、说明或补正。澄清、说明或补正应以书面方式进行。评标委员会不接受投标人主动提出的澄清、说明或补正。

2）澄清、说明或补正不得超出投标文件的范围且不得改变投标文件的实质性内容，并构成投标文件的组成部分。

3）评标委员会对投标人提交的澄清、说明或补正有疑问的，可以要求投标人进一步澄清、说明或补正，直至满足评标委员会的要求。

（4）评标结果

1）评标委员会按照得分由高到低的顺序推荐中标候选人，并标明顺序。

2）评标委员会完成评标后，应当向招标人提交书面评标报告和中标候选人名单。

6.4 工程总承包项目招标与投标

自 2003 年以来，我国积极推行工程总承包模式，由此，工程总承包项目招标投标也日益普及。

6.4.1 工程总承包招标投标及其程序

1. 什么是工程总承包招标投标

工程总承包，即设计施工总承包，是将工程设计与施工任务整合在一起作为一个整体进行发包的工程项目组织实施方式。

2014 年 7 月，在住房和城乡建设部颁发的《关于推进建筑业发展和改革的若干意见》中，积极倡导工程建设项目采用工程总承包，鼓励有实力的工程设计和施工企业开展工程总承包业务。2016 年 5 月，住房和城乡建设部颁发了《关于进一步推进工程总承包发展的若干意见》（建市〔2016〕93 号）并指出，建设单位在选择建设项目组织实施方式时，应当本着质量可靠、效率优先的原则，优先采用工程总承包模式。政府投资项目和装配式建筑应当积极采用工程总承包模式。建设单位可以依法采用招标或者直接发包的方式选择工程总承包企业。工程总承包评标可以采用综合评估法，评审的主要因素包括工程总承包报价、项目管理组织方案、设计方案、设备采购方案、施工计划、工程业绩等。工程总承包项目可以采用总价合同或者成本加酬金合同，合同价格应当在充分竞争的基础上合理确定。在上述文件的基础上，一些省份也开始编制地方性的工程总承包招标投标法规。

工程总承包招标投标是指招标对象为工程设计与施工，选择设计施工总承包人的这类招标投标。

2. 工程总承包招标投标程序

工程总承包招标投标程序总体上也与工程施工招标投标程序类似。只是在评标环节，有时具体评标方法不同，使得招标投标的局部程序有些差异。在工程总承包招标中，除了通常的单阶段评标，也常采用双阶段评标方法，即招标人先邀请一些总承包商提交技术标，并对技术标加以评审，然后招标人从其中选择设计方案最适合的几家投标单位再递交商务标，这种两阶段的评标方法使整个工程总承包招标投标程序与施工招标程序相比略复杂些。有关两阶段评标的详细做法将在下文评标方法中加以介绍。

6.4.2　工程总承包招标

1. 工程总承包招标应具备的条件

采用工程总承包方式招标的项目，通常应具备下列条件：

（1）按照国家有关规定，已完成项目审批、核准或者备案手续。

（2）建设资金来源已经落实。

（3）有招标所需的基础资料。

（4）满足法律、法规及其他相关规定。

2. 工程总承包招标工作内容

业主作为招标人，是整个招标投标活动的发起者和组织者，在招标投标活动中起主导作用。业主方的招标工作一般包括下列内容：

（1）成立招标工作小组，编制招标方案。业主方的招标工作小组的人员数量应根据项目规模及特点确定，一般3～5人。招标方案的内容包括：拟采用的招标方式（公开招标还是邀请招标）；是否委托招标代理及招标代理的选择；招标进度计划；招标所需资源的配置计划等。

（2）自行或委托咨询单位编制资格预审文件。资格预审文件的内容包括：邀请函、资格预审程序、项目信息（地点、规模、资金来源等信息）、资格预审申请表等。资格预审表中应着重考查投标人的下列信息：公司概况、拟派驻项目组织结构；本地区类似项目经验；资源设备配置情况、财务情况等。如是联合体投标，则应分别审查联合体各成员情况及联合体协议书。

（3）对投标单位进行资格预审。资格预审是招标投标活动中较重要的环节，无论采用哪一种招标方式，业主都需要对投标单位进行资格预审，以加深对投标单位技术能力、管理能力、财务能力及组织结构等情况的了解，淘汰不符合招标基本条件或对本项目招标缺乏足够兴趣的投标人，限制投标单位数量，保证投标文件的质量，选择合适的承包商，降低业主风险。业主应通过报纸、杂志等渠道对外发布招标公告或向特定单位发布资格预审邀请，其内容包括申请资格预审须知、资格预审的最低要求、提交资格预审材料的时间等信息。

（4）确定投标人名单，发售招标文件，组织投标单位现场踏勘及招标文件答疑。通过对潜在投标人的资格预审，编制投标人短名单，单位数量根据项目规模而定，一般为5～8家，以保证足够的竞争性。经资格预审后，招标人应向短名单中的潜在投标人发出资格预审合格通知书，告知获取招标文件的时间、地点和方法。招标人根据招标项目的具体情况，可以组织潜在投标人进行现场踏勘。招标人对已发出的招标文件进行澄清或者修改的，该澄清或者修改的内容为招标文件的组成部分，对于潜在投标人在阅读招标文件和现场踏勘中提出的疑问，招标人可以书面形式或召开投标预备会的方式解答，但须同时将解答以书面形式通知所有购买招标文件的潜在投标人，该解答的内容为招标文件的组成部分。

(5) 开标及审查投标文件，组织专家委员会评标。我国《招标投标法》中对开标有详细规定，这里不再赘述。工程总承包基本上可以分为单阶段评标、两阶段评标和关键要素评标三种方法。具体采用哪一种方法要根据项目实际情况而定。

(6) 与多家单位进行技术磋商和多轮合同谈判。由于工程总承包采用的是设计、采购、施工一体化招标，在没有详细设计文件的情况下，投标人只能根据招标文件中的功能描述书编制设计和施工技术文件，因此投标方案很可能是多个不同的方案，对应多个不同的投标报价，投标方案的可比性不强，招标人要针对每一个方案与投标人进行技术磋商、合同谈判，以保证选择到满足招标人建设意图的可行的技术方案。

(7) 确定中标单位，签订工程总承包合同。

3. 工程总承包招标文件编制

工程总承包项目招标文件的编制应按照国家相关规定执行，具体可参照《标准设计施工总承包招标文件》（2012 年版）编制。其分为三卷共七章。

(1) 招标公告或投标邀请书。招标人发布招标公告或发出投标邀请书后，将实际发布的招标公告或实际发出的投标邀请书编入出售的招标文件中，作为投标邀请。与建设项目施工招标的有关规定类似，当总承包招标未进行资格预审时，招标文件内容应包括招标公告。当进行资格预审时，招标文件中应包括投标邀请书，此邀请书可代替设计施工总承包资格预审通过通知书。

(2) 投标人须知。除投标人须知前附表外，投标人须知由总则、招标文件、投标文件、投标、开标、评标、合同授予、纪律和监督、电子招标投标等内容组成。

(3) 评标办法。一般分经评审的最低投标价法和综合评估法两种。招标人采用综合评估法时，各评审因素的评审标准、分值和权重等由招标人自主确定。

(4) 合同条款及格式。其包括通用合同条款、专用合同条款及各合同附件的格式。

(5) 发包人要求。由招标人根据行业标准设计施工总承包招标文件（如有）、招标项目具体特点和实际需要编制，并与"投标人须知""通用合同条款""专用合同条款"相衔接。发包人要求应尽可能清晰准确，对于可以进行定量评估的工作，发包人要求不仅应明确规定其产能、功能、用途、质量、环境、安全，并且要规定偏离的范围和计算方法，以及检验、试验、试运行的具体要求。对于承包人负责提供的有关设备和服务，对发包人人员进行培训和提供一些消耗品等，在发包人要求中应一并明确规定。

(6) 发包人提供的资料。发包人通常应提供下列资料：施工场地及毗邻区域内的供水、排水、供电、供气、供热、通信、广播电视等地下管线资料、气象和水文观测资料，相邻建筑物和构筑物、地下工程的有关资料，以及其他与建设工程有关的原始资料；定位放线的基准点、基准线和基准标高；发包人取得的有关审批、核准和备案材料，如规划许可证；其他资料。

(7) 投标文件格式。提供投标文件各部分编制所应依据的参考格式。

(8) 投标人须知前附表规定的其他资料。

编制工程总承包招标文件时，通常还应注意如下几方面：

(1) 招标文件中应当提供完备、准确的水文、地勘、地形、工程可行性研究报告及其批复材料等基础资料，以保证投标方案的深度、准确度、针对性以及对工程风险的合理评估。

（2）招标文件中应当明确招标的内容及范围，主要包括：勘察、设计、设备采购，以及施工的内容及范围、功能、质量、安全、工期、验收等量化指标。

（3）招标文件中应当明确招标人和中标人的责任和权利，主要包括：工作范围、风险划分、项目目标、奖惩条款、计量支付条款、变更程序及变更价款的确定条款、价格调整条款、索赔程序及条款、工程保险、不可抗力处理条款等。

（4）招标文件中应当要求投标人在其投标文件中明确再发包和分包内容。

（5）采用 BIM 技术或者装配式技术的，招标文件中应当有明确要求；建设单位对承诺采用 BIM 技术或装配式技术的投标人应当适当设置加分条件。

（6）建设单位应当在招标文件中明确最高投标限价。

6.4.3　工程总承包投标

1. 投标准备

投标文件编制前应认真仔细研究招标文件，做大量细致的调研，以保证投标文件的质量。调研的内容包括：发包方现状、竞争对手状态和建筑市场 3 方面。对发包方现状的调研包括项目的特点、发包方资金来源及落实情况、发包方的工程建设管理经验和信誉、发包方关心的重点等；对竞争对手的调研包括竞争对手的管理水平、专业特长、人员设备情况、财务状况等方面；对建筑市场的调研包括劳动力、机械设备、建筑材料的市场价格及其波动等。

2. 投标文件编制原则

在充分调研的基础上即可编制投标文件。在编制投标文件时，要注意：投标书的内容在达到招标文件基本要求的基础上应力求理清工作界面、明确工作范围；投标书技术文件的编制应紧密结合招标文件，不宜细化和引申，更不应做过多的承诺，如果为中标而做了某些承诺，也应该有条件，以免陷入被动局面。对于不能确定的事项，最好给出单位、数量和单价，一旦实际发生量和投标量有出入，可以有据可循，取得业主的认可与补偿。

3. 投标文件的组成

投标文件应包括下列内容：

（1）投标函及投标函附录。

（2）法定代表人身份证明或附有法定代表人身份证明的授权委托书。

（3）联合体协议书。

（4）投标保证金。

（5）价格清单。其包括价格清单说明和价格清单。

（6）承包人建议书。其包括图纸、工程详细说明、设备方案、分包方案、对发包人要求错误的说明和其他。

（7）承包人实施计划。其包括项目概述、总体实施方案、项目实施要点和项目管理要点。

（8）资格审查资料。其包括投标人基本情况、近年财务状况、近年完成的类似项目情况、正在实施的和新承接的项目情况、近年发生的重大诉讼及仲裁情况、拟投入本项目的主要施工设备、拟配备本项目的试验和检测仪器设备、项目管理机构组成和主要人员简历等。

（9）投标人须知前附表规定的其他资料。

投标人须知前附表规定不接受联合体投标的，或投标人没有组成联合体的，投标文件不包括联合体协议书。投标人如将设计、采购、施工、试运行中的某一项或几项分包给其他满足资质要求的单位时，应符合招标文件的规定，并在投标文件中注明需要分包项目的范围、分包单位的确定方法及相应的分包单位名单等有关内容。

4. 投标报价

投标人应按"投标文件格式"的要求填写价格清单，应充分了解施工场地的位置、周边环境、道路、装卸、保管、安装限制及影响投标报价的其他要素。价格清单列出的任何数量，不视为要求承包人实施的工程的实际或准确的工作量。在价格清单中列出的任何工作量和价格数据应仅限用作合同约定的变更和支付的参考资料，而不能用于其他目的。价格清单应与招标文件中投标人须知、专用合同条款、通用合同条款、发包人要求等一起阅读和理解。投标报价一般由设计费、工程设备费、必备的备品备件费、建筑安装工程费、技术服务费、暂列金额、暂估价和其他费用等组成。

投标人根据投标设计，结合市场情况进行投标报价。招标人设有最高投标限价的，投标人的投标报价不得超过最高投标限价，最高投标限价或其计算方法在投标人须知前附表中载明，如采用下浮率的方式在工程概算基础上下浮一定比例得到最高投标限价（招标控制价）。

6.4.4　工程总承包招标的评标

1. 评标特点

工程总承包招标的评标，除了具有工作量大、方式多样的特点外，还具有一个特点，就是技术标和商务标并重。在 DBB 发包方式中，设计和施工分开招标，在设计招标中业主在评标时往往看重技术方面的内容，而价格处于次要地位；而施工招标则相反，在技术方面符合要求的情况下，主要评比的是投标价格。由于工程总承包是设计和施工一起招标，因此对于工程总承包招标的评标更要兼顾技术和商务两个方面。

2. 评标方法

（1）国际上常见的工程总承包评标方法。由于工程总承包评标要综合考虑技术和商务两方面的内容，技术标又包括设计、施工等多方面的内容，因此评标要考虑的因素很多，方法也有多种，具体方法要根据项目特点和业主偏好而定。国际上，在亚洲银行、欧美相关协会、美国土木工程师协会（ASCE）等组织发布的招标指南中，都有对评标办法的详细论述。综合起来，国际上常见的工程总承包评标方法大致可分为单阶段评标、两阶段评标和关键因素评标三种。

1）单阶段评标。单阶段评标的做法是，在投标时承包商将技术标与商务标同时提交，一般情况下，评标时先评技术标，技术标通过者，则打开其商务标进行综合评定，技术标未通过者，商务标原封不动地退还给投标人。由于单阶段评标方法具有评比结果客观、公正，评审小组可以集中力量进行评审工作，评标时间短，有利于加快项目进度等优点，因而，单阶段评标适用于土建内容较多，技术难度和执行难度较小的项目。

单阶段评标法并不适用于技术要求高、执行难度大的复杂项目，这是因为复杂项目本身在执行中存在许多不确定因素。业主一般只有一些基本目标要求和功能描述，对项目采用的技术方案与标准也不能确定，希望通过招标，利用总承包商的技术力量，让总承包商提供此类标准与技术方案。对于投标人而言，每家承包商都会有自身的优势，在标书中体现的着重点也不同，难以找到能够合理量化的比较标准，因此很难通过打分的方式进行比较。故而，对于技术要求高、执行难度大的总承包项目，往往采用基于定性分析的两阶段评标法。

2）两阶段评标（双阶段评标）。两阶段评标的做法是，发包方邀请某些大型知名总承包商先提交技术标，然后对技术标加以评审、比较。

由于发包方的招标文件对技术方面的要求描述得比较简单，每个投标者对发包方要求的理解及提出的设计方案差异很大，且此类技术标的评审工作会涉及很多技术澄清会，因此需要花费较长的时间。

技术标评审结束后，发包方从其中选择设计方案最适合的几家投标单位，邀请他们再递交商务标，商务标编制的基础和依据是经过调整和补充修改的技术标书。由于总承包商投标此类项目的工作量较大，投标费用也比较高，因此采用两阶段评标时，邀请递交技术标的总承包商数目不宜太多，一般为 3～5 家，否则对优秀的总承包商没有太大的吸引力，导致得到的技术标的质量不高。

两阶段评标较适用于发包人不确定应该采用哪一种技术规范，这种情况往往是市场上刚刚出现了可供选择的新技术。

3）关键因素评标。承前所述，评标要考虑的因素很多，中标结果的确定不仅取决于设计方案和价格，还取决于承包商的综合能力、经验和信誉，取决于工程进度、质量、投资目标的保证措施，因此，在定性评审法中考虑其他因素的影响，对评标结果进行修正，使之更科学、合理，成为总承包评标工作的必然要求。关键因素评标的做法是，将业主方关心的几个关键因素综合起来考虑，建立一套评价指标体系，采用综合评价等方法，将每个关键因素赋予一定的权重，评出综合得分。

在实际评标过程中，往往将关键因素评标法与前两种评标方法结合起来使用，所以关键因素评标应用范围很广。但在实际应用中指标体系的科学性和规范性、系统性和完备性等就十分重要。确定中标人后，招标人应当向中标人发出中标通知书，同时将中标结果通知所有未中标的投标人。

（2）《标准设计施工总承包招标文件》（2012 年版）推荐了综合评估法和经评审的最低投标价法两种评标方法。

1）综合评估法。评标委员会对满足招标文件实质性要求的投标文件，按照招标文件规定的评分标准进行打分，并按得分由高到低顺序推荐中标候选人，或根据招标人授权直接确定中标人，但投标报价低于其成本的除外。综合评分相等时，以投标报价低的优先；投标报价也相等的，由招标人或者经招标人授权的评标委员会自行确定。采用综合评估法的评标程序分为初步评审和详细评审。初步评审包括形式评审、资格评审和响应性评审，其标准在评标办法前附表中确定。详细评审时，分值主要在承包人建议书、资信业绩、承包人实施方案、投标报价和其他因素等方面分配。

2）经评审的最低投标价法。评标委员会对满足招标文件实质性要求的投标文件，根据招标文件规定的量化因素及标准进行价格折算，按照经评审的投标价由低到高的顺序推荐中标候选人，或根据招标人授权直接确定中标人，但投标报价低于其成本的除外。经评审的投标价相等时，投标报价低的优先；投标报价也相等的，由招标人或者招标人授权的评标委员会自行确定。

6.5　国际工程招标与投标

对于利用世界银行（The World Bank）等国际金融机构贷款的工程项目，一般要进行国际招标。随着我国建筑企业"走出去"战略的发展，我国的国际工程承包业务进入快速、稳步发展的新阶段。

6.5.1　国际工程招标投标模式与程序

1. 什么是国际工程招标投标

（1）国际工程（International Project），指工程发包方、承包方（或咨询方）、建设地点中的任意一个不与其他两个在同一个国家的工程项目。一般地，国际工程既包括我国相关企业在国外参与投资、承包、咨询或管理的工程，也包括国外相关企业参与投资、承包、咨询或管理的我国境内的工程。可见，国际工程涉及国内和国外两个市场，以及承包和咨询等多个行业。由于参与方来自不止一个国家，国际工程实际上是一种综合性的国际经济合作方式，是国际技术贸易的一种方式，也是国际劳务合作的一种方式。

国际工程具有合同主体的多国性、货币和支付方式的多样性、国际政治经济影响因素的权重明显增大、规模标准庞杂且差异较大等特点。为规范国际工程的建设和管理过程，通常在国际工程建设中采用 FIDIC 等标准合同文本和通用的采购方式。

（2）国际工程招标投标，指以国际工程为招标对象，选择承包人的这类招标与投标。在西方国家，工程采购市场通常由公共市场与私人市场构成。公共市场的工程采购，主要侧重于基础设施和公共建筑的建设。各国和国际组织通常规定，凡政府部门、国有企业及某些对公共利益影响重大的私人企业进行的工程采购，都必须实行招标。同时，各国和国际组织一般也允许某些特定情况下的工程，如紧急情况下的工程采购，军事工程采购或涉及安全和保密的项目，采购标的金额不大、使用招标不够规模经济的项目等，用招标以外的方式进行采购或承发包。因此，在国际上并不是所有工程都要进行招标，强制实行招标的范围主要是公共工程采购，某些对公共利益有重大影响的私人项目采购也实行强制招标。

各国和国际组织对招标具体限额的规定并不完全一致，但也有一些共同点，如工程项目的招标限额一般要比货物和服务项目的招标限额高得多，对中央政府采购有时要比其他招标采购控制得更严格等。应当指出的是，由于各国经济和贸易的发展状况不平衡，国际上的招标范围是发展变化的。总的趋势是招标范围会逐步扩大，招标标的从过去单一的实物形态项目，越来越多地转向全方位的实物形态和知识形态项目。

此外，国际上聘请代理机构代理工程招标的现象比较普遍。不仅私人采购中通常请代理机构进行代理，以减少因缺乏经验而带来的风险，而且在政府采购中也常请代理机构，特别是在政府部门未设立专门采购机构，不具备采购必需的专门知识和技能，或者采购量大、工程量过于庞大繁杂，或者经济、技术复杂，自行组织招标投标困难的情况下，都要聘请代理机构进行代理。有的国际或地区金融组织（如世界银行、亚洲开发银行等）规定，对其资助项目强制实行由其认可的代理机构代理招标，如果项目单位不按他们的要求聘请代理机构代理招标，就不能获得项目的贷款。

2. 国际工程招标的典型模式

国际工程招标坚持和贯彻公开公正、平等竞争、及时有效的基本原则，以真正充分发挥招标投标制度的优越性和积极作用。透明、公开、择优是这一原则的实质、精髓和生命力之所在。总体而言，国际工程招标具有择优性、平等性、限制性等特点。但因各个国家和地区的工程招标投标制度都是本国、本地区具体实际的产物，因而又各有特点、互有差异。纵观世界各国、各地区工程招标投标制度，已经形成了一些具有代表性的做法。主要有：

（1）世界银行模式。世界银行招标采购文件是国际上最通用的、传统管理模式的文件，被众多国际多边援助机构尤其是国际工业发展组织、许多金融机构及一些国家的政府援助机构视为标准模式。世界银行推行程序公开、机会均等、手续严密、评定公平的做法。

（2）英联邦地区模式。其主要源于英国的做法，实行国际有限招标。在发行招标文件时，通常将已发送文件的承包商数目通知投标人，使其心里有数，避免盲目投标。其主要步骤为：对承包商进行资格预审，以编制一份有资格接受投标邀请书的企业名单；招标部门保留一份常备的经批准的承包商名单；规定预选投标者的数目（一般为 4～8 家）；初步调查，招标单位应对工程进行详细介绍，使可能的投标人能够了解工程的规模和估算造价概算。

（3）法语地区模式。常用方式包括拍卖式招标和询价式招标。拍卖式招标的最大特点是以报价作为判标的唯一标准，其基本原则是自动判标，即在投标人报价低于招标人规定的标底价的条件下，报价最低者得标。法语地区的询价式招标与世界银行所推行的竞争性招标要求做法大体相似，可以是公开询价式招标，也可以在有限范围内进行，即有限询价式招标。

（4）独联体和东欧地区模式。独联体地区国家长期实行高度集中的计划管理体制，加之其建设资金的严重匮乏，其招标做法与其他地区差别甚大。除了极少数国家重点工程或个别有外来资金援助的工程采取国际公开招标或有限招标外，绝大多数工程都是采取谈判招标即议标做法。

3. 国际工程招标方式

（1）国际竞争性招标（International Competitive Bidding）。国际竞争性招标，是指在国际工程招标中，招标人通过多个投标人竞争，选择其中对其最有利的投标人达成交易的方式。国际竞争性招标又可分为国际公开招标和国际邀请招标两类。

（2）两阶段招标（Two-stage Bidding）。关于两阶段招标，《联合国贸易法委员会货物、工程和服务采购示范法》《亚洲开发银行贷款采购准则》都有明确规定。两阶段招标实质上是无限竞争性招标和有限竞争性招标结合起来的招标方式，因此，也可称为两阶段竞争性招标。第一阶段，按公开招标方式进行招标，经过开标和评标之后，再邀请最有资格的数家投标人（一般为 3～4 家）进行第二阶段投标报价，最后确定中标者。

（3）议标，也称谈判招标（Negotiated Bidding），或指定招标，或邀请协商，是一种非竞争性招标。严格来说，这不算是一种招标方式，形成的是一种"谈判合同"。最初，议标的习惯做法是由发包人物色一家承包商直接进行合同谈判。随着承包活动的广泛开展，目前在国际工程实践中，发包人已不再仅仅是同一家承包商议标，而是同时与多家承包商进行谈判，最后无任何约束地将合同授予其中一家，无须优先授予合同给报价最优惠者。

（4）双信封招标（Two-envelope Bidding）。某些类型的机械设备或制造工程的招标，当其技术工艺可能有选择方案时，可以采用双信封投标方式，即投标人同时递交技术建议书和价格建议书，并分装在不同信封。评标时首先开封技术建议书，并审查技术方面是否符合招标的要求，之后再与每一位投标人对其技术建议书进行讨论，以使所有的投标书达到所要求的技术标准。如果由于技术方案的修改致使原有已递交的投标价需进行修改时，将原提交的未开封的价格建议书退还投标人，并要求投标人在规定期间内再次提交其价格建议书，当所有价格建议书都提交后，再一并打开进行评标。亚洲银行允许采用此种方法，但需事先得到批准，并应注意将有关程序在招标文件中写清楚。世界银行不允许采用此种方法。

（5）保留性招标。招标人所在国为了保护本国投标人的利益，将原来适合于无限竞争性招标方式招标的工程留下一部分专门给本国承包商。这种方式适合于资金来源是多渠道的，如世界银行贷款加国内配套投资的项目招标。

（6）地区性公开招标。由于项目的资金来源属于某一地区的组织，例如阿拉伯基金、沙特基金、地区性开发银行贷款等。因此，该项目的招标限制属于该组织的成员国才能参加投标。

（7）排他性招标。在利用政府贷款采购物资或者建设工程项目时，一般都规定必须在借款国和贷款国同时进行招标，只有借贷两国的供应商和承包商才可以参加投标，第三国的供应商和承包商不得参加。这种招标方式称为排他性招标。其招标方式可以采取公开招标或谈判招标等方式进行。

可以看出，上述招标方式中，除国际公开招标外，其他招标方式都属于限制性招标，不过限制的范围有所差异。

4. 国际工程招标投标程序

各国和国际组织规定的招标程序不尽相同，但其主要步骤和环节通常大同小异。目前世界上比较有代表性的为 FIDIC 制定的招标流程图。FIDIC 将完整的工程招标投标流程分为三个子阶段，即推荐的投标者资格预审程序、推荐的招标程序，以及推荐的开标和评标程序。由于我国招标投标制度的制定借鉴了 FIDIC 等组织的主要做法，总体程序差异并不大，故本书不再对国际工程招标投标程序作详细介绍。

6.5.2　国际工程招标

1. 招标文件的编制

招标文件编制必须做到系统、完整、准确、明了，使投标人一目了然。编制招标文件的原则和依据主要包括：遵守法律和法规，遵守国际组织规定，风险的合理分担，反映项目的实际情况，文件内容力求统一。

世界银行针对采用国际竞争性招标和单价合同的工程项目，编制了工程采购的标准招标文件（Standard Bidding Documents for Procurement of Works，SBDW），该范本是世界银行资助的超过 1000 万美元的项目中必须强制使用的范本，在全球范围内具有广泛影响力。我国财政部也依据该范本改编出版了适用于中国境内的世界银行贷款项目工程采购招标文件范本（Model Bidding Documents，MBD）（以下简称"世行范本"）。

依照世行范本编制的招标文件，其主要内容包括如下几方面：

（1）投标邀请书。通常包括如下内容：通知资格预审已合格，准予参加投标；购买招标文件的地址和费用；投标时应按招标文件规定格式和金额递交投标保函；召开标前会议的时间和地点，递交投标书的时间和地点及开标的时间和地点；要求以书面形式确认收到此函，如不参加应通知业主方。投标邀请书不属于合同文件的组成部分。

（2）投标人须知。其包括总则、招标文件、投标书的准备、投标文件的递交、开标与评标、授予合同等内容。

（3）招标资料表（Bidding Data）。由发包方在发售招标文件之前对投标人须知中有关各条进行编写的，为投标人提供具体资料、数据、要求和规定，招标资料表中的内容与投标人须知不一致时，则以招标资料表为准。

（4）标准合同条件。其包括通用合同条件和专用合同条件。全文采用 FIDIC 红皮书的通用条件，不允许做任何修改，需修改处应全部放在专用合同条件中。

（5）技术规范。其包括总体要求（工程总体介绍、施工场地位置、现场通道和承包商仓储区、图纸、放线、现场水电供应等）和技术要求（现场工作、钢筋混凝土工程、砌体工程、金属结构等工作的技术说明）。

（6）投标书格式、投标书附件和投标保函。它们是投标阶段的三个重要文件。投标书附件包括两部分：第一部分是业主填写有关要求和规定的部分；第二部分是业主在招标文件中给出表格，要求投标人在投标时填写，具体包括报价中各种货币的比率表、外汇需求分析表、当地货币及外币部分价格调整项目的权重和各自指数、计划分包的工程内容及拟定的分包商、临时工程用地需求表。

（7）工程量清单（表）。对合同规定要实施的工程的全部内容按工程部位、性质和工序列在一系列表内。一般包括前言、工作项目及其工程量、计日工表、汇总表。

（8）协议书、履约保证及预付款保函的格式。其中，履约保证有银行保函和履约担保两种形式。美洲习惯采用履约担保，欧洲则多用银行保函，世界银行贷款项目允许两种担保形式，亚洲开发银行规定只能用银行保函。

（9）世界银行贷款项目提供货物、土建和服务的合格性。该部分为世界银行贷款项目招标采购中固定的内容，列出了被禁止为世界银行贷款项目提供货物、土建工程服务的国家。同时，对联合国安理会决议禁止支付和进口的国家，世界银行贷款项目的任何款项也不得支付给这些国家的任何个人、实体或从这些国家进口任何货物。

（10）图纸。国际招标项目中的图纸往往比较简单，仅仅相当于初步设计，业主提供的图纸属于参考资料，投标人应根据这些资料作出自己的分析和判断，据此拟定施工方案。

2. 资格审查

在国际上，招标人在正式授标前一般都要对投标人的投标资格进行审查，以便了解投标人的财务能力、技术状况、工程经历等情况，淘汰其中不合格的投标人，避免受骗上当或其他招标风险。

按对投标人进行资格审查的时间，可以把资格审查分为资格预审和资格后审。在资格审查实践中，各国的做法并不完全相同，如有的国家在实行资格预审的同时还规定，在开标后正式选标前再复审一次；有的国家规定，在确定最低标价后还可以对未参加资格预审但报价较低的投标人进行资格后审；有的国家把资格预审与预选结合起来进行；还有许多国家通过政府工程采购单位一览表进行资格审查。所谓政府工程采购单位一览表，即投标企业短名单，它通常囊括了所有质量高、信誉好的公司，而质量低劣或有违法行为的投标人则被排斥在外，只有一览表内的公司才有资格参与政府工程有限竞争投标。

（1）资格预审文件的内容，一般包括：

1）招标项目地理位置的说明。

2）应完成工作的数量和质量的概要说明。

3）关于发送招标文件、寄送投标文件、计划开工和竣工的时间表。

4）关于合同要求事项的一般说明。

5）工程现场情况。

6）资格预审须知，主要说明投标人应提供有关公司概况、公司章程文件的副本和有权代表公司行事的人员姓名、财务状况证明等。

（2）资格预审的程序，主要是：

1）编制资格预审文件。

2）发出资格预审通告。

3）出售资格预审文件。

4）对投标人就资格预审文件提出的问题进行答疑，并通知所有购买资格预审文件的投标人。

5）投标人按规定时间、地点递送填写好的资格预审文件。

6）招标人要求投标人澄清资格预审文件中的问题，但不允许投标人修改资格预审文件中的实质性内容。

7）对资格预审文件进行评审。

8）向参加资格预审的投标人通知评审结果，并向通过资格预审的投标人出售招标文件。

6.5.3　国际工程投标

1. 投标前期准备工作

投标前的准备十分重要，具体工作包括：投标环境（政治、经济、法律、社会等方面的条件和情况）调查；工程项目的跟踪与选择，工程项目情况（主要包括工程的性质、规模、招标范围、技术要求、工期、资金来源等）调查；物色当地代理人；寻求当地合作伙伴；在工程所在国办理注册手续；建立公共关系；参加招标项目的资格预审；组织投标小组；收集情报和分析招标文件。其中一些重要环节说明如下：

（1）收集招标信息和资料。首先是寻找投标目标，获取招标信息的关键在于及时准确。各国政府、国际组织、各国企业进行建设工程招标时，都在影响较大的报刊发布消息，因此从这些媒体上得到信息是寻找投标机会的一种方式。除了招标信息，还应收集与招标有关的其他资料，如招标人情况、招标工程情况及可能参与投标的对手情况等。

（2）投标可行性分析。参加投标往往要耗费大量的人力、物力及时间，而这些代价要由投标人承担，因此，要认真谨慎地研究中标的可能性和将来的风险。对企业承揽项目的能力进行评估，展开市场调研，鉴别投标机会；筛选参加投标的项目；对选择的投标项目相关情况进一步调研；作出投标决定。考虑外部环境，包括工程所在国一般国情（政治、经济、法律、社会等各方面）、工程项目招标范围与施工条件、发包人情况和竞争对手情况；内部情况，包括本公司竞争实力、目前对工程的需求等。

（3）组建投标小组。如果确认参加投标后，就要成立投标小组，要挑选市场经营、工程施工、采购、财务及合同管理等人员组成。其任务是按招标要求确定投标工作安排及分工。

国际工程招标中通行代理制度，外国投标人进入工程所在地投标，一般需要委托工程所在国的代理人开展业务活动。代理人一般是咨询机构，有的是个人独立开业的咨询工程师，也有的是合伙企业或公司。委托代理人应当签订委托代理合同，并授予授权委托书（即代理证书，须经有关方面认证才有效）。委托代理合同的主要内容，一般包括：

1）代理的业务范围和活动地区。

2）代理的权限和有效期限。

3）代理费用（一般为工程标价的 2%～3%，最低时为 1%，最高时为 5%）和支付方法（分期或一次性支付，支付代理费以中标为前提，投标人未中标的不支付代理费）。

4）有关特别酬金的条款（除代理人失职或无正当理由不履行合同外，无论投标人是否中标，都须支付特别酬金）。

在国际工程招标中，外国公司常常需要寻求与工程所在国的公司的合作，合作的主要方式是临时或长期组成联合组织，如合资公司、联合集团或联合体等。这种合作主要基于以下两种情况：一是国际资助机构对当地承包商的优惠，在评标时对借款国公司报价或外国公司与借款公司联合投标报价优惠 7.5%，即借款国公司的报价或与借款国公司联合投标的报价可以比最低报价高 7.5% 而中标；二是世界上多数国家要求外国公司与本国公司合作，有的国家要求成立合作企业并由本国人出任董事甚至董事长等。外国投标人到工程所在地国开展投标活动，需要按当地规定办理注册手续。具体做法主要有两种：一是在投标前注册，经注册后才准许开展业务活动；二是准许先开展投标活动，在中标后再办理注册手续。

2. 工程投标询价

工程投标询价是投标人按招标文件要求的规格，向供货人询问相应材料、人工、机械及服务等方面的价格，了解并确定所需物资的价格。询价工作要注意以下问题：

（1）要认真选择询价对象，至少应货比三家。

（2）要详细明确内容。要注意 FOB（离岸价）、CIF（到岸价）或 EXW（工厂交货价）的运用，详细说明所需的货物质量、性能规格等。如果询价单不明确，则对方发出的报价就可能产生错误，使成本计算不准确。

3. 投标报价

（1）国际工程投标报价程序

国际工程投标报价相比国内工程投标报价要复杂得多。国际工程采用不同的合同类型（包括单价合同、总价合同和成本补偿合同等），计算报价是存在差异的。以具有代表性的单价合同为例，国际工程投标报价的一般过程如下：

1）投标环境调查和工程项目调查。

2）制订投标计划策略。

3）参加标前会议、核算工程量。

4）编制施工方案和进度计划。

5）器材询价、分包询价和施工机械设备询价。

6）确定报价项目直接费和分摊项目的费用。

7）编制报价项目单价表、基础标价。

8）盈亏分析、备选标价。

9）报价决策。

10）标书的编制和递交。

（2）国际工程投标报价的组成

投标价格的确定是整个投标的关键，投标价格的高低不仅直接关系到投标的成败，而且对中标后的盈亏有重要影响。在国际工程中业主方是根据承包商实际完成的工程量付款的，报价单中的单价为综合单价。国际通用的《建筑工程量计算规则》总则中规定：除非另有规定，工程单价中应包括：人工及其有关费用；材料、货物及其有关费用；机械设备的费用；临时工程的费用；开办费、管理费及利润。

总体而言，国际工程投标报价的组成应根据投标项目的内容和招标文件的要求进行划分。为了便于计算工程量清单中各个分项的价格，进而汇总整个工程报价，通常将国际工程投标报价分为人工费、材料费、施工机具使用费、待摊费、开办费、分包工程费、暂定金额。其中，待摊费包括现场管理费、临时设施工程费、保险费和税金等。这些费用是在工程量清单中没有单独列项的费用项目，需将其作为待摊费分摊到工程量清单的各个报价分项中。待摊费具体组成见表 6-1。

国际工程待摊费组成

表 6-1

待摊费	现场管理费	工作人员费
		办公费
		差旅交通费
		文体宣教费
		固定资产使用费
		国外生活设施使用费
		工具用具使用费
		劳动保护费
		检验试验费
		其他费用
	其他待摊费	临时设施工程费
		保险费（工程保险、第三方责任险）
		税金
		保函手续费（投标保函、履约保函、预付款保函、维修保函）
		经营业务费
		贷款利息
		总部管理费
		利润
		风险费用

（3）单价分析和标价汇总的方法

1）工日基价的计算。工日基价是指国内派出的工人和在工程所在国招募的工人，每个工作日的平均工资。一般来说，在分别计算这两类工人的工资单价后，再考虑功效、其他一些有关因素及人数，加权平均即可算出工日基价。

①　对我国出国工人，其工资单价一般按式（6-1）计算。

$$工人日工资单价＝一名工人出国期间的费用／（工作年数×年工作日） \qquad （6-1）$$

工人工资一般由下列费用组成：国内工资及派出工人企业收取的管理费；置装费；差旅费；国外零用费；人身保险费和税金；伙食费；奖金；加班工资；劳保福利费；卧具费；探亲及出国前后调遣工资；预涨工资。对于工期较长的投标工程，还应考虑工资上涨的因素。除上述费用之外，有些国家还需要包括按职工人数征收的费用。

②　对当地雇用工人，其工资单价一般包括以下几方面：日基本工资；带薪法定假日工资、带薪休假日工资；夜间施工、冬雨期施工增加的工资；规定由承包人支付的福利费、所得税和保险费等；工人招募和解雇费用；工人上下班交通费。此外，若招标文件或当地法令规定，雇主须为当地劳工支付个人所得税、雇员的社会保险费等，则也应计入工资单价之内。

2）材料、半成品和设备预算价格的计算，应按当地采购、国内供应和从第三国采购分别确定。

①　在工程所在国当地采购的材料设备，其预算价格应为施工现场交货价格。通常按式（6-2）计算。

$$预算价格＝市场价＋运输费＋采购保管损耗 \qquad （6-2）$$

②　国内供应的材料、设备的预算价格，通常按式（6-3）计算。

$$材料、设备价格＝到岸价＋海关税＋港口费＋运杂费＋$$
$$保管费＋运输保管损耗＋其他费用 \qquad （6-3）$$

式（6-3）中各项费用如果细算，包括海运费、海运保险费、港口装卸、提货、清关、商检、进口许可证、关税、其他附加税、港口到工地的运输装卸、保险和临时仓储费、银行信用证手续费，以及材料设备的采购费、样品费和试验费等。

③　从第三国采购的材料、设备，其预算价格的计算方法类似于国内供应材料、设备价格的计算。如果同一种材料、设备来自不同的供应来源，则应按各自所占比例计算加权平均价格，作为预算价格。

3）施工机具使用费的计算。其包括：

①　施工机械使用费。施工机械使用费由基本折旧费、场外运输费、安装拆卸费、燃料动力费、机上人工费、维修保养费及保险费等组成。基本折旧费，如果是新购设备，应考虑拟在本工程中摊销的折旧比例（一般折旧年限按不超过 5 年计算），按式（6-4）计算。

$$基本折旧费＝（机械预算价格－残值）×折旧比例 \qquad （6-4）$$

式（6-4）中，机械预算价格可根据施工方案提出的施工机械设备清单及其来源确定；残值是工程结束时施工机械设备的残余价值，应按其可用程度和可能的去向考虑确定，除可转移到其他工程上继续使用或运回国内的贵重机械设备外，一般可不计残值；场外运输费的计算，可参照材料、设备运杂费的计算方法；安装拆卸费，可根据施工方案的安排，分别计算各种需拆装的机械设备在施工期间的拆装次数和每次拆装费用的总和；燃料动力费，按消耗定额乘以当地燃料、电力价格计算；机上人工费，按每一台机械上应配备的工人数乘以工资单价来确定；维修保养费，指日常维护保养和中小修理的费用；保险费，指施工期间机械设备的保险费。

② 仪器仪表使用费。仪器仪表使用费是指工程施工所需使用的仪器仪表的摊销及维修费用，按式（6-5）计算。

$$仪器仪表使用费＝工程使用的仪器仪表摊销费＋维修费 \qquad (6\text{-}5)$$

4）待摊费。其包括：

① 现场管理费。其是指由于组织施工与管理工作而发生的各种费用，涵盖费用项目较多，主要包括：工作人员费；办公费；差旅交通费；文体宣教费；固定资产使用费；国外生活设施使用费；工具用具使用费；劳动保护费；检验试验费；其他费用，包括零星现场的图纸、摄影、现场材料保管等费用。

② 其他待摊费用。其他待摊费用包括以下几方面：临时设施工程费、保险费、税金、保函手续费、经营业务费、工程辅助费、贷款利息、总部管理费、利润及风险费。

5）开办费。有些招标项目的报价单中单列有开办费（或称初期费用）一项，指正式工程开始之前的各项现场准备工作所需的费用。如果招标文件没有规定单列，则所有开办费都应与其他待摊费用一起摊入工程量表的各计价分项价格中。它们究竟是单列还是摊入工程量其他分项价格中，应根据招标文件的规定计算。

开办费在不同的招标项目中包括的内容可能不相同，一般可能包括以下内容：现场勘察费；现场清理费；进场临时道路费；业主代表和现场工程师设施费；现场试验设施费；施工用水电费；脚手架及小型工具费；承包商临时设施费；现场保卫设施和安装费；职工交通费；其他杂项，如恶劣气候条件下施工设施、职工劳动保护和施工安全措施（如防护网）等，可按施工方案估算。

6）暂定金额。暂定金额是业主在招标文件中明确规定了数额的一笔资金，标明用于工程施工，或供应货物与材料，或提供服务，或应付意外情况，亦称待定金额或备用金。每个承包商在投标报价时均应将此暂定金额数计入工程总报价，但承包商无权做主使用此金额，这些项目的费用将按照业主工程师的指示与决定，全部或部分使用。

（4）国际工程投标报价的分析方法

初步计算出标价后，应对其进行综合分析，并考虑将来的盈利和风险，从而得出最终报价。具体包括对比分析和动态分析。

1）国际工程投标报价的对比分析。分项统计计算书中的汇总数据，并计算其占标价的比例指标；通过对各类指标及其比例关系的分析，从宏观上分析标价结构的合理性；探讨平均人月产值或人年产值的合理性和实现的可能性；参照同类工程的经验，扣除不可比因素后，分析单位工程价格及用工、用料量的合理性；从上述宏观分析得出初步印象后，对明显不合理的标价构成部分进行微观方面的分析检查。重点在提高工效、改变施工方案、降低材料设备价格和节约管理费用等方面提出可行措施，并修正初步计算标价。

2）国际工程投标报价的动态分析。其包括：工期延误的影响、物价和工资上涨的影响，以及其他影响（如汇率、利率等可变因素）。

（5）国际工程投标报价的技巧

投标报价的技巧是指在投标报价中采用适当的方法，在保证中标的前提下，尽可能多地获得利润。报价技巧是各国际工程公司在长期的国际工程实践中总结出来的，具有一定的局限性，不可照抄照搬，应根据不同国家、不同地区、不同项目的实际情况灵活运用，要坚持"双赢"甚至"多赢"的原则，诚信经营，从而提升公司的核心竞争力，实现可持续发展。

国际工程投标报价的技巧有多种，如根据招标项目的不同条件采用不同报价。通常而言，报价可高一些的工程包括：施工条件差的工程；特殊工程，如港口码头、地下开挖工程等；专业要求高的技术密集型工程，而本公司在这方面有专长，声望也较高；总价低的小型工程以及自己不愿做、又不方便不投标的工程；工期要求急的工程；竞争对手少的工程；支付条件不理想的工程。报价可低一些的工程包括：施工条件好的工程；竞争对手多、竞争激烈的工程；非急需的工程；支付条件好的工程；工作简单、工程量大而一般公司都可以做的工程；本公司目前急于打入某一市场、某一地区，或在该地区面临工程结束、机械设备等无工地转移时；本公司在附近有工程，而本项目又可利用该工地的设备、劳务，或有条件短期内突击完成的工程。

其他技巧还有：适当运用不平衡报价法；适当运用多方案报价法；适当运用"建议方案"报价；适当运用突然降价法；适当运用先亏后盈法；注意暂定工程量的报价；注意计日工的报价；合理运用无利润算标法等。

（6）投标报价决策的影响因素

投标报价决策，是指价经过一系列的计算、评估和分析后，由决策人应用有关决策理论和方法，根据自己的经验和判断，从既有利于中标又能盈利这一基本目标出发，最后决定投标的具体报价。影响国际工程投标报价决策的主要因素有成本估算的准确性、期望利润、市场条件、竞争程度、公司的实力与规模等。此外，在投标报价决策时，还要考虑风险偏好的影响。具体投标报价的策略包括生存策略、补偿策略、开发策略、竞争策略和盈利策略等。

4. 编制投标书与竞标

投标书，即由投标人编制填报的投标文件，是投标人正式参加投标竞争的证明，是投标人向发包人发出的正式书面报价，通常可分为商务法律文件、技术文件和价格文件 3 部分。承包人的实力体现在投标书当中，投标书一般包括：

（1）投标证明文件，如授权书、资信证明、资产负债表等。

（2）填制招标人已编制成表格的文件，主要有投标书、报价单、投标保函等。

（3）对招标项目和合同内容的说明性文件，如投标人须知、合同条款、技术规范及图纸等。

（4）招标人要求提供的说明性文件，即招标机构要求投标人对项目施工的某一方面进行详细说明的文件，如施工计划等。

全部投标书编好经校核并签署后，投标人应按投标须知的规定封装好，在投标截止时间前送达招标人。开标后，中标候选人可按照对项目的掌握情况进一步澄清投标文件、补充某些优惠条件等，完成下一步的竞标活动。

6.5.4　国际工程开标、评标与决标

1. 开标

国际工程开标通常有两种方式：一是公开开标；二是秘密开标。

（1）公开开标。公开开标的做法主要是：

1）开标的地点和时间在招标公告或通知中明文规定，开标时间一般应是投标截止日的当日或次日。

2）投标人或其代表应按规定参加开标。

3）开标一般由招标人组织的开标委员会负责。

4）开标时应当众打开在投标开始日以后和截止日以前收到的所有投标书，不是在投标起止期限内收到的投标书应原封退回。

5）开标委员会负责人应当高声宣读并记录投标人姓名及每项投标方案的总金额和经要求或许可提出的任何可供选择的投标方案的总金额，在实行两阶段开标时要先开技术标，只有在技术标被评审通过的，才开商务标，否则商务标应原封退回。

6）参加开标的人对各投标人的报价均可记录，也可进行澄清，但不得查阅投标书，也不得改变投标书的实质性内容或报价。

7）按标排列顺序，一般不得宣布中标人。但在法语地区的拍卖式招标中，经公开开标排出名次后当场判定临时中标人。

（2）秘密开标。秘密开标是指不公开各投标人的投标书，投标人不能参加开标会议。这种开标方式常见于国际有限招标和法语地区的询价式招标。其具体做法是：

1）招标人组织成立投标书开拆委员会。

2）投标书开拆委员会选出所有在投标起止期限内收到的投标材料，确认其符合条件，登记报价数额，编制投标书开拆工作会议纪要，不是在投标起止期限内收到的投标书原封退回。

2. 评标

（1）评标组织。国际工程招标中的评标一般是秘密进行的，需要 10～15 天时间。国际工程招标的评标，一般由发包人负责组织工作。通常的评标组织有两种：

1）组织成立一个由总经济师具体负责，由工程、技术、施工、计划、财务、会计、成本、经济、合同、法律等方面的专家组成的评标委员会或评标小组，联合办公，集体讨论协商，对比评价投标书，或者采用评分法由评标组织的每一位成员分别打分，确定投标书的优劣。

2）将投标文件分发工程技术、施工管理、计划调度、财务会计、法律顾问、总经济师等各职能部门分工进行分析评价，最后统一汇总评价结果，形成评价报告。

（2）评标的程序。一般程序如下：

1）投标文件鉴定。对不符合招标文件要求的投标文件应予以拒绝。

2）技术评审。对工程、施工、计划等方面进行审查、评价。

3）商务评审。对合同、成本、财务等方面进行审查、评价。

4）比标。对各家的报价、工期、外汇支付比例、施工方法、是否与本国公司联合投标等在统一基础上进行评比，确定中标候选人（一般是 2～3 人）。

5）资格复审和投标的拒绝。对第一中标候选人进行资格复审，不合格的，再对第二中标候选人进行资格复审，只有经资格复审合格的中标候选人，才可作为中标人。在国际上，一般承认招标人有权按招标文件的规定拒绝全部投标文件，但不允许招标人为压价而随意废标。通常有下列情形之一的，招标人有权拒绝全部投标：

1）最低标价大大超过国际市场的平均价格的或招标人自己计算的标底的。

2）中标候选人不愿降价至标底线以下的。

3）全部投标与招标文件的意图和要求不符的。

4）投标人太少（一般不足3家），缺乏竞争性的。

如果所有投标被拒绝，发包人应当修改招标文件，而后重新组织招标或进行议标。

3. 谈判与决标

国际工程招标在大多数情况下，允许招标人在评标之后选出若干中标候选人，然后再分头进行谈判。此种谈判通常被称作商务谈判，一般分为决标前的谈判和决标后的谈判。决标前的谈判，主要围绕价格和技术进行。招标人进行谈判主要是由于各家报价条件和方案差别不大，需要进一步分头澄清，以便最终选定中标人。投标人参加谈判意在不改变投标实质性内容的前提下，对招标人允诺一些优惠条件或提出补充材料、方案修改建议等，以证明自己比竞争对手强。如秘密开标，开标后谈判的主要内容则主要是围绕降价进行的，招标人希望通过商谈，以达到低价成交的目的。

经过谈判和一些必要的辅助活动，招标人一般以综合评定价最低的或符合内定方案要求的投标人为正式中标人，并在双方满意的条件下发出中标函，有时在接受信前附一意向书。世界银行或多边援助机构自主的招标项目，要求在评标工作结束后必须拟定一份详细的评标报告，报送世界银行或项目贷款机构的主管部门审批，经审批后才可正式决标。

6.5.5 国际工程招标投标的特殊性

1. 招标的适用范围和评标办法

从适用范围看，国际工程招标投标与国内工程招标投标的不同之处主要体现在相关法律法规的差异。由于我国招标投标的立法与政府采购的立法相互独立，因而国内招标投标分别要按我国《招标投标法》《政府采购法》的规定实施；而国际上没有独立的招标投标制度，只有政府采购方面的强制性规定，但国际工程招标投标要遵循世贸采购条例及国际行业法则。

从评标方面看，国际上工程和货物招标主要采用最低评标价法评标，将非价格因素折算为报价评标，尽量避免专家打分和表决的人为判断，而且不设废标的上下限。在市场经济条件下，如果某投标人多次低于其自身成本投标和中标，其财务状况不能满足资格要求，必然会被市场淘汰。政府不建立和保持评标专家库，评标主要由业主和编制招标文件的专家进行。

国际工程招标与国内工程招标在适用范围和评标方面的差异具体比较见表6-2。

国际工程招标与国内工程招标比较 表6-2

比较内容	国内工程	国际工程
适用范围	国内招标投标立法与政府采购立法相对独立	没有独立的招标投标制度,仅政府采购方面有强制性规定
标底	《工程建设项目施工招标投标办法》规定招标可不设标底	并无实际意义上的标底,一般由工料测量师对拟建项目的造价进行估算
中标原则	综合评价最优中标原则或经评审最低价中标原则	能够满足招标文件的实质性要求,并且经评审的投标价格最低

比较内容	国内工程	国际工程
评标组织	招标人依法组建评标委员会，一般招标项目可以采取随机抽取方式，特殊招标项目可由招标人直接确定	对非政府投资项目的招标是不进行干涉的
评标程序	一般包括投标文件的符合性鉴定、技术评估、商务评估、投标文件澄清、综合评价与比较、编制评标报告	重点集中在最低报价的 3 份标书上。审核单价、数量、投标策略，注意以往表现、违法记录，以及财务和信用状况

2. 国际工程招标的市场保护问题

在国际工程招标投标中，各国一方面讲求平等，另一方面又常常从自身的民族利益出发，给予国内投标人一定的优惠，对外国投标人进入本国招标市场设立种种限制，以达到保护本国、本地区企业和产品的目的。

各国对外国投标人的限制，主要有两个途径：一是在缔结或参加有关国际条约、协议时声明保留。比如，美国和欧盟在加入世贸组织的《政府采购协议》时，都对本国公共采购市场的对外开放做了很多保留。如在公用事业采购方面，美国就不对欧盟开放其他电信领域的采购市场。二是通过本国立法，采取市场准入、优惠政策等措施加以限制。如美国的《购买美国产品法》规定，10 万美元以上的招标采购除有以下情形外，都必须购买相当比例的美国产品，招标人在招标文件中必须根据法律规定说明给予国内企业的优惠幅度：

（1）美国没有该产品或该产品不多。

（2）外国产品价格低，对本国产品给予 25％的价格优惠后，本国产品仍高于外国产品。

美国的国防采购规则还特别规定，国防部在招标采购中要注意照顾残疾人企业、少数民族企业、中小企业、劳改企业、对人体产生危害的生产企业等投标企业。联合国贸易委员会的《货物、工程、服务采购示范法》也允许在招标采购中给予本国投标人一定的优惠。欧盟规定，欧盟范围内的招标采购，不得给予发展水平较低的成员国一定优惠，但在统一对外上，欧盟也采取保护政策，在招标采购中对欧盟成员国的投标人给予一定优惠，而对非欧盟成员国的投标人实行限制政策。

应当指出，在国际范围内的招标投标中，对本国、本地区的企业和产品进行保护，是各国招标投标制度中的一个重要而敏感的问题，也是国际上的一种流行做法。各国处理这个问题的基本立场是，坚持国家主权原则和对等原则，既要考虑实行国民待遇和非歧视性待遇原则，又要采取国家间彼此可接受的适当措施限制本国招标市场的开放程度。

本章小结

在工程建设全过程中，除工程施工招标外，工程勘察设计、工程监理、工程材料设备采购等环节也经常采用招标的方式委托或实现。随着工程总承包模式的推行和国际工程承包市场的发展，工程总承包招标与国际工程招标也成为工程招标投标市场的重要内容。本章在工程施工招标投标的基础上，主要针对工程勘察设计、工程监理等其他类型工程招标与施工招标投标的特殊之处，分别介绍了工程勘察设计、工程监理等工程其他类型招标投标的概念和运作要点，尤其是招标文件编制、合理报价设置、评标办法等方面。对于工程总承包招标投标和国际工程招标投标，由于其特殊性，相关问题还有待理论界和工程界开展进一步研究和探索。

思考与练习题

1. 工程勘察设计招标的程序是什么？工程勘察设计招标与施工招标相比有何差异？
2. 工程监理招标文件的主要内容包括哪些？工程监理招标与施工招标相比有何差异？
3. 工程材料设备采购招标与施工招标相比，主要差异有哪些？
4. 工程总承包的评标与工程施工评标相比，主要差异有哪些？
5. 国际工程招标与国内工程招标相比，主要差异有哪些？

第 3 篇
工程合同管理

　　工程招标投标的最后是招标人与中标方签订工程合同。工程合同是进行工程交易的依据，交易过程中双方均必须按工程合同展开活动，包括工程承包人、咨询方按合同约定提供工程产品或服务，工程发包人按合同约定支付工程款项。工程交易是先签订合同，后组织生产、提供服务，因而在签订合同时要将生产、提供服务面临的各种情况均估计到是困难的，特别是合同期在一年以上的情形。因此，一般工程合同总是不完备/全的。这是工程合同履行过程的风险所在，也是引起工程变更、索赔的原因所在。

　　工程合同一般由建设单位/发包人起草。由于工程合同内容丰富、复杂，为使工程合同尽可能完备、防止错漏和降低编制工程合同的成本，并体现工程合同的公平，政府有关部门颁布了标准/示范合同文本，如国家发展改革委等九部门颁发的《标准施工招标文件》（2007 年版）中内含合同条款及格式；住房和城乡建设部和国家工商行政管理总局的《建设工程施工合同（示范文本）》GF—2017—0201。而对于政府投资项目，《招标投标法实施条例》规定，编制依法必须进行招标的项目的资格预审文件和招标文件，应当使用国务院发展改革部门会同有关行政监督部门制定的标准文本，其中包括合同条款及格式。

　　工程合同类型众多，且差异较大，本篇主要详细介绍工程施工合同相关知识，其他类型合同管理知识仅作简单介绍。有关工程合同及其管理的知识点十分丰富，并与法律方面的知识联系密切，因而建议在学习本篇内容时，先补充一些法律方面的知识，如《民法典》中与合同相关的法律知识。

第7章　工程施工合同管理

序号	知识要点	学习要求
1	工程施工合同文件的概念、施工合同文件的组成	掌握
2	合同文件的优先次序、合同条件的标准化	熟悉
3	工程发包人、承包人和监理人的基本关系	掌握
4	工程发包人、承包人的一般权利和义务	熟悉
5	工程发包人施工合同进度管理过程	了解
6	工程承包人质量检查(验)的责任、监理工程师质量检查(验)的权力	了解
7	工程合同完工验收和保修的概念和管理问题	熟悉
8	工程量清单包括的内容、工程量清单报价表的组成	熟悉
9	工程支付的内容、类型和程序	熟悉

在现代社会,工程项目投资方或其组建的建设管理主体,即项目法人或建设单位,一般是通过交易方式获得工程,并借用各类工程合同明确参与工程建设各方的责权利。因此,现代工程投资方在工程实施阶段的项目管理本质上是工程合同管理。在工程实施阶段各类工程合同中,工程施工合同影响最大,其不仅直接关系到工程实体的形成,而且与其他合同密切相关,故本章对工程施工合同管理进行专门介绍。由于工程施工合同管理内容十分丰富、繁杂,本书将其中的工程变更和索赔管理内容放在第8章进行专门介绍。

7.1　施工合同文件

7.1.1　工程施工及其合同文件

1. 什么是工程施工

工程施工(Construction)指根据建设工程(Construction Project)设计文件的要求,对建设工程进行新建、扩建、改建的活动。而建设工程是指为人类生活、生产提供物质技术基础的各类建筑物和工程设施的统称。

2. 工程施工合同文件

工程施工合同指工程投资方或组建的主体(发包人)和承包人(施工方)为完成商定

的施工工程，明确相互权利、义务的协议。依照施工合同，施工方应完成发包人交给的施工任务，发包人应按照规定提供必要条件并支付工程价款。工程施工合同的当事人是发包人和承包人，双方是平等的民事主体。

施工合同是发包人、监理人（或监理工程师）和承包人进行项目管理的基本准则。无论是发包人、监理人还是承包人，不仅要掌握已经形成的最终的合同协议，而且还要了解这些条款或规定的来龙去脉；不仅要了解合同文件的主要部分，例如合同条款，而且也要熟悉报价单、规范和图纸，要把合同文件作为一个整体来考虑。

工程施工合同文件（Contract Documents）不仅指发包人和承包人签订的最终合同协议书，而且还包括招标文件、投标文件、澄清补遗、合同协议备忘录等。澄清补遗是在招标过程中，投标人/潜在承包人向招标人/发包人提出疑问，招标人用书面形式作出的解释或说明。合同协议备忘录则是发包人和承包人在合同谈判中，双方愿意对招标文件或投标文件的某些方面进行的修改或补充。

7.1.2　施工合同文件的形式

合同文件的最终形式通常有两种：一种称为综合标书，即将招标文件、投标文件、澄清补遗、合同协议备忘录及双方同意进入合同文件的参考资料汇总在一起，去掉重复的部分，即成为综合标书。这种标书目前国内基本不用。另一种是重新编制过的合同文件，即根据招标文件的框架，将投标文件、澄清补遗和合同协议备忘录等内容一起重新整理编辑，形成一个完整的合同文件。这样使用起来很方便，但整理工作量大。因为对合同文件某一问题的修改往往涉及从条款、规范到图纸一系列的修改，为了保持合同文件的一致性，必须进行仔细反复的核对工作。

7.1.3　合同文件的优先次序

施工合同文件包括：招标文件及澄清补遗、投标文件、中标通知书、双方签订的合同协议书及合同协议备忘录、合同条件、双方同意进入合同文件的补充资料及其他文件。

由于上述各部分有的是重复的，有的则是后者对前者的修改，因此在合同条款中必须规定合同组成文件使用的优先次序（Priority Order），即组成合同的所有文件被认为是彼此能相互解释的，但是如果有意思不明确和不一致的地方，那么各部分文件在解释上应有优先次序，并在合同条款中事先作出规定。优先次序的确定，第一是根据时间的先后，通常是后者优先；第二是文件本身的重要程度。对一般国际大中型工程而言，通常合同文件解释的优先次序为：

（1）合同协议书。

（2）中标通知书。

（3）投标函及投标函附录。

（4）专用合同条件。

（5）通用合同条件。

（6）技术标准和要求。

（7）图纸。

（8）已标价的工程量清单。

（9）其他合同文件（经合同当事人双方确认构成合同的其他文件）。

7.1.4 合同文件的解释

对合同文件的解释，除了遵循上述合同的优先次序、主导语言原则和适用法律，还应遵循国际上对工程承包合同文件进行解释的一些公认的原则，主要包括：

（1）诚实信用原则（In good Faith），即诚信原则。其要求合同双方当事人在签订合同和履行合同中都应是诚实可靠、恪守信用的。

（2）反义居先原则（Contra Preferential）。其是指，当合同中有模棱两可、含糊不清之处，因而对合同有不同解释时，则按不利于合同文件起草方或提供方意图进行解释，也就是与起草方相反的解释居于优先地位。对施工合同，发包人总是合同文件的起草方，所以出现对合同的不同解释时，承包人的理解与解释应处于优先地位。但在实践中，合同的解释权常属监理方/人，承包人可要求监理方对含糊、矛盾之处作出书面解释，而这种解释视为"变更指令（Variation Order 或 Change Order）"，并据此处理工期和经济问题。

【案例 7-1】一起因合同含糊而引起的索赔事件

在钢筋混凝土框架结构工程中，有钢结构杆件的安装分项工程。钢结构杆件由发包人提供，承包人负责安装。在业主提供的技术文件上，仅用一道弧线表示钢杆件，而没有详细的图纸或说明。施工中发包人将杆件运至现场，两端有螺纹，承包人接收了这些杆件，没有提出异议，在混凝土框架上使用螺栓对杆件进行连接。在工程检查中承包人也没提出额外的要求。但当整个工程快完工时，承包人提出，原安装图纸表示不清楚，自己因工程难度增加导致费用超支，要求索赔。

监理方调查后表示，虽然合同曾对结构杆件的种类有含糊，但当发包人提供了杆件，承包人无异议地接收了杆件，则这方面的疑问就不存在了。合同已因双方的行为得到了一致的解释，即发包人提供的杆件符合合同要求。所以承包人索赔无效。

（3）确凿证据优先原则（Prima Facie）。若在合同文件中出现几处对同一规定有不同解释或含糊不清时，则除了合同的优先次序外，以确凿证据作的解释为准，即要求：具体规定优先于原则规定；直接规定优先于间接规定；细节规定优先于笼统规定。据此原则形成了一些公认的惯例：细部结构图纸优先于总装图纸；图纸上的尺寸优先于其他方式的尺寸；数值的文字表达优先于阿拉伯数字表达；单价表达优先于总价表达；定量说明优先于其他方式的说明；规范优先于图纸等。

【案例 7-2】一起因合同疏漏而引起的索赔事件

某水电站建设工程，采用国际招标，选定国外某承包公司承包引水洞工程施工。合同明确规定："承包人应遵守工程所在国一切法律"，"承包人应缴纳税法所规定的一切税收"并列出应由承包人承担的税赋种类和税率，但在其中遗漏了承包工程总额 3.03% 的营业税。因此，承包人报价时没有包括该税。工程开工后，工程所在地政府税务部门要求承包人缴纳已完工程的营业税 92 万元。承包人只能按时缴纳，并向发包人提出索赔要求。

索赔处理过程和结果：索赔发生后，发包人向政府税务部门申请免除营业税，并被批准。但对已缴纳的 92 万元税款不退，经双方商定各承担 50%。

【解析】对这个问题的责任为：发包人在合同中仅列出几个小额税种，而忽视了大额税种，属于合同文件的不完备，发包人应该承担责任。如果合同文件中没有"承包人应缴纳税法所规定的一切税收"的规定，而承包人报价中遗漏税赋，本索赔要求是不能成立的。这属于承包人环境调查和报价失误，应由承包人负责。

（4）书面文字优先原则（Written Word Prevail）。其要求：书写条文优先于打字条文；打字条文优先于印刷条文。

7.1.5 合同条件的标准化

由于合同条款在合同管理中十分重要，合同双方都很重视。对作为条款编写者的发包人而言，必须慎重推敲每一个词句，防止出现任何不妥或疏漏之处；对承包人而言，必须仔细研读合同条款，发现有明显错误时要及时向发包人指出予以更正，有模糊之处时必须及时要求发包人澄清，以便充分理解合同条款表示的真实思想与意图。因此，在订立一个合同过程中，双方在编制、研究、协商合同条款上要投入很多的人力、物力和时间。

世界各国为了减少在编制讨论合同条款上必须花费的人力、物力，也为了避免和减少由于合同条款缺陷而引起的纠纷，都制定了自己国家的工程标准合同条款。实践证明，采用标准合同条款，除了可以为合同双方减少大量资源消耗外，还有以下优点：

（1）标准合同条款能合理地平衡合同各方的权利和义务，公平地在合同各方之间分配风险和责任。因此多数情况下，合同双方都能赞同并乐于接受，这就在很大程度上避免了合同各方由于缺乏所需的信任而引起争端，有利于顺利完成合同。

（2）由于投标者熟悉并能掌握标准合同条款，这意味着他们可以不必为不熟悉的合同条款及这些条款可能引起的后果担心，可以不必在报价中考虑这方面的风险，从而可能导致较低的报价。

（3）标准合同条款的广泛使用，可为合同策划人员提供参考的模板，也可为合同管理人员的培训提供参考的依据。这将有利于提高工程项目的管理水平。

应该指出，标准化合同条款仅是一种格式条款。按我国《民法典》规定：采用格式条款订立合同，应当遵循公平原则确定当事人之间的权利和义务；提供条款一方免除其责任、加重对方责任、排除对方主要权利的，该条款无效。《民法典》也规定，对格式条款的理解发生争议的，应当按照通常理解予以解释，对格式条款有两种以上解释的，应当作出不利于提供格式条款一方的解释；格式条款与非格式条款不一致的，应当采用非格式条款。

7.2 施工合同相关各方及其义务或职责

建设工程项目实施过程中，参与方较多，包括项目法人/发包人、工程勘测设计公司、工程施工公司、工程咨询或监理公司、工程设备供应公司，以及金融保险公司和政府建设管理部门等。在目前实行"监理制"的条件下，工程施工合同主要涉及三方：工程项目法人，即工程发包人，其为施工合同的委托方；工程施工承包人，为施工合同受托方；工程监理人，受工程发包人委托，对施工合同进行管理。

7.2.1 施工合同相关各方及其关系

施工合同当事双方为发包人和承包人；若有必要，发包人委托监理人参与施工合同管理。

1. 什么是发包人

发包人是指具有工程发包主体资格和支付工程价款能力的当事人，以及取得该当事人资格的合法继承人。工程发包人一般通过招标方式，择优选择工程监理人和工程施工承包人，并与中标工程监理人和施工承包人分别签订工程监理合同和工程施工合同。用工程合同形式规定工程合同双方的权利、义务、风险、责任和行为准则。

2. 什么是承包人

承包人是指被发包人接受的具有工程施工承包主体资格的当事人，以及取得该当事人资格的合法继承人。承包人应按照工程施工合同规定，进行工程项目的施工、完建及修补工程的任何缺陷，并获得合理的利润。承包人应接受监理人的监督和管理，严格执行监理人的指令，并只从监理人处取得指令。

承包人在每个施工项目上设置由项目经理负责的施工项目部；施工项目部根据施工业务需要，下设专业管理机构或人员对工程施工进行管理。

3. 什么是监理人

监理人是指受聘于发包人，承担工程监理业务和监理责任的法人以及合法继承人。一般而言，工程发包人与监理人签订工程监理合同，向工程监理人授权，委托监理人对施工承包合同进行管理，控制工程的进度、质量和投资等，并向监理人支付报酬。监理人的具体监理责任、义务和权力由工程监理合同确定。

监理人在每个监理项目上设有总监理工程师负责的监理项目部；监理项目部根据监理业务需要或监理合同的规定，配备若干监理人员，常统称监理项目部人员为监理工程师。

4. 发包人、承包人和监理人三者的关系

发包人、承包人和监理人三者的关系如图 7-1 所示。

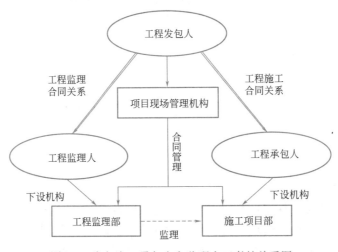

图 7-1　发包人、承包人和监理人三者的关系图

图 7-1 中，工程发包人分别与承包人、监理人签订工程施工合同和监理合同，并在施工现场设置管理机构对工程建设进行管理；工程承包人下设施工项目部，由项目经理按施工承包合同要求组织工程施工；工程监理人下设工程监理部，由总监理工程师组织开展监理活动。

监理人不是工程施工合同的当事人，在施工合同的履行管理中不是"独立的第三方"，属于发包人一方的人员，但又不同于发包人的雇员，即不是一切行为均遵照发包人的指示，而是在授权范围内独立工作，以保障工程按期、按质、按量完成。发包人的最大利益

为管理目标，依据合同条款的约定，公平合理地处理合同履行过程中的有关管理事项。

根据工程发包人、承包人和监理人三者的关系，应注意下列几方面：

（1）就工程监理事项，监理合同与工程承包合同要协调。

（2）工程现场承担监理任务的总监理工程师和其他高级监理人员，工程发包人要正式通知工程承包施工项目，监理人员若有变更，也要正式通知施工项目；反之，工程承包人也有必要将项目经理和高级管理人员的情况通知工程监理部。

应该强调的是，除了上述合同规定的关系，在履行工程施工合同过程中，有关各方构建一种相互信任和合作的关系极为重要。相互信任和合作的关系是指为了实现施工合同的标的，即完成工程项目这一相关各方共同的目标，合同相关各方应该讲诚信、谋合作，以及相互支持、相互谅解、密切配合，友好地解决可能发生的矛盾与争端，使工程项目能按时保质地完成。

合同相关方的最终利益是一致的，这就是按合同要求完成工程项目。对发包人来说，可以尽快使工程投产或交付使用，以取得工程效益。对承包人来说，项目的完成，一方面可得到一定的经济收益，另一方面也为公司争创声誉、积累经验和培训人才，为后续市场开发打下基础；对监理人而言，同样也关系到经济收益与信誉两方面。美国建筑师协会（AIA）的一项研究表明：工程项目有关各方若缺少团队精神，有关各方之间交流太少，工程项目中某些或全部当事人之间缺乏信任，甚至存在敌对倾向，这是妨碍合同顺利履行的重要原因。

需要指出，发包人在工程施工合同各方关系中应占主导地位，在构建信任、合作、协作关系问题上应承担更多责任，发挥更多作用；而监理人虽受发包人委托，但其应本着公平、公正的职业精神，协调矛盾的冲突，在发包人和承包人之间起到纽带、桥梁作用，发挥润滑剂的功能，努力避免扩大矛盾，尽可能将矛盾及时就地解决。

7.2.2　工程发包人的一般义务

（1）遵守法律。发包人在履行合同过程中应遵守法律，并保证承包人免于承担因发包人违反法律而引起的任何责任。

（2）发出开工通知。发包人应委托监理人按施工合同的约定向承包人发出开工通知。

（3）提供施工场地。发包人应按专用合同条款约定向承包人提供施工场地，以及施工场地内的有关资料。对于房屋建筑或市政工程，如地下管线和地下设施等资料，并保证资料的真实、准确、完整。

（4）协助承包人办理证件和批件。发包人应协助承包人办理法律规定的有关施工证件和批件。

（5）组织工程设计交底。发包人应根据合同进度计划，组织设计单位向承包人进行工程设计交底。

（6）支付合同价款。发包人应按合同约定向承包人及时支付合同价款。

（7）组织竣工验收。发包人应按合同约定及时组织竣工验收。

（8）其他义务。发包人应履行合同约定的其他义务。

7.2.3　工程监理人的一般职责权力与相关事项

1. 监理人的一般职责和权力

在现行标准化合同条件中，工程监理人的一般职责和权力有：

（1）监理人受发包人委托，享有施工合同约定的权力。监理人在行使某项权力前需要经发包人事先批准。若通用合同条款没有指明的，应在专用合同条款中明确。

（2）监理人发出的任何指示应视为已得到发包人的批准，但监理人无权免除或变更施工合同约定的发包人和承包人的权利、义务和责任。

（3）施工合同约定应由承包人承担的义务和责任，不因监理人对承包人提交文件的审查或批准，对工程、材料和设备的检查和检验，以及为实施监理作出的指示等职务行为而减轻或解除。

2. 总监理工程师和监理人员的一般职责和权力

在《标准施工招标文件》（2007 年版）中明确，总监理工程师和监理人员的一般职责和权力包括：

（1）发包人应在发出开工通知前将总监理工程师的任命通知承包人。总监理工程师更换时，应在调离 14 天前通知承包人。总监理工程师短期离开施工场地的，应委派代表代行其职责，并通知承包人。

（2）总监理工程师可以授权其他监理人员负责执行其指派的一项或多项监理工作。总监理工程师应将被授权监理人员的姓名及其授权范围通知承包人。被授权的监理人员在授权范围内发出的指示视为已得到总监理工程师的同意，与总监理工程师发出的指示具有同等效力。总监理工程师撤销某项授权时，应将撤销授权的决定及时通知承包人。

（3）监理人员对承包人的任何工作、工程或其采用的材料和工程设备未在约定的或合理的期限内提出否定意见的，视为已获批准，但不影响监理人在以后拒绝该项工作、工程、材料或工程设备的权利。

（4）承包人对总监理工程师授权的监理人员发出的指示有疑问的，可向总监理工程师提出书面异议，总监理工程师应在 48 小时内对该指示予以确认、更改或撤销。

（5）除专门约定外，总监理工程师不应将施工合同条款约定应由总监理工程师作出确定的权力授权或委托给其他监理人员。

3. 监理人的指示

（1）监理人应按施工合同相关约定向承包人发出指示，监理人的指示应盖有监理人授权的工程监理部的章，并由总监理工程师按施工合同相关约定授权的监理人员签字。

（2）承包人收到监理人按合同相关约定作出的指示后应遵照执行。指示构成变更的，应按工程变更处理。

（3）在紧急情况下，总监理工程师或被授权的监理人员可以当场签发临时书面指示，承包人应遵照执行。承包人应在收到上述临时书面指示后 24 小时内，向监理人发出书面确认函。监理人在收到书面确认函后 24 小时内未予答复的，该书面确认函应被视为监理人的正式指示。

（4）除合同另有约定外，承包人只从总监理工程师或按施工合同约定的被授权的监理人员处取得指示。

（5）由于监理人未能按合同约定发出指示、指示延误或指示错误而导致承包人费用增加和（或）工期延误的，由发包人承担赔偿责任。

4. 商定或确定

（1）合同约定总监理工程师应对任何事项进行商定或确定时，总监理工程师应与合同当事人协商，尽量达成一致。不能达成一致的，总监理工程师应认真研究后审慎确定。

（2）总监理工程师应将商定或确定的事项通知合同当事人，并附详细依据。对总监理工程师的确定有异议的，构成争议，按照合同的约定处理。在争议解决前，双方应暂按总监理工程师的确定执行，按照施工合同的约定对总监理工程师的确定作出修改的，按修改后的结果执行。

7.2.4　工程承包人的义务与相关事项

1. 承包人的一般义务

（1）遵守法律。承包人在履行合同过程中应遵守法律，并保证发包人免于承担因承包人违反法律而引起的任何责任。

（2）依法纳税。承包人应按有关法律规定纳税，应缴纳的税金包括在合同价格内。

（3）完成各项承包工作。承包人应按合同约定以及监理人根据合同规定作出的指示，实施、完成全部工程，并修补工程中的任何缺陷。除专用合同条款另有约定外，承包人应提供为完成合同工作所需的劳务、材料、施工设备、工程设备和其他物品，并按合同约定负责临时设施的设计、建造、运行、维护、管理和拆除。

（4）对施工作业和施工方法的完备性负责。承包人应按合同约定的工作内容和施工进度要求，编制施工组织设计和施工措施计划，并对所有施工作业和施工方法的完备性和安全可靠性负责。

（5）保证工程施工和人员的安全。承包人应按合同约定采取施工安全措施，确保工程及其人员、材料、设备和设施的安全，防止因工程施工造成的人身伤害和财产损失。

（6）负责施工场地及其周边环境与生态的保护工作。承包人应按照合同约定负责施工场地及其周边环境与生态的保护工作。

（7）避免施工对公众与他人的利益造成损害。承包人在进行合同约定的各项工作时，不得侵害发包人与他人使用公用道路、水源、市政管网等公共设施的权利，避免对邻近的公共设施产生干扰。承包人占用或使用他人的施工场地，影响他人作业或生活的，应承担相应责任。

（8）为他人提供方便。承包人应按监理人的指示为他人在施工场地或附近实施与工程有关的其他各项工作提供可能的条件。除合同另有约定外，提供有关条件的内容和可能发生的费用，由监理人依合同商定或确定。

（9）工程的维护和照管。工程接收证书颁发前，承包人应负责照管和维护工程。工程接收证书颁发时尚有部分未竣工工程的，承包人还应负责该未竣工工程的照管和维护工作，直至竣工后移交给发包人为止。

（10）其他义务。承包人应履行合同约定的其他义务。

2. 履约担保

承包人应保证其履约担保在发包人颁发工程接收证书前一直有效。发包人应在合同工程接收证书颁发后 28 天内把履约担保退还给承包人。

3. 分包

（1）承包人不得将其承包的全部工程转包给第三方，或将其承包的全部工程肢解后以分包的名义转包给第三方。

（2）承包人不得将工程主体、关键性工作分包给第三方。除专用合同条款另有约定外，未经发包人同意，承包人不得将工程的其他部分或工作分包给第三方。

（3）分包人的资格能力应与其分包工程的标准和规模相适应。

（4）按投标函附录约定分包工程的，承包人应向发包人和监理人提交分包合同副本。

（5）承包人应与分包方就分包工程向发包人承担连带责任。

4. 联合体

（1）联合体各方应共同与发包人签订合同协议书。联合体各方应为履行合同承担连带责任。

（2）联合体协议经发包人确认后作为合同附件。在履行合同过程中，未经发包人同意，不得修改联合体协议。

（3）联合体牵头方负责与发包人和监理人联系，并接受指示，负责组织联合体各成员全面履行合同。

（4）工程发包人可要求联合体各方建立紧密型联合体，以防止出现"两张皮"或"多张皮"现象。

5. 承包人项目经理

（1）承包人应按合同约定指派项目经理，并在约定的期限内到职。承包人更换项目经理应事先征得发包人同意，并应在更换 14 天前通知发包人和监理人。承包人项目经理短期离开施工场地，应事先征得监理人同意，并委派代表代行其职责。

（2）承包人项目经理应按合同约定及监理人按合同规定作出的指示，负责组织合同工程的实施。在情况紧急且无法与监理人取得联系时，可采取保证工程和人员生命财产安全的紧急措施，并在采取措施后 24 小时内向监理人提交书面报告。

（3）承包人为履行合同发出的一切函件均应盖有承包人授权的施工场地管理机构章，并由承包人项目经理或其授权代表签字。

（4）承包人项目经理可以授权其下属人员履行其某项职责，但事先应将这些人员的姓名和授权范围通知监理人。

6. 承包人人员的管理

（1）承包人应在接到开工通知后 28 天内，向监理人提交承包人在施工场地的管理机构及人员安排的报告，其内容应包括管理机构的设置、各主要岗位的技术和管理人员名单及其资格，以及各工种技术工人的安排状况。承包人应向监理人提交施工场地人员变动情况的报告。

（2）为完成合同约定的各项工作，承包人应向施工场地派遣或雇佣足够量的下列人员：

1）具有相应资格的专业技工和合格的普工。

2）具有相应施工经验的技术人员。

3）具有相应岗位资格的各级管理人员。

（3）承包人安排在施工场地的主要管理人员和技术骨干应相对稳定。承包人更换主要管理人员和技术骨干时，应取得监理人的同意。

（4）特殊岗位的工作人员均应持有相应的资格证明，监理人有权随时检查。监理人认为有必要时，可进行现场考核。

7. 撤换承包人项目经理和其他人员

承包人应对其项目经理和其他人员进行有效管理。监理人要求撤换不能胜任本职工作、行为不端或玩忽职守的承包人项目经理和其他人员的，承包人应予以撤换。

8. 保障承包人人员的合法权益

（1）承包人应与其雇佣的人员签订劳动合同，并按时发放工资。

（2）承包人应按劳动法的规定安排工作时间，保证其雇佣人员享有休息和休假的权利。因工程施工特殊需要占用休假日或延长工作时间的，应不超过法律规定的限度，并按法律规定给予补休或付酬。

（3）承包人应为其雇佣人员提供必要的食宿条件，以及符合环境保护和卫生要求的生活环境，在远离城镇的施工场地，还应配备必要的伤病防治和急救的医务人员与医疗设施。

（4）承包人应按国家有关劳动保护的规定，采取有效的防止粉尘、降低噪声、控制有害气体和保障高温、高寒、高空作业安全等劳动保护措施。其雇佣人员在施工中受到伤害的，承包人应立即采取有效措施进行抢救和治疗。

（5）承包人应按有关法律规定和合同约定，为其雇佣人员办理保险。

（6）承包人应负责处理其雇佣人员因工伤亡事故的善后事宜。

9. 工程价款应专款专用

发包人按合同约定支付给承包人的各项价款应专用于合同工程。

10. 承包人现场查勘

（1）发包人应将其持有的现场地质勘探资料、水文气象资料提供给承包人，并对其准确性负责。但承包人应对其阅读上述有关资料后所作出的解释和推断负责。

（2）承包人应对施工场地和周围环境进行查勘，并收集有关地质、水文、气象条件、交通条件、风俗习惯及其他为完成合同工作有关的当地资料。在全部合同工作中，应视为承包人已充分估计了应承担的责任和风险。

11. 不利物质条件

（1）不利物质条件，除专用合同另有约定外，是指承包人在施工场地遇到的不可预见的自然物质条件、非自然的物质障碍和污染物，包括地下和水文条件，但不包括气候条件。

（2）承包人遇到不利物质条件时，应采取适应不利物质条件的合理措施继续施工，并及时通知监理人。监理人应当及时发出指示，指示构成变更的，按合同约定办理。监理人没有发出指示的，承包人因采取合理措施而增加的费用和（或）工期延误，由发包人承担。

7.3 施工进度管理

按期完工是承包人履行施工合同的任务之一，也是发包人、监理人（若聘请）的期望和施工合同管理的主要内容之一。在整个施工过程中，发包人管理施工合同进度的过程如图 7-2 所示。

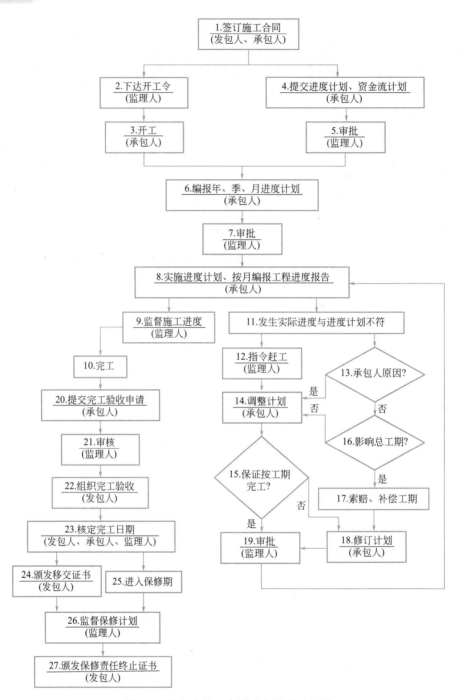

图 7-2　发包人施工合同进度管理过程图

7.3.1　施工进度计划

1. 施工总进度计划

签订合同后，承包人应按施工合同的规定，编制施工总进度计划，总进度计划应满足合同规定的全部工程、单位工程和部分工程完工日期的要求。总进度计划应提交监理人审批，经监理人批准的施工总进度计划也称为合同进度计划，是控制工程进度的依据，对发包人和承包人都具有约束作用。不采用"监理制"时，发包人应内设机构履行监理人的相关职能。

2. 年、季、月进度计划

承包人应根据经监理人批准的施工总进度计划编制年、季、月进度计划，并报送监理人审批。年、季、月进度计划应符合施工总进度计划的要求，经批准后作为实际施工与进度控制的具体根据。

3. 资金流计划

承包人在向监理人提交施工总进度计划的同时，应按施工合同规定的格式向监理人提交按月的资金流计划，即资金流估算表。估算表应包括承包人计划可从发包人处得到的全部款额，以供发包人筹措资金参考，有利于按计划向承包人付款。表 7-1 为某工程的资金流估算表格式。

资金流估算表（格式）（单位：元）　　　　　　　　表 7-1

年	月	工程预付款	完成工程量付款	保留金扣留	预付款扣回	其 他	应得付款

4. 监理人对进度计划的审批

采用"监理制"施工合同管理方式时，监理人应严格、仔细地审核承包人提交的进度计划。审核的内容一般有下述几方面：

（1）进度安排是否满足施工合同规定的完工日期。

（2）施工顺序的安排是否符合逻辑，是否符合施工程序的要求。

（3）每项工作的时间安排是否合理，与工程所在地的水文、气象等条件是否适应。

（4）每项工作历时安排是否恰当，是否过长或过短。

（5）承包人的人力、施工设备、材料等供应计划能否保证进度计划的实现。

（6）进度计划是否满足连续性与均衡性的要求。

（7）各标段，即各承包人间的进度计划之间是否协调。

（8）承包人进度计划与发包人工作计划是否协调。

（9）承包人进度计划与其他工作计划是否协调。

7.3.2　施工进度控制

1. 什么是开工与开工日期

（1）开工（Commencement of Works），是指承包人进入施工现场开始工作的过程。开工意味着正式开始履行施工合同。

（2）开工日期（Time for Commencement），是指在施工合同规定的期限内，受发包人委托，向承包人发出开工令（开工通知书），承包人接到开工令之日，或在开工令中写明的开工日期。自开工日，加上合同规定的建设工期，即可得合同的完工日期。

承包人接到开工令后，应及时调遣人员和配备施工设备、材料进入施工现场，并按施工进度计划开展工作。如发包人未能按施工合同的规定，向承包人提供必要的开工条件，如施工用地、施工准备工程、对外交通、测量基准等，承包人可提出工程索赔，由此增加费用和工期延误的责任应由发包人承担；如由于承包人原因延误开工，则由承包人自己承担责任。

2. 施工进度月报表

为了使监理人更好地把握现场施工进度情况，了解存在的问题和需要监理人解决的问题，承包人应按月向监理人提交工程进度月报表。该月报表应包括下列内容：

（1）工程施工进度概述。

（2）工程形象进度描述。

（3）本月现场施工人员报表。

（4）本月现场施工设备及使用情况清单。

（5）本月材料进库清单和消耗量、库存量。

（6）本月完成的工程量和累计完成工程量。

（7）现场工程设备清单。

（8）水文、气象资料。

（9）存在的问题和需要发包人、监理人解决的问题。

3. 调整和修改进度计划

当发生施工实际进度拖后于进度计划后，监理人应下达加速施工的指令，要求承包人采取有效措施赶上进度。承包人应编制赶工措施报告，并调整进度计划，以保证按期完工。赶工报告和调整的进度计划应提交监理人批准后执行。

调整进度计划最常见的是在年度计划内调整，当月计划未完成，要求在下个月施工计划中补上；如果拖后较多，则要求在季度或年度的其他月份内调整；在拖后较严重的情况下，承包人通过努力难完成年度计划时，允许在合同工期内跨年度调整，这时应结合施工总进度计划的调整统筹考虑。

如果工程延误特别严重，承包人采取赶工措施仍不能按合同工期完工时，则应由承包人修订施工总进度计划，提交监理人审批，批准后作为施工合同进度计划的补充文件。

4. 工期延误的责任

如果是由于承包人的原因而使工程不能按合同工期完工，造成工期延误，则承包人除应承担全部赶工费用外，还应按合同规定向发包人支付误期赔偿费。如果由于工程变更、异常恶劣的天气条件、发包人违约、监理人失责或其他非承包人原因而造成的工期延误，承包人可按合同规定的程序进行索赔，发包人应允许延长工期和给予费用补偿。

7.3.3 暂停施工及其原因和处理

1. 什么是暂停施工

暂停施工（Suspension of Works）是在施工过程中出现了危及工程安全或一方违约使另一方受到严重损害的情况，受损害方采取的一种紧急措施，其目的是减少工程损失和保护受损害方的利益。

2. 引起暂停施工的原因

属于承包人责任的有：

（1）承包人违约引起的暂停施工。

（2）一般天气条件引起的停工。

（3）为合理施工和保证工程或人员安全所必需的暂停施工。

（4）未经监理人同意的承包人擅自停工。

（5）其他承包人的原因引起的暂停施工。

属于发包人责任的有：

（1）发包人违约引起的暂停施工。

（2）不可抗力引起的暂停施工。

（3）其他发包人的原因引起的暂停施工。

暂停施工引起的费用增加和工期延误，一般应根据所属责任由发包人或承包人分别承担。

3. 暂停施工指令

施工过程中，出现上述任何一种情况，不管责任归属哪一方，监理人均应及时发出暂停施工指令。若出现发包人所属责任的暂停施工情况，而监理人未及时下达暂停施工指令，则承包人可请求监理人同意其暂停施工，如监理人不及时答复，应视为承包人的请求已获得同意。

4. 暂停施工后的处理

工程暂停施工后，发包人、承包人和监理人应协商采取有效措施，消除停工因素的影响。当具备复工条件时，监理人应及时下达复工指令，承包人接到指令后，应及时复工。

如出现发包人所属责任的暂停施工情况，一般监理人在下达暂停施工指令后 56 天内未下达复工指令，则承包人可书面通知监理人，要求监理人在收到通知后 28 天内批准复工。若监理人逾期不予批准，则当暂停施工仅影响部分工程时，可将此项停工工程按工程变更取消此项工程的规定处理；当暂时停工影响整个工程时，则按发包人违约的规定处理。

如出现承包人所属责任的暂停施工情况，一般承包人在收到暂停施工指令后的 56 天内不积极采取措施复工而造成工期延误，则按承包人违约的规定处理。

7.4　施工质量管理

工程施工是使发包人的工程设计意图最终实现，并形成工程实体的过程，也是最终实现工程产品质量和工程项目使用价值的重要过程。由此可见，工程施工质量是工程发包人和监理人关心的核心内容之一。

7.4.1　施工质量检查（验）

施工质量检查（验）是参与工程建设各方质量控制必不可少的一项工作，它可以起到监督、控制质量，及时纠正缺陷，避免工程事故扩大，消除工程隐患等作用。

1. 承包人质量检查（验）的职责

（1）提交质量保证计划措施报告。保证工程施工质量是承包人的基本义务，承包人应按施工合同约定建立和健全所承包工程的质量保证体系，在组织上、制度上落实质量保证计划，以确保工程质量目标的实现。一般承包人在接到开工通知后的 84 天内应向监理人提交一份质量保证计划措施报告。

（2）承包人质量检查（验）职责。根据施工合同规定和监理人的指示，承包人应对工程使用的材料和工程设备，以及工程的所有部位及其施工工艺进行全过程的质量自检，并做好工程质量检查（验）记录，定期向监理人提交工程质量报告。同时，承包人应建立一套全部工程的质量记录和报表，便于监理人复核检验和在日后发现质量问题时查找原因。当施工合同发生争议时，质量记录和报表还是重要的当时记录。所谓自检，是检验的一种形式，它是由承包人自己进行的。在施工合同环境下，承包人的自检包括"三检"，即施工班组的"初检"、施工队的"复检"和公司/项目部的"终检"。自检的目的不仅在于判定被检验实体的质量特性是否符合合同要求，更为重要的是对过程的控制。因此，承包人的自检是工程施工质量检查（验）的基础，是控制工程质量的关键。为此，发包人有权拒绝对那些"三检"不完善或相关资料不完整的工程做进一步质量检查（验）。

2. 监理人的质量检查（验）权力

按照我国有关法律、法规的规定，监理人在不妨碍承包人正常作业的情况下，可以随时对作业质量进行检查（验）。这表明监理人有权对全部工程的所有部位及其任何一项工艺、材料和工程设备进行检查与检验，并具有质量否决权。具体内容包括：

（1）复核材料和工程设备的质量及承包人提交的检查结果。

（2）对建筑物开工前的定位定线进行复核签证，未经监理人签证确认者不得开工。

（3）对隐蔽工程和工程的隐蔽部位进行覆盖前的检查（验），上道工序质量不合格者，不得进入下道工序施工。

（4）对正在施工中的工程，在现场进行质量跟踪检查（验），发现问题应及时纠正。

特别要指出，承包人有要求监理人进行检查（验）意向，以及监理人要进行检查（验）的意向时，均应提前 24 小时通知对方。

7.4.2　材料、工程设备的检查（验）

一般而言，材料、工程设备的采购分发包人和承包人采购两种情况，在管理上当然也存在差别。

1. 材料和工程设备的检验和交货验收

对承包人采购的材料和工程设备而言，承包人应对其质量全面负责。材料和工程设备的检验和交货验收由承包人负责实施，并承担所需费用。具体做法是：承包人会同监理人进行检验和交货验收，查验材质证明和产品合格证书。除此以外，承包人还应按合同的规定，对材料进行抽样检验，或对工程设备检验测试，并将检验结果提交监理人。监理人参加交货验收，并不能减轻或免除承包人在检验和验收中应负的责任。

对发包人采购的工程设备，为简化验收交货手续和重复装运，发包人应将其采购的工程设备由生产厂家直接移交给承包人。为此，发包人和承包人在合同规定的交货地点（如生产厂家、工地或其他合适的地方）共同进行交货验收，由发包人正式移交给承包人。在交货验收过程中，发包人采购的工程设备检验及测试由承包人负责，发包人不必再配备检验及测试用的设备和人员，但承包人必须将其检验结果提交监理人，并由监理人复核签认检验结果。

2. 监理人检查（验）

监理人和承包人应商定对工程所用的材料和工程设备进行检查和检验的具体时间和地点。通常情况下，监理人应到场参加检查或检验，如果在商定时间内监理人未到场参加检查或检验，且监理人无其他指示（如延期检查或检验），承包人可自行检查或检验，并立即将检查或检验结果提交给监理人。除合同另有规定外，监理人应在事后确认承包人提交的检查或检验结果。

对于承包人未按合同规定检查或检验材料和工程设备，监理人应指示承包人按合同规定补做检查或检验。此时，承包人应无条件地按监理人的指示和合同规定补做检查或检验，并应承担检查或检验所需的费用和可能带来的工期延误责任。

3. 额外检验和重新检验

（1）额外检验。在合同履行过程中，如果监理人需要增加合同中未作规定的检查和检验项目，监理人有权指示承包人增加额外检验，承包人应遵照执行，但应由发包人承担额外检验费用和工期延误责任。

（2）重新检验。在任何情况下，如果监理人对以往的检验结果有疑问时，有权指示承包人进行再次检验即重新检验，承包人必须执行监理人指示，不得拒绝。"以往检验结果"是指已按合同规定要求得到监理人的同意，如果承包人的检验结果未得到监理人同意，则监理人指示承包人进行的检验不能称之为重新检验，应为合同内检测。

重新检验带来的费用增加和工期延误责任的承担视重新检验结果而定。如果重新检验结果证明这些材料、工程设备或工序质量不符合合同要求，则应由承包人承担重新检验的全部费用和工期延误责任；如果重新检验结果证明这些材料、工程设备或工序质量符合合同要求，则应由发包人承担重新检验的费用和工期延误责任。

当承包人未按合同规定进行检查或检验，并且不执行监理人有关补做检查或检验的指示和重新检验的指示时，监理人为了及时发现可能的质量隐患，减少可能造成的损失，可以指派自己的人员或委托其他人进行检查或检验，以保证质量。此时，无论检查或检验结果如何，监理人因采取上述检查或检验补救措施而造成的工期延误和增加的费用均由承包人承担。

4. 不合格工程、材料和工程设备

（1）禁止使用不合格材料和工程设备。工程使用的一切材料、工程设备均应满足合同规定的质量标准和技术要求。监理人在工程质量的检查或检验中发现承包人使用了不合格材料或工程设备时，可以随时发出指示，要求承包人立即改正，并禁止在工程中继续使用这些不合格的材料和工程设备。如果承包人使用了不合格的材料和工程设备，其造成的后果应由承包人承担责任。承包人应无条件按监理人指示进行补救。发包人提供的工程设备，经验收不合格的，应由发包人承担相应责任。

（2）不合格工程、材料和工程设备的处理：

1）如果监理人的检查或检验结果表明承包人提供的材料或工程设备不符合合同要求时，监理人可以拒绝接收，并立即通知承包人。此时，承包人除立即停止使用外，应与监理人共同研究补救措施。如果在使用过程中发现不合格材料，监理人视具体情况，下达运出现场或降级使用的指示。

2）如果检查或检验结果表明发包人提供的工程设备不符合合同要求，承包人有权拒绝接收，并要求发包人予以更换。

3）如果因承包人使用了不合格材料和工程设备造成工程损害，监理人可以随时发出指示，要求承包人立即采取措施进行补救，直至彻底清除工程的不合格部位及不合格材料和工程设备。

4）如果承包人无故拖延或拒绝执行监理人的有关指示，则发包人有权委托其他承包

人执行该项指示。由此而造成的工期延误和增加的费用由承包人承担。

5. 施工设备和临时设施

（1）承包人提供的施工设备和临时设施的要求：

1）承包人应按合同进度计划的要求，及时配置施工设备和修建临时设施。进入施工场地的承包人设备需经监理人核查后才能投入使用。承包人更换合同约定的承包人设备的，应报监理人批准。

2）除专用合同条款另有约定外，承包人应自行承担修建临时设施的费用，需要临时占地的，应由发包人办理申请手续并承担相应费用。

（2）发包人提供的施工设备或临时设施。发包人提供的施工设备或临时设施在专用合同条款中专门约定。

（3）要求承包人增加或更换施工设备。承包人使用的施工设备不能满足合同进度计划和（或）质量要求时，监理人有权要求承包人增加或更换施工设备，承包人应及时增加或更换，由此增加的费用和（或）工期延误由承包人承担。

（4）施工设备和临时设施专用于合同工程的要求：

1）除合同另有约定外，运入施工场地的所有施工设备及在施工场地建设的临时设施应专用于合同工程。未经监理人同意，不得将上述施工设备和临时设施中的任何部分运出施工场地或挪作他用。

2）经监理人同意，承包人可根据合同进度计划撤走闲置的施工设备。

7.4.3　隐蔽工程和工程隐蔽部位

隐蔽工程和工程隐蔽部位是指已完成的工作面经覆盖后将无法事后查看的任何工程部位和基础。由于隐蔽工程和工程隐蔽部位的特殊性及重要性，因此，没有监理人的批准，工程的任何部分均不得覆盖或使之无法查看。

对于将被覆盖的部位和基础，在进行下一道工序之前，首先由承包人进行自检（"三检"），确认符合合同要求后，再通知监理人进行检查，监理人不得无故缺席或拖延，承包人通知时应考虑到监理人有足够的检查时间。监理人应按通知约定的时间到场进行检查，确认质量符合合同规定要求，并在检查记录上签字后，才能允许承包人进入下道工序，进行覆盖。承包人在取得监理人的检查签证之前，不得以任何理由进行覆盖，否则，承包人应承担因补检而增加的费用和工期延误责任。如果由于监理人未及时到场检查，承包人因等待或延期检查而造成工期延误，则承包人有权要求延长工期和赔偿其停工、窝工等损失。

7.4.4　施工测量放线

1. 施工控制网

（1）发包人应在专用合同条款约定的期限内，通过监理人向承包人提供测量基准点、基准线和水准点及其书面资料。除专用合同条款另有约定外，承包人应根据国家测绘基准、测绘系统和工程测量技术规范，按上述基准点（线）及合同工程精度要求，测设施工控制网，并在专用合同条款约定的期限内，将施工控制网资料报送监理人审批。

（2）承包人应负责管理施工控制网点。施工控制网点丢失或损坏的，承包人应及时修复。承包人应承担施工控制网点的管理与修复费用，并在工程竣工后将施工控制网点移交发包人。

（3）监理人需要使用施工控制网的，承包人应提供必要的协助，发包人不再为此支付费用。

2. 施工测量

（1）承包人应负责施工过程中的全部施工测量放线工作，并配置合格的人员、仪器、设备和其他物品。

（2）监理人可以指示承包人进行抽样复测，当复测中发现错误或出现超过合同约定的误差时，承包人应按监理人指示进行修正或补测，并承担相应的复测费用。

3. 基准资料错误的责任

发包人应对其提供的测量基准点、基准线和水准点及其书面资料的真实性、准确性和完整性负责。发包人提供上述基准资料错误导致承包人测量放线工作的返工或造成工程损失的，发包人应当承担由此增加的费用和（或）工期延误，并向承包人支付合理利润。承包人发现发包人提供的上述基准资料存在明显错误或疏忽的，应及时通知监理人。

7.4.5　合同工程完工验收与缺陷责任

1. 合同工程完工验收

（1）合同工程完工验收，是指承包人基本完成施工合同规定的工程项目后，移交给发包人前的交工验收。基本完成是指不一定要完成施工合同规定的全部工程内容，有些不影响工程使用的尾工子项目，经监理人批准，可待验收后在保修期完成。

（2）一般工程验收程序如下：

1）完工验收申请。当工程具备下列条件，并经监理人确认，承包人即可向发包人提交完工验收申请，并附上下列完工资料：

① 除监理人同意可列入保修期完成的项目外，已完成了合同规定的全部工程项目。

② 已按合同规定备齐了完工资料，包括：工程实施概况和大事记；已完工程（含工程设备）清单；永久工程完工图；列入保修期完成的项目清单；未完成的缺陷修复清单；施工期观测资料；各类施工文件和施工原始记录等。

③ 已编制了在保修期内实施的项目清单和未修复的缺陷项目清单，以及相应的施工措施计划。

2）监理人审核。监理人在接到承包人的验收申请报告后的 28 天内进行审核，并作出是否同意验收的决定。或提请发包人进行工程验收；或通知承包人在工程验收前尚应完成的工作和对申请报告的异议。承包人应在完成工作后或修改报告后重新提交完工验收申请报告。

3）完工验收和移交证书。一般发包人在接到监理人提交的进行工程验收的报告后，应在监理人收到承包人完工验收申请报告后 56 天内组织工程验收，并在验收通过后向承包人颁发移交证书。在颁发移交证书前，监理人应与发包人、承包人协商，确定工程实际完工日期，并在签发移交证书时列明。此日期是计算承包人完工工期的依据，也是工程保修期的开始。从颁发移交证书之日起，照管工程的责任即应由发包人承担。

（3）分阶段验收和施工期运行。

1）分阶段验收。在全部工程验收前，某些单位工程或分部工程已完工，经发包人同意可先行单独进行验收，通过后颁发单位工程或分部工程移交证书，并由发包人先接管该工程。

2）施工期运行。发包人根据合同工程进度计划的安排，需提前使用尚未全部完成的工程，如水电工程中的大坝工程达到某一特定高程，满足初期发电时，可对该部分工程进行验收，以充分发挥工程效益。此时，发包人一般组织该部分工程验收，并签发临时移交证书。工程未完成部分仍由承包人继续施工。对通过验收的部分工程由于在施工期运行而使承包人增加了修复缺陷的费用，发包人应给予适当的补偿。

（4）发包人拖延验收。如发包人在收到承包人完工验收申请报告后，不及时进行验收，或在验收通过后无故不颁发移交证书，则发包人应从承包人发出完工验收申请报告 56 天后的次日起承担照管工程的费用。

2. 缺陷责任

（1）缺陷责任期（Defects Liability Period）。合同工程移交前，虽已通过工程验收，但还未经过运行的考验，而且还可能有一些尾工项目和修补缺陷项目未完成，所以还必须用一段期间来检验工程的正常运行，这就是工程缺陷责任期。工程缺陷责任期一般为一年，从移交证书中注明的全部工程完工日期开始起算。在全部工程完工验收前，发包人已提前验收的部分工程，若未投入正常运行，其保修期仍按全部工程完工日期起算；若验收后投入正常运行，其保修期应从该部分工程移交证书上注明的完工日期起算。

（2）工程缺陷责任包括：

1）工程缺陷责任期内，承包人应负责修复完工资料中未完成的缺陷，修复清单所列的全部项目。

2）缺陷责任期内如发现新的缺陷和损坏，或原修复的缺陷又遭损坏，承包人应负责修复。至于修复费用由谁承担，这决定于缺陷和损坏的原因。由于承包人施工中的隐患或其他承包人原因所造成的，应由承包人承担；若由于发包人使用不当或发包人其他原因所致，则由发包人承担。

（3）工程缺陷责任终止证书。在全部工程缺陷责任期满，且承包人不遗留任何尾工项目和缺陷修补项目，发包人或授权监理人应在 28 天内向承包人颁发工程缺陷责任终止证书。该证书的颁发表明承包人已履行了保修期的义务，监理人对其满意；也表明了承包人已按合同规定完成了全部工程的施工任务，发包人接受了整个合同工程项目。但此时合同双方的财务支付尚未结清，可能有些争议还未解决，故并不意味着合同已履行结束。

（4）清理现场与撤离。圆满完成清场工作是承包人进行文明施工的一个重要标志。一般而言，在工程移交证书颁发前，承包人应按合同规定的工作内容对工地进行彻底清理，以便发包人使用已完成的工程。经发包人同意，也可留下部分清场工作在工程缺陷责任期满前完成。

7.5 施工安全与环境保护管理

7.5.1 施工安全管理

在传统工程交易理念下，发包人关心的是承包人按施工合同规定，按时交付出合格的工程产品。因此，发包人施工合同管理的重点是关注施工进度、工程质量、工程计量支付，以及工程变更和索赔等问题。但近几年来，我国法律法规对工程施工安全高度重视，这就要求发包人在施工合同管理中要关注工程施工安全问题。

1. 发包人的安全责任

（1）发包人应按合同约定履行安全职责，授权监理人按合同约定的安全工作内容监督、检查承包人安全工作的实施，组织承包人和有关单位进行安全检查。

（2）发包人应对其现场机构雇佣的全部人员的工伤事故承担责任，但由于承包人原因造成发包人人员受到工伤的，应由承包人承担责任。

（3）发包人应负责赔偿以下各种情况造成的第三者人身伤亡和财产损失：

1）工程或工程的任何部分对土地的占用所造成的第三者财产损失；

2）由于发包人原因在施工场地及其毗邻地带造成的第三者人身伤亡和财产损失。

2. 监理人的安全责任

（1）监理人应当审查施工组织设计中的安全技术措施或者专项施工方案是否符合工程建设强制性标准。

（2）监理人在实施监理过程中，发现存在安全事故隐患的，应当要求施工承包人整改；情况严重的，应当要求施工承包人暂时停止施工，并及时报告发包人。施工承包人拒不整改或者不停止施工的，监理人应当及时向有关主管部门报告。

（3）监理人应当按照法律、法规和工程建设强制性标准实施监理，并对建设工程安全生产承担监理责任。

3. 承包人的安全责任

（1）承包人应按合同约定履行安全职责，执行监理人有关安全工作的指示，并在专用合同条款约定的期限内，按合同约定的安全工作内容，编制施工安全措施计划并报送监理人审批。

（2）承包人应加强施工作业安全管理，特别应加强易燃易爆材料、火工器材、有毒与腐蚀性材料和其他危险品的管理，以及对爆破作业和地下工程施工等危险作业的管理。

（3）承包人应严格按照国家安全标准制定施工安全操作规程，配备必要的安全生产和劳动保护设施，加强对承包人人员的安全教育，并发放安全工作手册和劳动保护用具。

（4）承包人应按监理人的指示制定应对灾害的紧急预案，报送监理人审批。承包人还应按预案做好安全检查，配置必要的救助物资和器材，切实保护好有关人员的人身和财产安全。

（5）合同约定的安全作业环境及安全施工措施所需费用应遵守有关规定，并包括在相关工作的合同价格中。因采取合同未约定的安全作业环境及安全施工措施增加的费用，由监理人按第 3.5 款（《标准施工招标文件》（2007 年版）第四章 合同条款及格式）商定或确定。

（6）承包人应对其履行合同所雇佣的全部人员，包括分包方人员的工伤事故承担责任，但由于发包人原因造成承包人人员工伤事故的，应由发包人承担责任。

（7）由于承包人原因在施工场地内及其毗邻地带造成的第三者人员伤亡和财产损失，由承包人负责赔偿。

7.5.2　施工环境保护管理

工程施工中，承包人应承担下列责任，发包人、监理人应加强监督实施。

（1）承包人在施工过程中，应遵守有关环境保护的法律，履行合同约定的环境保护义务，并对违反法律和合同约定义务所造成的环境破坏、人身伤害和财产损失负责。

（2）承包人应按合同约定的环保工作内容，编制施工环保措施计划，报送监理人审批。

（3）承包人应按照批准的施工环保措施计划有序地堆放和处理施工废弃物，避免对环境造成破坏。因承包人任意堆放或弃置施工废弃物造成妨碍公共交通、影响城镇居民生活、降低河流行洪能力、危及居民安全、破坏周边环境，或者影响其他承包人施工等后果的，承包人应承担责任。

（4）承包人应按合同约定采取有效措施，对施工开挖的边坡及时进行支护，维护排水设施，并进行水土保护，避免因施工造成的地质灾害。

（5）承包人应按国家饮用水管理标准定期对饮用水源进行监测，防止施工活动污染饮用水源。

（6）承包人应按合同约定，加强对噪声、粉尘、废气、废水和废油的控制，努力降低噪声，控制粉尘和废气浓度，做好废水和废油的治理和排放。

7.6　工程计量与支付管理

7.6.1　工程量清单

工程量清单是分析计算支付的重要依据，该清单列出了计价项目、估计工程量和相应的工程单价，以及计日工的类别、数量和单价等。工程支付按该清单确定的计价项目单价和按合同规定方法计量得到的、相应的工程量进行。

工程估价采用不同方法时，工程量清单的格式略有差异。【案例 4-2】为《标准施工招标文件》（2007 年版）采用综合单价法时的工程量清单格式，适用于一般房屋建筑工程；而《水利水电工程标准施工招标文件》（2009 年版），提供了采用综合单价法和全单价法两种计算工程估价相对应工程清单的格式。

7.6.2　工程计量

当施工合同采用单价合同时，其支付款项的基本法则就是工程量乘以相应的工程单价。其中，工程单价已在工程量清单报价表中确定，但工程计量涉及计量对象、计量方法等。

1. 计量对象

予以支付工程款项的工程量，必须满足下述 3 个条件：

（1）内容上，必须是工程量清单报价表中所列的、工程变更包含的或监理人专门予以批准的项目。

（2）质量上，必须是已经通过检验，质量上合格的项目的工程量。

（3）数量上，必须是按施工合同规定的计量原则和方法所确定的工程量，其也被称为支付工程量。

支付工程量并不是工程量清单报价表中所标明的工程量（其为估计工程量）。估计工程量是招标时根据图纸估算的，它只是提供给投标人报价所用，不能表示完成工程的实际的、确切的工程量。

支付工程量也不是承包人实际所完成的工程量（实际工程量）。一般情况下，支付工程量与实际工程量应是相等的，即应按承包人实际完成的工程量予以支付。但在某些情况下，由于计量方法与工程实际施工情况不吻合，或承包人工作的失误，二者有可能不相等。例如，隧洞开挖，由于承包人布眼不当而过多地爆落了石方，相应地也增加了混凝土回填量，这种实际上完成的工程量是不应予以支付的，因为这是承包人工作不当造成的，理应由承包人承担责任。再例如，在水电工程土坝施工中，为了能保证压实到规定的密度，施工中必须在边坡线外加填部分土方，称为超填，以后再行削除。合同规定土坝工程量按设计图纸计量，则这部分实际完成的工程量不能计入支付工程量。然而，这种情况是施工所必需的，如果由承包人来承担损失，显然是不合理的。通常对该情况采用两种方法进行处理：一是在工程量清单报价表中增加这部分合理超填，另立项目或在原工程量中加上一个百分比的增量；二是将这部分超填工程量费用分摊到可以计量的支付工程量的单价中去。

2. 计量方法

工程计量都要执行一定的测量和计算方法，这关系到计量准确性的一个重要因素。各个项目的计量原则和方法，一般在规范或工程量清单说明中均有交代，实际计量方法必须与合同文件中所规定的计量方法相一致。

一般情况下，有以下几种方法：

（1）现场测量，就是指根据现场实际完成的工程情况，按规定的方法进行丈量、测算，最终确定支付工程量。

（2）按设计图纸测算，就是指根据施工图对完成的工程进行计算，以确定支付工程量。

（3）仪表测量，就是指通过使用仪表对所完成的工程进行计量。

（4）按单据计算，就是指根据工程实际发生的发票、收据等，对所完成工程量进行的计算。

（5）按监理人批准计量，就是指在工程实施中，按监理人批准确认的工程量直接作为支付工程量，承包人据此进行支付申请。

3. 计量工作的实施

（1）每月的计量。承包人应按月对已完成的质量合格的工程进行计量，在向监理人提交月支付申请报表的同时，提交完成工程量月报表和有关计量资料。监理人应对工程量月报表进行复核，有疑问时，可以要求承包人派人与监理人共同复核或要求承包人进行抽样复测。

（2）项目完成后的结算工程量。当承包人完成了工程量清单中每一项目的全部工程量后，监理人应要求承包人派人共同对该项目的历次计量报表进行汇总，通过测量核实其最终结算工程量，并确定该项目最后一次应支付的准确工程量。若承包人未按监理人要求派人参加复核和结算，则监理人的复核修正工程量和最终结算工程量即视为实际完成的准确工程量。

7.6.3　合同价格调整

1. 物价波动引起的合同价格调整

物价波动引起的价格调整是指人工、材料、施工机械单价波动而影响合同价时，应考虑对合同价的调整。物价波动引起合同价格调整的方法有下述 3 种：

（1）文件证据法。文件证据法，是业主依据实际发生文件（如票据）上的价格与合同（或投标文件）上的原始价格之差，对承包商给予补偿的一种方法。文件证据法调价包括的范围可以是劳动力工资、工程材料、施工用电、运输费用和税金等。文件证据法的使用，要求合同中有劳动力工资、工程材料等的原始价格，并有对何种对象可以调，以及需提供何种文件证据等的规定。文件证据法的使用存在这样一些问题：

1）文件证据法要求有原始价格和调整时实际价格的证据，否则无法操作。像施工机械台班费这一类费用就难以用此法调整。

2）文件证据法调整合同价的管理工作量大。对一个较大的施工项目，仅材料一项可能会有上百种，调整时需对这些材料的原始价和实际的有关证据逐一核实、计算，工作量相当大。

3）在法制不健全、票据管理混乱的环境下，文件证据法也并不适宜。

4）施工中常会出现不同规格、型号材料代用的问题，在合同中可能不会找到这些代用材料的原始价格。

（2）按实计算法，也称造价信息法。施工期内，因人工、材料、设备和机械台班价格波动影响合同价格时，人工、机械使用费按照国家或省、自治区、直辖市建设行政管理部门、建设行业管理部门或其授权的工程造价管理机构发布的人工成本信息、机械台班单价或机械使用费系数进行调整；需要进行价格调整的材料，其单价和采购数应由监理人复核，监理人确认需调整的材料单价及数量，作为调整工程合同价格差额的依据。按实计算法的计算公式为：

$$\Delta P = \sum_{i=1}^{n}\left[(F_{ti} - F_{oi})Q_i\right] \tag{7-1}$$

式中　ΔP——需调整的价格差额；

　　n——可调价的项目数；

　　F_{ti}——第 i 项目的现行价格；

　　F_{oi}——第 i 项目的基本价格；

　　Q_i——第 i 项目的消耗量。

应用该方法时，必须在签订合同前双方商定本工程中可调价项目的数量与内容。

（3）调价公式法，也称价格指数法。因人工、材料和设备等价格波动影响合同价格时，根据投标函附录中的价格指数和权重表约定的数据，按式（7-2）计算差额并调整合同价格。

$$\Delta P = P_0\left[\sum_{i=1}^{n}\frac{F_{ti}}{F_{oi}}B_i + A - 1\right] \tag{7-2}$$

式中　ΔP——需调整的价格差额；

　　P_0——业主应支付的金额（不包括价格调整、保留金和预付款）中，以基本价格计价部分；

　　n——可调价的项目数；

　　F_{ti}——第 i 项目的现行价格指数或现行价格；

　　F_{oi}——第 i 项目的基本价格指数或基本价格；

　　B_i——第 i 项目的权重，即第 i 项目在合同估算价中所占比例；

　　A——不调价项（一般指管理费、利润）的权重；

　　[　]——综合后被称为调价系数。

调价公式法在具体运用时，通常可在招标文件附有价格指数和权重表，规定可调价的项目数 n、不调价项权重 A 和可调价项目的权重范围 B_i，并应满足 $A + \sum_{i=1}^{n} B_i = 1.0$ 的约束条件。

《标准施工招标文件》（2007 年版）合同通用条件中采用调价公式法。

2. 国家或地方性法规变化引起的合同价格调整

一般而言，在递交投标书截止日期前 28 天后，如政府法规发生变化而导致工程费用发生除物价波动引起的价差以外的增减，则发包人应和承包人协商对合同价格进行调整。

7.6.4　工程支付内容、类型与程序

1. 工程支付内容

施工合同中，工程支付涉及工程量清单内支付和工程量清单外支付。

（1）工程量清单内支付，即在工程量清单报价表内项目的支付，包括一般项目、暂定金和计日工的支付。

1）一般项目支付，即指包括在分组工程量清单报价表项目的支付。对单价合同，这类项目按实际完成的工程量或监理人确认的数量乘以合同中规定的单价进行支付，即工程进度款支付（Project Progress Payment）。

2）暂列金支付。暂列金（Provisional Sums）是包含在合同总价中，并在分组工程量清单报价表中用该名称标明的，它主要用于工程的任何部分施工，或用于提供货物、材料、设备或服务，或用作指定分包，或供不可预见事件之费用支付的一项金额。暂列金可以是一笔估算数，也可以是若干笔预计目标款项估算数之和。暂列金的使用特点有：

① 按监理人的指令可全部或部分使用，也可能不需动用。

② 承包人只有权使用于由监理人决定的与上述暂列金额有关的工作、供应或不可预见事件等项目。

③ 监理人根据合同决定使用暂列金时，应以书面方式通知承包人，并将一份副本提交发包人备案，必要时还需得到发包人同意。

3）计日工（Daywork）支付。俗称"点工"，指监理人认为工程的某些变动有必要，或认为按计日工作制适宜于承包人开展工作，以工作人数为基础进行计量与支付，便于结算，而采用的一种工作制度。对于这类按计日工作制实施的工程，承包人应在该工程持续进行的过程中，每天向监理人提交受雇于从事该工作的所有工人的姓名、工种和工时的确切清单，一式两份；同时提交表明所有该项工程使用和所需材料、承包人设备的种类、数量等的报表，一式两份。如果监理人认为内容正确，应在报表上认可签字，并退还给承包人一份。每个月末，承包人应将监理人认定的计日工费用汇入月支付申请表中，向发包人申请支付。

（2）工程量清单外支付，即不包括在工程量清单报价表内项目的支付，经常涉及预付款、保留金、奖励与赔偿，以及工程变更、合同价格调整、工程索赔等引起的工程支付（Project Payment）。

1）预付款（Advance Payment）。不同类型标准文本中存在差异，在《水利水电工程标准施工招标文件》（2009 年版）中，预付款可分为工程预付款和材料预付款两类。

① 工程预付款。其是承包人中标后，由发包人向承包人提供的一笔无息款项，以便

于承包人做进场施工准备。工程预付款一般为施工合同价的 10%～15%；发包人在后来的月支付工程款中，将工程预付款分期扣回。

② 材料预付款。其是指发包人以无息贷款形式，在按月支付工程款的同时，供给承包人的一笔用以购置材料与设备的价款。发包人在以后的月支付工程款中陆续扣回。

2）保留金（Retention Money）。为了确保在施工过程中工程的一些缺陷能得到及时的修补，承包人违约造成的损失能获得及时赔偿，发包人有必要在月支付工程款中按工程款的某一百分数比例扣留一笔款项，这就是保留金。对保留金的扣留采用的办法一般为：在每月的支付证书中，扣留当月工程款（不包括预付款和价格调整金额）的 5%～10%；当保留金累计扣留值已达到合同价的 2.5%～5.0% 时，一般即停止扣留。保留金的退还，通常规定，对一次验收的工程，在签发本合同工程移交证书后 14 天内，发包人应将保留金总额的 50% 退还给承包人，而在保修期满后 14 天内，将剩余的保留金退还给承包人。对分项验收的工程，在签发部分工程移交证书后，发包人应将其相应的保留金额的 50% 退还承包人，其余部分则在全部工程保修期满后退还给承包人。

3）奖励与赔偿（Incentive-free and Claim）。施工中如因承包人的原因而使发包人得到额外的效益，则发包人应给予承包人奖励。赔偿是指发包人的索赔，当由于承包人原因而导致发包人额外支付或损失，如承包人未按合同要求办理保险，而由发包人办理导致发包人额外的支付，发包人或监理人可向承包人发出通知，并说明细节，在月支付工程款中予以扣除。

4）工程变更引起的支付。凡属于承包人违约或毁约，或由于承包人的责任导致监理人有必要发出变更指令，则由此造成的附加费用应由承包人承担，不准出现在或包含在月工程支付申请表中；当监理人认为有必要对工程或其中任何部分的形式、质量或数量作出任何变更时，应向承包人发布工程变更指令，承包人在按要求完成这一变更工程后，可根据工程变更指令中确定的单价或价格进行支付申请，填入月工程支付申请表中。

5）合同价格调整（Contract Price Adjustment）引起的支付。其包括由于人工、材料和设备等价格波动所引起的价差调整而发生的支付，以及国家或地方性法规发生变化而导致工程费用发生除物价波动引起的价差以外的增减的支付。

6）工程索赔引起的支付。施工中，由于承包人以外的原因引起承包人增加额外费用或其他损失时，承包人可以合同条款为依据，按规定的程序要求发包人对其进行费用补偿和延长工期。在支付方面，主要是费用补偿。

2. 工程支付类型

按工程支付时间，可将其分为 3 类：

（1）中期进度支付（Schedule Payment）或临时支付。在施工过程中，承包人根据一段时间内实际完成的支付工程量与工程量清单报价表上的工程单价进行计算，并提出支付申请，经监理人审核后签发付款证书，最后由发包人向承包人进行支付，这称为中期支付，或进度支付，或临时支付。临时支付也可包括工程变更、材料预付款、索赔等。中期进度支付或临时支付一般按合同每月支付一次，因而也称月工程支付。

（2）完工支付（Completion Payment）。在整个工程完工，通过工程验收并颁发了移交证书后，承包人应结算到完工日期为止完成所有工作的价值，以及发包人应进一步支付的款项，提出支付申请。经监理人审核同意，签发完工付款证书，由发包人向承包人支付。

（3）最终支付（Final Payment）。在保修期满，监理人对承包人在此期间的工作表示满意，并签发保修期满证书后，承包人就其按合同已完成所有工作价值及发包人应支付的款额提出申请。经监理人审核同意，签发最终付款证书，由发包人向承包人支付。

3. 工程支付程序

（1）月工程支付流程如图 7-3 所示。

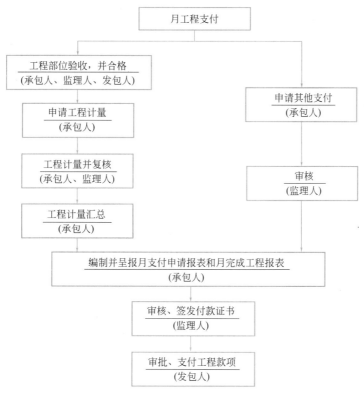

图 7-3　月工程支付流程图

（2）完工支付程序，具体如下：

1）在监理人颁发移交证书后的 28 天内，承包人应向监理人提交一份完工支付申请报表，并附有详细的计算资料和证明文件。完工支付申请报表应包括：到移交证书上注明的完工日期止，所完成全部工程的价款金额；承包人认为还应支付给他的金额。

2）监理人在收到完工支付申请报表后的 28 天内进行复核，并向发包人签发完工付款证书。

3）发包人收到完工付款证书后，应在 42 天内审批并向承包人支付。延期支付应加付利息。

一般承包人向监理人提交完工支付申请报表后，无权再提出在颁发移交证书前发生的任何索赔。

（3）最终支付程序，具体如下：

1）承包人收到监理人签发的保修责任终止证书后的 28 天内，应向监理人提交一份最终支付申请报表，并附有证明文件。最终支付申请报表的内容包括：按合同规定已完成的全部工程价款金额、承包人认为还应支付给他的金额。

2）监理人在收到最终支付申请报表后，应仔细核查，如有异议，可要求承包人修改补充，直至工程监理人同意为止。监理人在收到经其同意的最终支付申请报表后的 14 天内应签发最终付款证书。

3）承包人在向监理人提交最终支付申请报表的同时，应向发包人提交一份结算清单。结算清单应载明，按合同规定发包人应支付给承包人的全部款项。结算清单只在发包人已将履约保函退还承包人，并已按最终付款证书向承包人支付后才生效。

4）发包人在收到最终付款证书后 42 天内向承包人支付。若最终结算确认承包人应向发包人支付，则发包人应通知承包人，承包人在接到通知后的 42 天内应向发包人付款。无论发包人或承包人，延期支付者均应加付利息。

5）承包人向监理人提交最终支付申请报表后，即无权再提出任何索赔。

本章小结

本章主要介绍了工程施工合同管理的一般问题，包括：施工合同文件、施工合同相关各方及其关系、施工目标（进度、质量、安全、费用/造价）管理，以及工程计量支付管理等内容。施工进度管理由一系列文件组成，包括合同协议书、招标文件、投标文件等，而在招标文件中又有十分丰富的内容。在解释合同中，一般有解释的优先次序，其基本遵从这样的规律：合同文件生成时间越迟，其就越具有优先解释权。施工合同当事人是发包人和承包人，当采用"监理制"时，发包人委托监理人参与施工合同管理，承担发包人授权范围内、代表发包人的施工合同管理任务。施工进度等目标管理，总体要求承包人按合同规定要求实施，不得随意调整。其中，费用问题是核心，与其他目标管理相关。合同支付类型众多、程序繁杂，但不难发现它们均与控制施工合同目标相关。施工合同管理中另外两个重要的问题是工程变更和索赔，将放在第 8 章专门介绍。

思考与练习题

1. 工程施工合同文件包括哪些部分？它们解释的优先次序如何？
2. 工程发包人、承包人和监理人的基本关系如何？他们各有哪些责任、权利或义务？
3. 工程发包人管理工程进度过程如何？在哪些情况下，施工合同工期可以延长？
4. 工程量清单包括哪些内容？工程量清单报价表中工程量有何用处？
5. 工程支付包括哪些内容、类型？工程支付应具备什么样的条件？

第8章　工程变更与索赔管理

本章知识要点与学习要求

序号	知识要点	学习要求
1	工程变更的概念	掌握
2	工程变更的范围和内容、工程变更的程序	熟悉
3	工程变更引起本项目和其他项单价或合价调整的原则	熟悉
4	工程施工索赔的概念、分类	掌握
5	工程工期索赔和费用索赔的内涵	掌握
6	工程施工索赔原因和索赔程序	熟悉
7	工程施工索赔的主要依据	了解
8	可索赔费用组成和不可索赔的费用	熟悉
9	可索赔费用各部分的内涵和计算方法	了解
10	施工费用索赔额的计算方法	了解

在许多大中型工程施工合同管理中，一方面，客观存在工程变更和索赔两项问题；另一方面，它们与工程支付直接相关，管理相对比较复杂。因此，无论是承包人，还是发包人，对这两项管理均十分重视，故本章也将对其进行专门介绍。

8.1　工程变更管理

8.1.1　工程变更

1. 什么是工程变更

在工程承发包合同的条件下，工程变更（Project Variation 或 Project Change），即合同变更，是指对合同文件，包括相应的工程设计、建设条件，或经监理人批准的施工方案，进行的任一方面的改变。提出变更的主体，可能来自发包人、承包人和监理人等。任何合同工程变更都必须在政策法规允许的范围内进行，一些重要的设计意图，如使用性质、规模、建筑坐标等，与城市规划及上级批文有关的设计内容，任何一方都无权随意变更。

2. 工程变更权

工程变更权，即行使工程变更的权力。在履行施工合同过程中，经发包人同意，监理人可按规定的工程变更程序向承包人作出工程变更指示，承包人应遵照执行。没有监理人的变更指示，承包人不得擅自进行工程变更。

3. 工程变更的范围和内容

不同标准化合同条件通用条款中，工程变更的范围和内容略有不同，《标准施工招标文件》（2007 年版）中合同通用条款规定的工程变更的范围有：

（1）取消合同中任何一项工作，但被取消的工作不能转由发包人或其他人实施。

（2）改变合同中任何一项工作的质量或其他特性。

（3）改变合同工程的基线、标高、位置或尺寸。

（4）改变合同中任何一项工作的施工时间，或改变已批准的施工工艺或顺序。

（5）为完成工程需要追加的额外工作。

《水利水电工程标准施工招标文件》（2009 年版）在上述基础上，增加了一种情况，即：增加或减少专用合同条款中约定的关键项目工程量超过其一定比例数量百分比。

8.1.2　工程变更程序

某工程发包人委托监理人参与施工合同管理，工程变更管理的一般流程如图 8-1 所示。

1. 工程变更的提出

参与工程建设的发包人、监理人、设计方、施工承包人的任何一方认为原设计图纸、技术标准等不适应工程实际情况，或工程功能不满足使用要求时，均可向监理人提出变更要求或建议，提交书面变更建议书。工程变更建议书包括以下主要内容：

（1）工程变更的原因及依据。

（2）工程变更的内容及范围。

（3）工程变更引起的合同价增加或减少。

（4）工程变更引起的合同期的提前或延长。

（5）工程为审查所必须提交的附图及其计算资料等。

2. 工程变更建议的审查

监理人负责对工程变更建议书进行审查，审查的基本原则是：

（1）工程变更的必要性与合理性。

（2）工程变更后不降低工程的质量标准，不影响工程完建后的运行与管理。

（3）工程变更在技术上必须可行、可靠。

（4）工程变更的费用及工期是经济合理的。

（5）工程变更尽可能不对后续施工在工期和施工条件上产生不利影响。

监理人在工程变更审查中，应充分与发包人、设计方、承包人进行协商，对工程变更项目的单价和总价进行估算，分析因变更而引起的该项工程费用增加或减少的数额。

3. 工程变更的批准与变更工程的重新设计

若工程变更的额度在监理合同的授权范围之内，监理人可直接审批。对于超出监理人授权范围的工程变更，监理人应报发包人，发包人应在规定的时间内给予审批。

工程变更获得批准后，由发包人委托原设计方负责完成具体的变更工程的重新设计工作，设计方应在规定时间内提交工程变更设计文件，包括施工图纸。如果原设计方拒绝进行工程变更设计，发包人可委托其他单位设计。

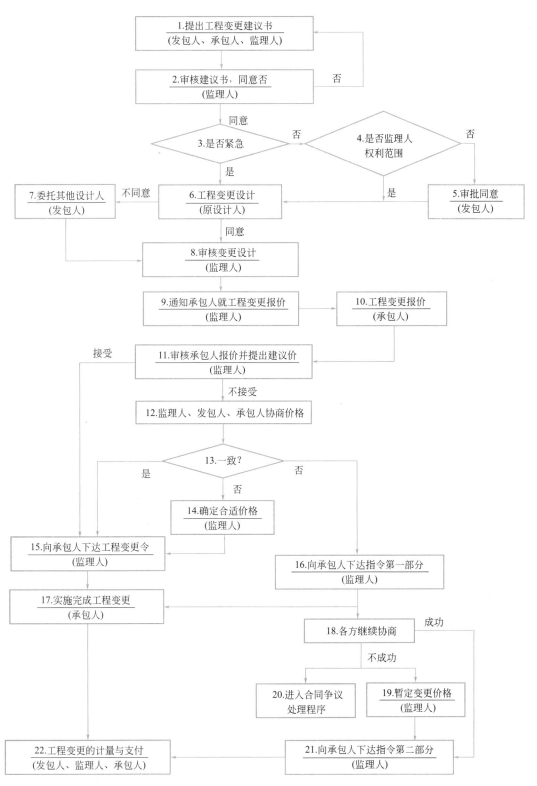

图 8-1 工程变更管理流程图

4. 工程变更估价

监理人审核工程变更设计文件和图纸后，要求承包人就工程变更进行估价，由承包人提出工程变更的单价或价格，报监理人审查，发包人核批。

5. 工程变更令发布与实施

发包人批准工程单价或价格以后，由监理人向承包人下达工程变更指令（Change Order 或 Variation Order），承包人据此组织工程变更的实施。工程变更指令应包括两部分内容：一是工程变更的文件和图纸；二是工程变更的价格。

为避免耽误施工，监理人可以根据工程的具体情况，分两次下达工程变更令：第一次发布的变更令主要是变更设计文件和图纸，指示承包人继续工作；第二次发布的变更令主要是发包人核批后的工程变更单价或价格。

工程变更指令必须是书面的，也可由监理人先发出口头指令，其后在规定的时间内补充书面指令。一旦发出工程变更指令，承包人必须予以执行。承包人对工程变更指令的内容，如单价不满意时，可以提出调整或补偿要求。

6. 工程变更计量与支付

承包人在完成工程变更的内容后，按月支付的要求申请进行工程计量与支付。

8.1.3　工程变更价格调整

变更引起的价格调整有两种情况。

1. 变更引起本项目和其他项目单价或合价的调整

任何一项工程变更都有可能引起变更项目和有关其他项目的施工条件发生变化，以致影响本项目或/和其他项目的单价或合价，此时发包人和承包人均可提出对单价或价格的调整。这种情况按以下原则进行价格调整：

（1）变更的项目与工程量清单报价表中某一项目施工条件相同时，则采用该项目的单价。

（2）若工程量清单报价表中无相同的项目，则可选用类似项目的单价作为基础，修改合适后采用。

（3）若既无相同项目，也无类似项目，则应由监理人、发包人和承包人协商确定新的单价或价格。

（4）若协商不成，可由监理人确定合适的价格。

2. 合同项目工程量增减量超过一定比例时，单价或合价的调整

关于工程变更范围和内容，《水利水电工程标准施工招标文件》（2009 年版）在《标准施工招标文件》（2007 年版）的基础上，针对"工程变更范围和内容"补充了一条："增加或减少专用合同条款中约定的关键项目工程量超过其一定比例数量百分比"，即合同工程在施工过程中，关键项目工程量发生较大变化（增加或减少）超过一定比例时，工程单价应允许调整。

上述补充，对工程量变化较大的项目是合理的，理论上分析如下：工程施工费用可分成两部分，即不变费用和可变费用；不变费用包括建设临时工程（如施工道路、钢筋加工厂等）费、工程设备进场与退场费用、企业管理费用等；可变费用包括施工过程的消耗或支付，如土方施工中包括挖土、装、运等的消耗或支付；而在工程报价中，总是将不变费用分摊到一定工程量的可变费用中，从而形成工程单价。显然，当实际工程量比工程量清

单的工程量多时，不变费用的分摊量就变小；反之，不变费用的分摊量就变大。因此，当工程量变化较大，且不变费用占的比例较大时，这种单价的变化将是明显的。

对于一些地质条件不确定性较大的工程，实际工程量与合同工程量清单的工程量相比，比例增加或减少到多大比例，才对超过部分工程单价进行调整呢？对这一问题，一般要进行具体分析，并在合同专用条款中确定。

实践表明，许多合同将这一比例取为10％～15％，即实际工程量比合同工程量清单的工程量增加或减少10％～15％时，对超出这部分的工程量进行调整。一般的规律是，当实际工程量增加时，降低合同单价；反之，提高合同单价。

此外，也有一些合同工程，采用单价计价方式，在竣工结算时，如发现所有合同变更的总金额和支付工程量与清单中工程量之差引起的金额之和超过合同价格（不包含暂定金）的10％或15％时，除了上述单价或合价的调整外，还应对合同价格进行调整。调整的原则是：当变更值为增加时，发包人在支付时应减少一笔金额；变更值为减少时，则支付时应增加一笔金额。这种调整金额仅考虑超过合同价格10％～15％的部分。

上述两类单价或合价的调整，一般要在施工合同专用条款中作具体规定。

【案例8-1】某大厦工程变更处理分析

2021年1月5日，某大厦建设单位/项目法人（简称"被告"）以工程量清单计价方式，经过公开招标投标与某一建筑工程公司（简称"原告"）签订了《某大厦建设施工合同》。合同约定：承包范围为大厦及裙房，建筑面积为33200m²，工程造价为3618万元，开工和完工时间为2021年1月10日和2021年12月31日。

由于被告对建筑工程管理不是很熟悉，前期策划也不充分。因此，在合同中未明确规定工程变更的计价方法；在施工合同履行过程中，工程变更比较多，被告对工程变更通知并非都是以书面形式发出，对原告提出的变更工程价款的要求，也并非都明确答复。

2022年2月10日，大厦工程通过完工验收。原告在规定的时间内向被告提交了完工结算报告，原、被告双方对原设计计价基本没有争议，但是对原告提出的345万元的工程变更部分的价款，双方争议很大。被告认为：一部分工程变更没有签证，所以不予确认；另一部分工程变更虽有签证，但价格没有确定，应按合同工程量清单中相似的价格确定。而原告认为：只要被告要求或同意自己施工，均应计价；对只确定工程变更而未确认计价标准的工程签证，应按当地定额计价。由于双方对原告提出345万元的工程变更部分，能达成一致的只有100万元左右，所以，2022年6月20日，原告向有管辖权的人民法院提起诉讼，要求被告支付由于工程变更所增加的工程款345万元。

【问题】工程变更的数量和单价该如何确定？

【解析】本案例最大的问题是没有采用标准化合同条件，若采用标准化合同条件，许多问题就明确了，解决矛盾也就简单了。建设工程施工合同的动态变化主要是通过工程变更形式来体现的，而工程变更往往通过工程签证来锁定。上述案例中的工程变更引起的价款调整分为以下3种情况：

（1）工程签证对变更的事实和变更的计价标准予以明确约定的，按约定计价。如果工程签证不仅对于发生的变更事实予以肯定，而且对于发生变更的费用和延误的工期也予以确定，则按签证中约定的工程价款结算方式进行结算。这类工程签证是最有利于维护承包人利益的，这种定量的约定，无论其与定额有什么差异，均是合法有效的。但在规定的时期内，对方向仲裁委员会（或法院）以"约定内容显失公平"为理由主张撤销或变更，并得到支持的除外。

（2）工程签证仅对变更的事实予以确定的，其计价原则是按当地的计价规定和标准进行计价。《最高人民法院关于审理建设工程施工合同纠纷案件适用法律问题的解释》第十六条第二款明确规定："因设计变更导致建设工程的工程量或者质量标准发生变化，当事人对该部分工程价款不能协商一致的，可以参照签订建设工程施工合同时当地建设行政主管部门发布的计价方式或者计价标准结算工程价款"。当地建设工程行政主管部门发布的计价方法或计价标准是根据本地建筑业市场的建安成本的平均值确定的，属于政府指导价的范畴。所以，这类工程签证的工程价款可以参照签订施工合同时当地建设工程行政主管部门发布的计价方法或计价标准结算工程价款。

（3）没有工程签证，只有其他证据证明发包人同意施工，其计价原则是按当地的计价规定和标准进行计价。《最高人民法院关于审理建设工程施工合同纠纷案件适用法律问题的解释》第十九条规定："当事人对工程量有争议的，按照施工过程中形成的签证等书面文件确认。承包人能够证明发包人同意其施工，但未能提供签证文件证明工程量发生的，可以按照当事人提供的其他证据确认实际发生的工程量"。所以，承包人有证据证明发包人同意或要求其施工的，并且该证据经过举证、质证后足以证明其真实性、合法性和关联性的，这类证据可视为工程签证，可以作为计算工程量的依据。按照《最高人民法院关于审理建设工程施工合同纠纷案件适用法律问题的解释》第十六条第二款的精神，这类情况的计价原则也可参照签订施工合同时当地建设行政部门发布的计价方式或计价标准结算工程价款。

8.2　工程索赔管理

8.2.1　工程索赔

1. 什么是工程索赔

索赔（Claim）是在经济活动中，合同当事人一方因对方违约，或其他过错，或无法防止的外因而受到损失时，要求对方给予赔偿或补偿的活动。

承包人的索赔（Construction Claim），一般是指承包人在施工合同履行中，由于非自身原因，发生合同规定之外的额外工作或损失时，向发包人提出费用或时间补偿要求的活动。

发包人的索赔，一般是发包人在施工合同履行中，由于承包人的违约原因，使发包人支付增加，发包人向承包人提出赔偿或补偿的活动。

在工程施工合同管理中，通常称承包人的索赔为施工索赔，发包人的索赔为反索赔（Counter-Claim）或施工反索赔。

2. 索赔的原因

在工程施工中，引起承包人向发包人索赔的原因可能是多方面的，主要包括：

（1）发包人违约（Default of Employer）。在施工招标文件中规定了发包人应承担的义务，承包人正是在这基础上投标和报价的。若开始施工后，发包人没有按合同文件（包括招标文件）规定，如期提供必要条件，势必造成承包人工期的延误或费用的损失，这就可能引起索赔。如应由发包人提供的施工场内外交通道路没有达到合同规定的标准，造成承包人运输机械效率降低或磨损增加，这时承包人就有可能提出补偿要求。

（2）不利的自然条件（Adverse Physical Conditions）。一般施工合同规定，一个有经验的承包人无法预料到的不利的自然条件，如超标准洪水、地震、超标准的地下水等，承包人就可提出索赔。

（3）合同缺陷。合同缺陷表现为合同文件规定不严谨甚至矛盾、合同中的遗漏或错误。其缺陷既可能包括在商务条款中，也可能包括在技术规程和图纸中。对于合同缺陷，监理人有权作出解释，但承包人在执行监理人的解释后引起施工成本的增加或工期的延长，有权提出索赔。

（4）设计图纸或工程量表中的错误。这类错误包括：

1）设计图纸与工程量清单不符。

2）现场条件与图纸要求相差较大。

3）纯粹工程量错误。

若由于这些错误引起承包人施工费用增加或工期延长，则承包人极有可能提出索赔。

（5）计划不周或不适当的指令。承包人按施工合同规定的计划和规范施工，对任何因计划不周而影响工程质量的问题不承担责任，而弥补这种质量问题而拖延的工期和增加的费用均应由发包人承担。对发包人和监理人不适当的指令所引起的工期拖延和费用增加，也应由发包人承担。

3. 索赔的依据

工程施工索赔的主要依据是施工合同。在《标准施工招标文件》（2007 年版）施工合同的通用条款中，承包人可以获得索赔或补偿的条款见表 8-1。

《标准施工招标文件》（2007 年版）施工合同的通用条款中关于应给承包人补偿的条款

表 8-1

序号	款号	主要内容	可补偿内容		
			工期	费用	利润
1	1.10.1	文物、化石	√	√	
2	3.4.5	监理人的指示延误或错误指示	√	√	√
3	4.11.2	不利的物质条件	√	√	
4	5.2.4	发包人提供的材料和工程设备提前交货		√	
5	5.4.3	发包人提供的材料和工程设备不符合合同要求	√	√	√
6	8.3	基准资料的错误	√	√	√
7	11.3(1)	增加合同工作内容	√	√	√
8	11.3(2)	改变合同中任何一项工作的质量要求或其他特性	√	√	√
9	11.3(3)	发包人延迟提供材料、工程设备或变更交货地点	√	√	√
10	11.3(4)	因发包人原因导致的暂停施工	√	√	√
11	11.3(5)	提供图纸延误	√	√	√
12	11.3(6)	未按合同约定及时支付预付款、进度款	√	√	√
13	11.4	异常恶劣的气候条件	√		

续表

序号	款号	主要内容	可补偿内容		
			工期	费用	利润
14	12.2	发包人原因的暂停施工	√	√	√
15	12.4.2	发包人原因无法按时复工	√	√	√
16	13.1.3	发包人原因导致工程质量缺陷	√	√	√
17	13.5.3	隐蔽工程重新检验质量合格	√	√	√
18	13.6.2	发包人提供的材料和设备不合格,承包人采取补救措施	√	√	√
19	14.1.3	对材料或设备的重新试验或检验证明质量合格	√	√	√
20	16.1	物价浮动引起的价格调整		√	
21	16.2	法规变化引起的价格调整		√	
22	18.4.2	发包人提前占用工程导致承包人费用增加	√	√	√
23	18.6.2	发包人原因,试运行失败,承包人修复		√	√
24	21.3(4)	不可抗力停工期间的照管和后续清理		√	
25	21.3(5)	不可抗力不能按期竣工	√		
26	22.2.2	因发包人违约承包人暂停施工	√	√	√

4. 施工索赔的分类

关于工程施工索赔的分类,目前还没有统一的方法,大致有下列几种分类方法:

(1) 按索赔的依据分类。按索赔的依据分类是根据工程施工的合同条款,分析承包人的索赔要求是否有合同文字依据,将施工索赔分为:

1) 合同内索赔 (Contractual Claims)。这种索赔涉及的内容可以在合同内找到依据。如工程量的计算、变更工程的计量和价格、不同原因引起的延期等。

2) 合同外索赔 (Non-contractual Claims),亦称超越合同规定的索赔。这种索赔在合同内找不到直接依据,但承包人可根据合同文件某些条款的含义,或可从一般的民法、经济法或政府有关部门颁布的其他法规中找到依据。此时,承包人有权提出索赔要求。

3) 道义索赔 (Ex-gratia Claims),亦称通融索赔或优惠索赔。这种索赔在合同内或在其他法规中均找不到依据,从法律角度讲没有索赔要求的基础,但承包人确实蒙受损失,他在满足发包人要求方面也做了最大努力,因而他认为自己有提出索赔的道义基础,对其损失寻求优惠性质的补偿。有的发包人通情达理,出于善良和友好,给承包人适当补偿。

(2) 按索赔所涉及的当事人分类。按工程施工中所涉及当事人,可将索赔分为下列 3 种:

1) 承包人与发包人之间的索赔。这是施工中最普遍的索赔形式,所涉及的内容大都和工程量计算、工程变更、工期、质量和价格等方面有关,也有关于违约、暂停施工等的补偿问题。

2) 总承包人与分包人之间的索赔。这种索赔的内容范围与承包人和发包人间索赔的内容范围基本相同,但它的形式为分包人向总承包人提出补偿要求,或总承包人向分包人罚款或扣留支付款。这种索赔的依据是总承包人和分包人间的分包合同。

3）发包人或承包人与供货商之间的索赔。这种索赔的依据是供货合同。若供货商违反供货合同，给发包人或承包人造成经济损失时，发包人或承包人有权向供货商提出索赔。

（3）按索赔的目的分类。在施工中，索赔按其目的可分为延长工期索赔和费用索赔。

1）延长工期索赔（Claims for Extension of Time），简称工期索赔。这种索赔的目的是承包人要求发包人延长施工期限，使原合同中规定的竣工日期顺延，以避免承担拖期损失赔偿的风险。如遇特殊风险、变更工程量或工程内容等，使得承包人不能按合同规定工期完工，为避免追究违约责任，承包人在事件发生后就会提出顺延工期的要求。

2）费用索赔（Claims for Loss and Expense），亦称经济索赔。它是承包人向发包人要求补偿自己额外费用支出的一种方式，以挽回不应由他负担的经济损失。

在施工实践中，大多数情况是承包人既提出工期索赔，又提出费用索赔。按照惯例，两种索赔要独立提出，不得将两种索赔要求写在同一报告中。因此若某一事件发生后，发包人可能只同意工期索赔，而拒绝经济索赔。若两种要求在同一报告中，通常会被认为理由不充分或索赔要求过高，反而会被拒绝。

5. 承包人提出索赔的期限

（1）承包人按合同约定接受了竣工付款证书后，应被认为已无权再提出在合同工程接收证书颁发前所发生的任何索赔。

（2）承包人按合同约定提交的最终结清申请单中，只限于提出工程接收证书颁发后发生的索赔。提出索赔的期限自接受最终结清证书时终止。

6. 发包人提出的索赔（反索赔）

发生索赔事件后，监理人应及时书面通知承包人，详细说明发包人有权得到的索赔金额和（或）延长缺陷责任期的细节和依据。发包人提出索赔的期限和要求与承包人提出索赔的期限和要求相同，延长缺陷责任期的通知应在缺陷责任期届满前发出。

监理人按合同约定，商定或确定发包人从承包人处得到赔付的金额和（或）缺陷责任期的延长期。

8.2.2 工程索赔程序

施工索赔是承包人取得合法利益的重要手段。处理好施工索赔是发包人保证工程顺利进行、控制工程投资的重要措施。某工程采用监理人参与施工合同管理的组织方式，施工索赔程序（Procedure for Claims）如图 8-2 所示。

1. 承包人提出索赔要求

根据合同约定，承包人认为有权得到追加付款和（或）延长工期的，应按以下步骤向发包人提出索赔：

（1）承包人应在知道或应当知道索赔事件发生后 28 天内，向监理人递交索赔意向通知书，并说明发生索赔事件的事由。承包人未在前述 28 天内发出索赔意向通知书的，丧失要求追加付款和（或）延长工期的权利。

（2）承包人应在发出索赔意向通知书后 28 天内，向监理人正式递交索赔通知书。索赔通知书应详细说明索赔理由以及要求追加的付款金额和（或）延长的工期，并附必要的记录和证明材料。

（3）索赔事件具有连续影响的，承包人应按合理时间间隔继续递交延续索赔通知，说明连续影响的实际情况和记录，列出累计的追加付款金额和（或）工期延长天数。

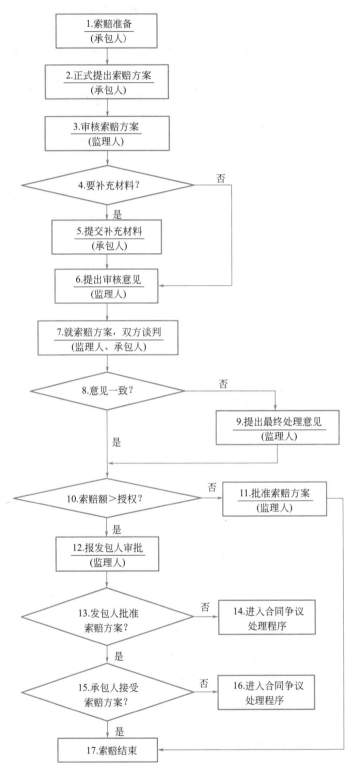

图 8-2　某工程索赔程序流程图

（4）在索赔事件影响结束后的 28 天内，承包人应向监理人递交最终索赔通知书（Notice of Claim），说明最终要求索赔的追加付款金额和/或延长的工期，并附必要的记录和证明材料。

2. 监理人审核索赔证据

监理人在接到承包人的正式索赔书面文件和索赔证据后，应立即研究承包人的索赔要求和证据，分析引发事件的原因和有关合同条款，必要时还可要求承包人进一步补充证据。通过充分分析研究，监理人认为索赔要求合理或部分合理时，拟定索赔方案，即拟补偿给承包人的款额和工期延长天数；否则，监理人驳回承包人的索赔要求。

3. 谈判协商

监理人提出索赔方案后，通知承包人就该索赔事件进行友好协商。若通过谈判协商达成一致意见，则监理人将索赔事件和谈判结果报发包人；若双方对索赔事件的责任、补偿数额分歧较大，即达不成共识的话，监理人有权确定一个他认为合理的最终处理意见，将其通知承包人，并报发包人。

4. 发包人审批索赔报告

发包人就承包人的索赔要求和监理人的索赔报告，依据合同条款，以及通盘考虑承包人方面在实施合同过程中的缺陷或不符合合同要求的地方和是否提出反索赔等方面的问题，决定是否批准此项索赔报告。若发包人否定了承包人的索赔要求，则发包人与承包人的分歧只能通过仲裁手段加以解决；若发包人批准监理人的索赔报告，则承包人就可得到费用或工期方面的补偿。

5. 提交仲裁或诉讼

承包人接受了最终的索赔决定，则此索赔事件即告结束。若承包人不接受监理人单方面决定或发包人删减的索赔款额和工期延长天数，就会导致合同纠纷。若双方又不能达成谅解，则只能诉诸法律公断。解决合同纠纷的法律手段有仲裁或诉讼。

仲裁应按仲裁程序进行，由仲裁员作出裁定。裁定具有约束力，虽然仲裁组织本身无强制能力和强制措施，但若败诉方不执行裁定，胜诉方有权向法院提出执行裁定的申请。法院根据胜诉方的要求，出面强制败诉方执行。仲裁处理问题比诉讼迅速，费用也较节省。

诉讼即向法院起诉。当发生合同纠纷后，所涉及的金额巨大、后果严重，或合同中又没有签订仲裁条款，则合同当事人中任一方均可向有管辖权的法院起诉，申请判决。诉讼在起诉方国家法院进行，双方当事人均没有任意选择法院或法官的权力，更不能选择适用法律。诉讼按诉讼程序进行，判决没有协调余地。

8.2.3　工期索赔

1. 工程延期与工期索赔

工程延期（Extension of Time）是指按合同有关规定，由于非承包人原因造成的、经监理人批准的合同完工期限的延长。工期是指原合同规定的工期加上经批准的延长期。

在工程施工过程中，往往会发生一些未能预见的干扰事件，使施工不能顺利进行，使预定的施工计划受到干扰，因而造成工期延期。对于非承包人自身原因所引起的工程延误，承包人有权提出工期索赔，监理人在与发包人和承包人协商一致后，决定合同完工期延长的时间。导致工期延长的原因有：

（1）任何形式的额外或附加工程。

（2）合同条款所提到的任何延误理由，如延期交图、工程暂停、延迟提供现场等。

（3）异常恶劣的气候条件。

（4）由发包人造成的任何延误、干扰或阻碍。

（5）非承包人原因或责任的其他不可预见的事件。

2. 工期索赔处理中的几个问题

工期索赔除了必须符合条款规定的索赔根据和索赔程序外，在具体分析处理工期索赔时，还必须注意以下几个问题。

（1）仅在总工期发生延误时，才有可能给予补偿。利用网络计划技术分析施工进度时，一般而言，发生在关键线路上关键活动工期的延误会影响总工期，因此是可以索赔的；而发生在非关键线路上活动工期的延误，当影响不了总工期时，就不能补偿；仅当影响总工期时，其影响部分才有可能得到补偿。

（2）可原谅的延误（Excusable Delay），才有可能给予补偿。在工程施工索赔工作中，通常把工期延误分为可原谅延误和不可原谅延误两类。可原谅延误是指非承包人的责任，而是由于发包人的原因或客观影响引起的工程延误。对于这类延误，承包人可以索赔。不可原谅延误是指由于承包人的原因引起，如施工组织不当、工效不高、设备材料供应不足等的延误，以及由承包人承担风险的工期延误（一般性的天气不好，影响了施工进度）。对于不可原谅延误，承包人是无权索赔的。

（3）共同延误的处理。共同延误是指在施工过程中，工期是由 2 种（甚至 3 种）原因（承包人的原因、发包人的原因、客观的原因）同时发生而引起的延误。在共同延误的情况下，要具体分析哪一种情况的延误是实质性的。一般遵照的原则是，在共同延误情况下，应该判别哪一种原因是最先发生的，即找出"初始延误"者，由它对延误负责。在初始延误发生作用的期间，其他并发的延误不承担工期延误的责任。

关于工期延误的分类及索赔处理见表 8-2。

工期延误的分类及索赔处理　　　　　　　　　　　　表 8-2

索赔原因	是否可原谅	延误原因	责任者	处理原则
工程进度延误	可原谅索赔	(1)修改设计； (2)施工条件变化； (3)发包人原因拖延； (4)监理原因拖延	发包人	可给予工期延长； 可补偿经济损失
		(1)特殊的反常气候； (2)政治动乱； (3)天灾	客观原因	可给予工期延长； 不补偿经济损失
	不可原谅索赔	(1)工效不高； (2)施工组织不好； (3)设备、材料准备不足	承包人	不延长工期； 不补偿经济损失； 承担工期延误损害赔偿费

8.2.4　费用索赔

费用索赔，也称成本索赔或经济索赔，为承包人通过该索赔，要求发包人对索赔事件引起的经济损失给予补偿。

1. 费用索赔分析原则

进行费用索赔应遵循下述两个原则：

（1）所有赔偿金额都应该是承包人为履行合同所必须支出的费用。

（2）按此金额赔偿后都应该是承包人恢复到假如未发生事件的财务状况，即承包人不致因索赔事件而遭受任何损失，但也不得因索赔事件而获得额外收益。

由上述原则可见，索赔金额是用于赔偿承包人因索赔事件受到的实际损失，包括支出的额外成本和丢掉的利润——所失利润。

所失利润，也称可得利润，指承包人由于事件影响所失去的、而按原合同他应得到的那部分利润。承包人有权向发包人索赔这部分可得利润。索赔可得利润通常有 3 种情况：

（1）发包人违约导致终止合同，则未完成部分合同的利润即为可得利润。

（2）由于发包人的原因而大量削减原合同的工程量，则其相应的利润即为可得利润。

（3）发包人原因引起的合同延期，导致承包人这部分的施工力量因工期延长而丧失了投入其他工程的机会，由此所引起的利润损失。

2. 可索赔费用的组成

根据费用索赔分析原则，可索赔费用的组成如图 8-3 所示。

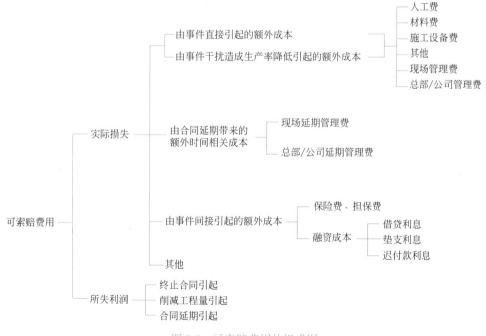

图 8-3　可索赔费用的组成图

图 8-3 中，各项费用的内涵和计算如下：

（1）人工费及其计算。一般可索赔的包括：因事件影响而直接导致额外劳动力雇佣的费用和加班费、由于事件影响而造成人员闲置和劳动生产率降低引起的损失，以及其他有关的费用，如税收、人身保险费、各种社会保险和福利支出等。

（2）材料费及其计算。一般可索赔的包括：因事件影响而直接导致材料消耗量增加的费用、材料价格上涨所增加费用、所增加材料运输费和储存费，以及合理破损比例的费用。材料费索赔计算，通常是将实际所用材料数量及单价与原计划的数量及单价相比即可求得。

（3）施工设备费及其计算。一般可索赔的包括：因事件影响使设备增加运转时数的费用、进出现场费用、由于事件影响引起设备闲置损失费用和新增设备的增加费用。索赔中一般也包括小型工具和低值易耗品的费用。在计算中，对承包人自有的设备，通常按有关标准手册中关于设备工作效率、折旧、大修、保养及保险等定额标准进行计算，有时也可用台班/时费计价。闲置损失可按折旧费计算。对租赁的设备，只要租赁价格合理，就可以按租赁价格计算。对于新购设备，要计算其采购费、运输费、运转费等，增加的款额甚大，要慎重对待，必须得到监理人或发包人的正式批准。

（4）现场管理费及其计算。通常按索赔的直接费金额乘以现场管理费率计算。此费率一般为 $10\%\sim15\%$。

（5）总部/公司管理费及其计算。一般可按式（8-1）计算：

$$总部／公司管理费索赔额＝费率\times（直接费索赔额＋现场管理费索赔额）\qquad(8\text{-}1)$$

式（8-1）中，费率一般为 $7\%\sim10\%$。

（6）保险费、担保费及其计算。保险费、担保费是指由于事件影响而增加工程费用或延长工期时，承包人必须相应地办理各种保险和保函的延期或增加金额的手续，因而支出的费用。此费用能否索赔，取决于原合同对保险费、担保费的规定。如合同规定，此费用在工程量清单报价表中单列，则可以索赔；但如合同规定，保险、担保费归入管理费，不予以单列时，则此费用不能列入索赔费用项目。

（7）融资成本及其计算。由于事件影响增加了工程费用，承包人因此需加大贷款或垫支金额，从而多付出的利息及因发包人推迟付款的利息，也可向发包人提出索赔。前者按贷款数额、银行利率及贷款时间计算；后者按迟付款额及合同规定的利率予以计算。

（8）现场延期管理费及其计算。现场延期管理费是指由于工期延长而致管理工作也相应延长所增加的费用。现场延期管理费可由式（8-2）进行计算：

$$现场延期管理费索赔额＝\frac{原工程直接费\times现场管理费率(\%)}{原工程工期(天)}\times延长时间(天)\qquad(8\text{-}2)$$

（9）总部/公司延期管理费 A 及其计算。总部管理费索赔一般用 Eichleay 公式，它得名于 Eichleay 公司一桩成功的索赔案例，具体为：

1）用于被延期合同的总部管理费 A_0：

$$A_0=\frac{被延期合同的价值}{同期内承包人完成所有合同的总价值}\times同期内承包人所有合同提交总部管理费的总额$$

$$(8\text{-}3)$$

2）用于被延期合同的总部管理费日费率 B_0：

$$B_0=\frac{A_0}{被延期合同的工期(天)}\qquad(8\text{-}4)$$

3）可索赔的总部延期管理费 A：

$$A=B_0\times延期时间(天)\qquad(8\text{-}5)$$

（10）其他。凡承包人认为在完成合同过程中，其所支付的合理的额外费用均可向发包人要求索赔。

3. 不可索赔费用

一些与索赔事件有关的费用，按惯例通常是不可索赔的，它们包括：

（1）承包人进行索赔所支出费用。

（2）因事件影响而使承包人调整施工计划，或修改分包合同等而支出的费用。

（3）因承包人的不适当行为或未能尽最大努力而扩大的部分损失。

（4）除确有证据证明发包人或监理人有意拖延处理时间外，索赔金额在索赔处理期间的利息。

4. 费用索赔计算方法

在工程施工索赔中，费用索赔计算方法很多，常用的有实际费用法、总费用法和修正的总费用法。

（1）实际费用法。即实际成本法，是工程施工费用索赔计算时最常用的方法，其本质就是额外费用法，或称额外成本法。

实际费用法计算的原则是，以承包人为某项索赔工作所支付的实际开支为根据，承包人要求经济补偿。每一项工程索赔的费用，仅限于由于索赔事件引起的、超过原计划的费用，即额外费用，也就是在该项工程施工中所发生的额外人工费、材料费和设备费，以及相应的管理费。这些费用即是施工索赔所要求补偿的经济部分。

由于实际费用法所依据的是实际发生的成本记录或单据，故在施工过程中系统而准确地积累记录资料显得非常重要。这些记录资料不仅是施工索赔所必不可少的，也是工程施工总结的基础依据。

（2）总费用法。即总成本法，是当发生多次索赔事件以后，计算出该工程的实际总费用，再从这个实际总费用中减去投标报价时的估算总费用，即为要求补偿的索赔总款额。这种计算方法不尽合理，一方面，因为实际总费用中可能包括由于承包人的原因，如管理不善、材料浪费、效率低下等所增加的费用，而这些费用是不该索赔的；另一方面，原投标报价的估算总费用可能因谋求中标而偏低，不能代表真正的工程费用。因此采用此法往往会引起争议，故一般不用。

（3）修正的总费用法。其是对总费用法的改进，即在总费用方法的基础上，对总费用法进行修改和调整，去掉一些比较不确切的可能因素，使其更合理。修正的内容有：

1）计算索赔金额的时期仅限于受事件影响的时间，而不是整个工期。

2）只计算在该时期内受影响项目的费用，而不是该时期内所有工作项目。

3）不直接采用该项目原合同报价，而是采用在该时期内，如未受事件影响，完成该项目的合理费用。

8.2.5　发包人预防和提出索赔

对于发包人来说，防止索赔事件发生或向承包人提出索赔，是维护自身利益的手段。

1. 发包人预防索赔

对非承包人的责任而使他蒙受的损失，承包人有权提出索赔，发包人或监理人不得拒绝这种索赔。其他企图回避索赔或不允许承包人提出索赔的做法是不明智的，对双方均不利。发包人和监理人比较主动的方法是防止索赔，即在没有出现问题之前进行控制，将索赔事件消灭在萌芽状态。通常防止索赔的措施有：

（1）编制好施工合同文件。施工合同文件是履行合同的基础和准则，施工合同文件中的缺陷或失误往往会导致施工索赔。因此，编制合同文件时要仔细，应考虑到在施工中可能产生的各种问题，使合同文件的规定符合实际情况，并注意各条款间的一致性。

（2）加强施工现场管理，做好现场情况记录工作。施工现场记录是处理索赔问题的主要依据。现场情况记录可以是照片、录像、日记、现场描述、会议记录等。有些承包人为了达到谋利目的，会不择手段、混淆是非，提出索赔。若备有工程照片、录像等原始资料，则这些资料可作为最有力的证据。

（3）加强施工现场协调，及时解决施工干扰。对于大型建设项目，经常有多家承包人在施工，施工干扰经常发生，若这种干扰得不到解决，可能会引起索赔事件。

（4）对承包人的索赔要求认真分析处理。处理索赔是一项复杂的工作，一般情况下索赔既涉及费用的增加，又会和工期延长有联系。此外，不同索赔事件之间可能也有联系。因此，监理人在处理索赔事件时，首先要将承包人的索赔证据和自己掌握的资料按发生的时间和原因进行分类，并进行综合分析。然后鉴别出哪些索赔是合理的，哪些是不合理的，他们对费用和工期的影响又有多大。在考虑对工期的影响时，还应分析该项工作是否在关键线路上，若不在关键线路上，还应考虑劳动力和设备可以调配使用等因素，最后确定应给予承包人的费用补偿款额和工期延长天数。

2. 发包人提出索赔

针对承包人的违约行为，发包人可提出索赔。承包人的违约有各种形式，有时是全部或部分不履行合同，有时是没有按期履行合同等。承包人的违约大致有下列几种情况：

（1）承包人没有如约递交履约保函。

（2）由于承包人的责任延误了工期。如迟开工或施工组织不当拖延工期，影响工程交付使用而使发包人受损失。

（3）施工质量缺陷责任。施工质量缺陷常包括：建筑物出现倾斜、开裂和建筑材料不符合合同要求而危及建筑物安全等。对于施工质量缺陷，除了要求承包人自费对其修补外，还要求就其质量缺陷而给发包人造成的损失进行补偿。

（4）其他原因。包括：

1）承包人运送自己的施工设备和材料时，损坏了沿途的公路或桥梁。

2）承包人的建筑材料或设备不符合合同要求而要重复检验时，所带来的费用开支。

3）由于承包人的原因造成工程拖期时，在超出计划工期的拖期时段内监理人的服务费用，发包人要求由承包人承担等。

在施工中，发包人向承包人索赔（反索赔）的目的有两方面：一是对索赔者的索赔要求进行评议或批评，指出其不符合合同条款的地方，或计算错误的地方，使其索赔要求被全部否定；二是利用合同条款赋予的权利，对承包人违约的地方提出索赔要求，维护自己的合法权益。但是通常的情况是：承包人提出施工索赔要求时，发包人也提出反索赔，以与索赔者相抗衡。若承包人虽在某些方面受了些损失，但不提出索赔要求时，发包人也不会提出反索赔，当然发包人也不会主动提出给予承包人一定经济补偿。若承包人受到重大损失，他有权提出索赔，这时发包人也会寻找反索赔事件。

纯粹由发包人向承包人的索赔，一般在承包人的违约事件出现后，发包人凭监理人证明，并与承包人取得一致意见，采用下列几种方法扣回承包人的违约金：

（1）从应支付给承包人的进度款内扣除。

（2）从滞纳金内扣除。

（3）从履约保函内扣除或没收履约保证金。

（4）除了上述各种扣除方法外，若承包人违反合同，给发包人带来了各种扣除方法也不足以补偿损失的，发包人还可以采用扣留承包人在施工现场的材料、施工设备、临时设施和财产的办法，以作为补偿。

8.2.6 工程索赔与工程变更的异同

工程索赔和工程变更是施工合同管理中经常面对的问题，它们既有相同点，也有很大的差别。

工程变更是对原工程设计作出任何方面的变更，并由监理人指令承包人实施。承包人完成变更工作后，发包人应予以支付，它并不是工程量清单内的正常支付。从这个意义上讲，工程变更与索赔相类似，索赔也是工程量清单以外，发包人对承包人的额外费用所进行的补偿。但是，二者是有区别的，主要表现在以下几方面：

（1）起因与内容不同。索赔是承包人为履行合同，由于不是承包人的原因或责任受到了额外的损失，而需要发包人的补偿；而工程变更是承包人接受监理人的指令，完成与合同有关但又不是合同规定的额外工作，为此而取得发包人的支付。

（2）处理与费用计算不同。一般来说，工程变更是事先处理的，即监理人在下达工程变更指令时，通常已事先与发包人、承包人就工期或金额的补偿问题进行过协商，而把协商结果包括在指令之内下达给承包人；而索赔则是事后处理，即承包人由于事件发生受到损失，因而提出要求，再经发包人同意而取得补偿。再从承包人可得的费用来说，工程变更对承包人而言，意味着他可能要多做或少做某些工作，当然多做工作多得支付，少做工作少得支付。当多做工作时，其获得的补偿除了满足工程成本外还应包括相应的利润；而承包人的索赔则纯属成本增加或受损失后的一种赔偿，其费用只计成本而不包括利润。

【案例 8-2】某政府投资工程项目的索赔问题

某市政府投资新建一所学校，工程内容包括办公楼、教学楼、实验室、体育馆等，采用单价合同计价方式。招标文件的工程量清单表中，招标人给出了材料暂估价，承发包双方按现行国家规范《建设工程工程量清单计价规范》GB 50500—2013 及《标准施工招标文件》（2007 年版），签订了施工承包合同。合同规定，国内《标准施工招标文件》（2007 年版）工程索赔内容不具体，执行 FIDIC 合同条件的规定。施工合同履行过程中，发生了如下事件：

事件 1：招标截止日期前 15 天，该市工程造价管理部门发布了人工单价及规费调整的有关文件。

事件 2：分部分项工程量清单中，吊顶的项目特征说明中龙骨规格、中距与设计图纸要求不一致。

事件 3：按实际施工图纸施工的基础土方工程量与招标人工程量清单表中基础土方工程量发生较大的偏差。

事件 4：主体结构施工阶段遇到强台风、特大暴雨，造成施工现场部分脚手架倒塌，损坏了部分已完工程、施工现场承发包双方办公用房和施工设备、运到施工现场待安装的1 台电梯。事后，承包人及时按照发包人要求清理现场，恢复施工，重建承发包双方现场办公用房，发包人还要求承包人采取措施，确保按原工期完成。

上述事件发生后，承包人及时对可索赔事件提出了索赔。

【问题】

（1）投标人对设计材料暂估价的分部分项进行投标报价，以及该项目工程造价款的调整有哪些规定？

（2）根据《建设工程工程量清单计价规范》分别指出对事件1、事件2、事件3应如何处理，并说明理由。

（3）在事件4中，承包人可提出哪些损失和费用的索赔？

【解析】

（1）报价时应将材料暂估价计入分部分项综合单价，计入分部分项工程费用。材料暂估价在工程价款调整时，如需依法招标的，由发包人和承包人以招标方式确定供应商或分包人；不需要招标的，由发包人提供，发包人确认。中标或确认的金额与工程量清单中的材料暂估价的金额差及相应的税金等其他费用列入合同价格。

（2）在事件1中，人工单价和规费调整在工程结算中予以调整。因为报价以投标截止日期前28天为基准日，其后的政策性人工单价和规费调整，不属于承包人的风险，在结算中予以调整。在事件2中，清单项目特征说明与图纸不符，报价时按清单项目特征说明确定投标报价综合单价，结算时由投标人根据实际施工的项目特征，依据合同约定重新确定综合单价。在事件3中，挖基础土方工程量的偏差，为招标人应承担的风险。《建设工程工程量清单计价规范》规定：采用工程量清单方式招标，工程量清单必须作为招标文件的组成部分，其准确性和完整性由招标人负责。

（3）在事件4中，承包人可提出的索赔包括：部分已完工程损坏修复费、发包人办公用房重建费、已运至现场待安装电梯的损坏修复费、现场清理费，以及承包人采取措施确保按原工期完成的赶工费。

本章小结

本章主要介绍了工程变更与索赔的相关概念、处理程序和处理要点。由于工程及其建设条件的不确定性，以及工程合同的不完全性，特别对大中型工程而言，工程变更与索赔事件是经常会发生的。因此，无论是发包人还是承包人，工程变更与索赔管理均十分重要。工程变更即是对原合同约定的工程内容进行调整，包括工程结构形式、工程质量和进度要求、施工方案、增加或减少工程子项等。由于这些调整会造成工程成本发生变化，包括不变成本或可变成本的变化。因此，工程变更一般会涉及工程价格调整的问题，包括单价或总价的调整。调整的原则为：与原工程合同的工程价格水平相当。当承包人在施工过程中，由于非自身原因而引起施工成本的增加时，其就有权利向发包人提出补偿的要求，这就是索赔。施工索赔的标的通常包括工期和费用。对工期索赔，仅当非承包人原因引起的工期延误对原合同规定的工期有影响时才能得到批准；对费用索赔，一般成本增加部分可得到补偿，原本应该获得的利润的流失也可得到补偿。工程变更与索赔均是由合同的不完全性引起的，这是它们的共性。但它们在管理程序、费用调整或支付的计算上又存在较大的差别。这在书中已有分析，不再赘述。

思考与练习题

1. 何为工程变更？工程变更的内容包括哪些？
2. 在监理人参与项目管理的环境下，工程变更的程序如何？
3. 工程变更引起本项目和其他项目单价或合价如何调整？
4. 何为索赔？引起工程索赔的原因有哪些？工程索赔如何分类？
5. 在监理人参与项目管理的环境下，工程施工索赔的程序如何？
6. 何为工期索赔？工期索赔中要注意哪些方面？
7. 可索赔费用的组成如何？不可索赔费用包括哪些？
8. 费用索赔额的计算方法有哪些？各有什么特点？
9. 发包人如何预防工程索赔和开展反索赔？
10. 工程索赔与工程变更有哪些异同？

第9章　工程勘察设计与其他类合同管理

本章知识要点与学习要求

序号	知识要点	学习要求
1	工程勘察及设计合同主要内容和当事双方主要义务	熟悉
2	工程监理合同主要条款及主要特点	熟悉
3	大型设备采购合同的主要内容及当事双方主要义务	了解
4	工程总承包合同的主要内容及当事双方的主要义务	掌握
5	施工专业分包合同主要内容及当事双方的主要义务	熟悉
6	国际工程及其合同的概念与特点	了解
7	FIDIC 施工合同条件的一般规定	熟悉
8	工程施工合同与其他类合同管理差异的主要影响因素	了解

工程项目合同种类很多，但常将其归纳为：建设工程合同、技术咨询合同与技术服务合同（常称工程咨询合同）、买卖合同与承揽合同等。建设工程合同包括工程勘察、设计和施工合同；工程咨询类服务合同包括工程监理和招标代理合同等；买卖合同包括物料采购、设备采购合同等。在发包人视角下，工程施工合同一般是工程众多合同之一，与其他类合同存在联系，也存在差异，本章主要介绍这些差异。

9.1　工程勘察设计合同管理

9.1.1　勘察设计合同

1. 什么是工程勘察设计合同

工程勘察设计合同，或工程勘察、工程设计合同，是指工程投资人或项目法人（或建设单位）与勘察人或（和）设计人为完成特定的勘察或（和）设计任务，明确双方权利、义务的协议。工程项目法人为合同的发包人，工程勘察或（和）设计人为合同的承包人。根据勘察设计合同，承包人完成发包人委托的勘察设计任务，发包人接受符合约定要求的勘察设计成果，并给付报酬。

2. 工程勘察设计合同与施工合同管理的差异

同属建设工程合同，但工程勘察设计合同与工程施工合同之间仍然存在较大差异。

（1）标的物不同。工程勘察、设计工作在项目的前期，与工程施工相比，花费较小，而最终提交的标的物是地质勘察报告或设计文件（包括图纸）。如果出现问题，只要没有进入施工阶段，影响相对较小，容易采取补救措施；而工程施工合同的施工任务耗费巨大，如果出现问题则损失难以弥补，最终提交的标的物是工程实体，是一种有形财物。

（2）相关法律规范不同。比如工程勘察、设计合同比工程施工合同更接近于我国《民法典》中的承揽合同。承揽合同一般可以适用承揽合同定作人的自便解约权，以解除合同，而工程施工合同由于《建筑法》及其他相关法律的规定，不能行使此权利。

（3）合同监管方式不同。工程施工合同客体的成果是有形建筑物，形成过程容易观察、容易计量，施工合同监管无论是过程还是结果，基本上都可以通过对实体指标的度量，对照标准，进而判断合同履行的满足程度。而工程勘察、设计合同客体的成果是书面报告，主要体现为智力成果，对成果形成过程的管理较为困难，对其质量难以度量、评价，若要跟踪观察成果的形成过程，不仅管理成本很高，而且专业要求也很高。因此，一般是采用事后评审的方式，即对工程勘察设计成果质量进行评价，进而判定它们的成果满足合同的程度。

9.1.2　勘察合同构成及双方的责任和义务

1. 勘察合同文件构成

工程勘察合同文件包括合同协议书、中标通知书、投标函和投标函附录、专用合同条款、通用合同条款、发包人要求、勘察费用清单、勘察纲要等。组成合同的各项文件应互相解释，互为说明。除专用合同条款另有约定外，解释合同文件的优先顺序如下：

（1）合同协议书。

（2）中标通知书。

（3）投标函及投标函附录。

（4）专用合同条款。

（5）通用合同条款。

（6）发包人要求。

（7）勘察费用清单。

（8）勘察纲要。

（9）其他合同文件。

2. 发包人的责任和义务

（1）向工程勘察人提供基础数据资料。发包人应及时向勘察人提供下列文件资料，并对其准确性、可靠性负责，通常包括：

1）本工程的批准文件（复印件），以及用地（附红线范围）、施工、勘察许可等批件（复印件）。

2）工程勘察任务委托书、技术要求和工作范围的地形图、建筑总平面布置图。

3）勘察工作范围已有的技术资料及工程所需的坐标与标高资料。

4）勘察工作范围地下已有埋藏物的资料（如电力电信电缆、各种管道、人防设施、洞室等）及具体位置分布图。

5）其他必要相关资料。

如果发包人不能提供上述资料，其中一项或多项由勘察人收集时，订立合同时应予以明确，发包人需向勘察人支付相应费用。

（2）为工程勘察人提供现场的工作条件。根据项目的具体情况，双方可以在合同内约定由发包人负责保证勘察工作顺利开展应提供的条件，可能包括：

1）落实土地征用、青苗树木赔偿。

2）拆除地上、地下障碍物。

3）处理施工扰民及影响施工正常进行的有关问题。

4）平整施工现场。

5）修好通行道路、接通电源水源、挖好排水沟渠及水上作业用船等。

3. 勘察人的责任和义务

（1）开始勘察。符合专用合同条款约定的开始勘察条件时，发包人应提前 7 天向勘察人发出开始勘察通知。勘察服务期限自开始勘察通知中载明的开始勘察日期起计算，勘察人即应当正式开始发生勘察义务。除专用合同条款另有约定外，因发包人原因造成合同签订之日起 90 天内未能发出开始勘察通知的，勘察人有权提出价格调整要求，或者解除合同。发包人应当承担由此增加的费用和（或）周期延误。

（2）完成勘察。勘察人完成勘察服务之后，应当根据法律、规范标准、合同约定和发包人要求编制勘察文件。勘察文件是工程勘察的最终成果和设计施工的重要依据，应当根据本工程的勘察内容和不同阶段的勘察任务、目的和要求等进行编制。勘察文件的内容和深度应当满足对应阶段的设计需求。

9.1.3　勘察合同管理

1. 勘察文件接收与审查

（1）勘察文件接收。发包人应当及时接收勘察人提交的勘察文件。如无正当理由拒收的，视为发包人已经接收勘察文件。发包人接收勘察文件时，应向勘察人出具文件签收凭证，凭证内容包括文件名称、文件内容、文件形式、份数、提交和接收日期、提交人与接收人的亲笔签名等。勘察文件提交的份数、内容、纸幅、装订格式、电子文件等要求，在专用合同条款中约定。

（2）审查勘察文件。发包人接收勘察文件之后，可以自行或者组织专家进行审查，勘察人应当给予配合。审查标准应当符合法律、规范标准、合同约定和发包人要求等；审查的具体范围、明细内容和费用分担，在专用合同条款中约定。除专用合同条款另有约定外，发包人对于勘察文件的审查期限，自文件接收之日起不应超过 14 天。发包人逾期未作出审查结论且未提出异议的，视为勘察人的勘察文件已经通过发包人审查。发包人审查后不同意勘察文件的，应以书面形式通知勘察人，说明审查不通过的理由及其具体内容。勘察人应根据发包人的审查意见修改完善勘察文件，并重新报送发包人审查，审查期限重新起算。

（3）审查机构审查勘察文件。勘察文件需经政府有关部门审查或批准的，发包人应在审查同意后，按照有关主管部门要求，将勘察文件和相关资料报送施工图审查机构进行审查。发包人的审查和施工图审查机构的审查不减免勘察人因为质量问题而应承担的勘察责任。

对于施工图审查机构的审查意见，如不需要修改发包人要求的，应由勘察人按照审查意见修改完善勘察文件；如需修改发包人要求的，则由发包人重新修改和提出发包人要求，再由勘察人根据新的发包人要求修改完善勘察文件。由于自身原因造成勘察文件未通过审查机构审查的，勘察人应当承担违约责任，采取补救措施直至达到合同约定的质量标准，并自行承担由此导致的费用增加和（或）周期延误。

2. 勘察费用支付

工程勘察合同费用一般采用阶段支付方式。订立勘察合同时约定工程费用阶段支付的时间、占合同总金额的百分比和相应的款额。阶段支付时间通常按工程勘察任务完成的进度，或委托勘察范围内的各项任务中提交了某部分的成果报告为节点，分阶段进行支付，一般不按月支付。

9.1.4　设计合同构成与双方的责任和义务

1. 工程设计合同文件构成

根据目前工程设计合同条件的标准文本，其合同文件包括：合同协议书、中标通知书、投标函和投标函附录、专用合同条款、通用合同条款、发包人要求、设计费用清单、设计方案等。组成合同的各项文件应互相解释，互为说明。除专用合同条款另有约定外，解释合同文件的优先顺序如下：

（1）合同协议书。

（2）中标通知书。

（3）投标函及投标函附录。

（4）专用合同条款。

（5）通用合同条款。

（6）发包人要求。

（7）设计费用清单。

（8）设计方案。

（9）其他合同文件。

工程设计合同文件中的合同协议书、中标通知书及投标函及其附录与施工合同类似。在通用合同条款中为合同当事人根据我国《建筑法》《民法典》等法律法规的规定，就工程设计的实施及相关事项，对合同当事人的权利义务作出的原则性约定。通用合同条款既考虑了现行法律法规对工程建设的有关要求，也考虑了工程设计管理的特殊需要。通用合同条款共 15 条，包括一般约定、发包人义务、发包人管理、设计人义务、设计要求、开始设计与完成设计、暂停设计、设计文件、设计责任与保险、施工期间与配合、合同变更、合同价格与支付、不可抗力、违约、争议的解决等。专用合同条款则为对通用合同条款原则性约定的细化、完善、补充、修改或另行约定的条款。合同当事人可以根据不同工程的特点及具体情况，通过双方的谈判、协商，对相应的专用合同条款进行修改、补充。在使用专用合同条款时，应注意以下事项：

1）专用合同条款的编号应与相应的通用合同条款的编号一致。

2）合同当事人可以通过对专用合同条款的修改，满足具体房屋建筑工程或专业工程的特殊要求，避免直接修改通用合同条款。

3）在专用合同条款中有横道线的地方，合同当事人可针对相应的通用合同条款进行细化、完善、补充、修改或另行约定。

2. 设计合同一般工作内容

设计合同一般在明确设计项目的名称、规模、设计阶段和设计费等的同时，以表格形式明确列出设计项目的设计任务。各行业项目建设有各自的特点，在设计内容上有所不同，在合同签订过程中可根据行业的特点来确定设计内容。

(1) 方案设计阶段的工作内容。方案设计阶段的工作内容包括：按照批准的立项文件要求，对建设项目进行总体部署和安排，使设计构思和设计意图具体化；细化总平面布局、功能分区、总体布置、空间组合、交通组织等；细化总用地面积、总建筑面积等各项技术经济指标。方案设计的内容与深度应当满足编制初步设计和项目投资估算的需要。

(2) 初步设计阶段的工作内容。建筑工程的初步设计内容是对方案设计的深化，专业工程的初步设计内容是对批准的可行性研究报告的深化。初步设计应当满足相应国家标准或行业标准中规定的深度要求。初步设计的内容和深度要满足主要设备材料订货、征用土地、编制施工图、编制施工组织设计、编制工程量清单和项目初步设计概算、施工准备和生产准备等的要求。对于初步设计批准后进行施工招标的，初步设计文件还应当满足编制施工招标文件的需要。

(3) 施工图设计阶段的工作内容。施工图设计内容是按照初步设计确定的具体设计原则、设计方案和主要设备订货情况进行编制，要求绘制出各部分的施工详图和设备、管线安装图等。施工图文件编制的内容和深度应当满足设备材料的安排和非标准设备制作、编制施工图预算和进行施工等的要求。

上述设计工作任务可包括在一个合同内，即由一家设计单位完成，也可在不同的设计合同内，即由一家或几家设计单位完成。

3. 发包人的责任和义务

(1) 发包人一般责任和义务。发包人应遵守法律，并办理法律规定由其办理的许可、核准或备案，包括但不限于建设用地规划许可证、工程规划许可证等许可、核准或备案；发包人负责将项目各阶段设计文件向有关管理部门送审报批，并负责将报批结果书面通知设计人。因发包人原因未能及时办理完毕前述许可、核准或备案手续，导致设计工作量增加和/或设计周期延长时，由发包人承担由此增加的设计费用和/或延长的设计周期；发包人应当负责工程设计所有外部关系的协调（包括但不限于当地政府主管部门等），为设计人履行合同提供必要的外部条件，以及履行专用合同条款约定的其他义务。

(2) 任命发包人代表。发包人应在专用合同条款中明确其负责工程设计的发包人代表的姓名、职务、联系方式及授权范围等事项。发包人代表在发包人的授权范围内，负责处理合同履行过程中与发包人有关的具体事宜。发包人代表在授权范围内的行为由发包人承担法律责任。发包人更换发包人代表的，应在专用合同条款约定的期限内提前书面通知设计人。发包人代表不能按照合同约定履行其职责及义务，并导致合同无法继续正常履行的，设计人可以要求发包人撤换发包人代表。

(3) 提供资料。发包人应按专用合同条款约定的时间向设计人提供工程设计所必需的工程设计资料。

(4) 发包人的决定。发包人在法律允许的范围内有权对设计人的设计工作、设计项目和/或设计文件作出处理决定，设计人应按照发包人的指示执行，指示构成变更的，按通用合同条款"合同变更"的约定处理。发包人应在专用合同条款约定的期限内对设计人书面提出的事项作出书面答复，逾期没有作出答复的，视为已获得发包人的批准。

(5) 支付合同价款。发包人应按合同约定向设计人及时足额支付合同价款。

(6) 接收设计文件。发包人应按合同约定及时接收设计人提交的工程设计文件。

4. 设计人的责任和义务

（1）设计人的一般责任和义务。设计人应遵守法律和有关技术标准的强制性规定，完成合同约定范围内的专业工程初步设计、施工图设计，提供符合技术标准及合同要求的工程设计文件，提供施工配合服务，并完成建设单位提出的优化和深化设计工作；设计人应当按照专用合同条款约定配合发包人办理有关许可、核准或备案手续的，因设计人原因造成发包人未能及时办理许可、核准或备案手续，导致设计工作量增加和/或设计周期延长时，由设计人自行承担由此增加的设计费用和/或设计周期延长的责任；设计人应当完成合同约定的工程设计其他服务，以及专用合同条款约定的其他义务。

（2）任命设计项目负责人。设计人应按合同协议书的约定指派项目负责人，并在约定的期限内到职。设计人更换项目负责人应事先征得发包人同意，并应在更换 14 天前将拟更换的项目负责人的姓名和详细资料提交发包人。项目负责人 2 天内不能履行职责的，应事先征得发包人同意，并委派代表代行其职责。项目负责人应按合同约定及发包人要求，负责组织合同工作的实施。在情况紧急且无法与发包人取得联系时，可采取保证工程和人员生命财产安全的紧急措施，并在采取措施后 24 小时内向发包人提交书面报告。设计人为履行合同发出的一切函件均应盖有设计人单位章，并由设计人的项目负责人签字确认。按照专用合同条款约定，项目负责人可以授权其下属人员履行其某项职责，但事先应将这些人员的姓名和授权范围书面通知发包人。

（3）安排设计人员。设计人应在接到开始设计通知之日起 7 天内，向发包人提交设计项目机构及人员安排的报告，其内容应包括项目机构设置、主要设计人员和作业人员的名单及资格条件。主要设计人员应相对稳定，更换主要设计人员的，应取得发包人的同意，并向发包人提交继任人员的资格、管理经验等资料。除专用合同条款另有约定外，主要设计人员包括项目负责人、专业负责人、审核人、审定人等；其他人员包括各专业的设计人员、管理人员等。设计人应保证其主要设计人员（含分包人）在合同期限内的任何时候，都能按时参加发包人组织的工作会议。国家规定应当持证上岗的工作人员均应持有相应的资格证明，发包人有权随时检查。发包人认为有必要时，可以进行现场考核。设计人应对其项目负责人和其他人员进行有效管理。发包人要求撤换不能胜任本职工作、行为不端或玩忽职守的项目负责人和其他人员的，设计人应予以撤换。

（4）设计分包。设计人不得将其设计的全部工作转包给第三人。设计人不得将设计的主体、关键性工作分包给第三人。除专用合同条款另有约定外，未经发包人同意，设计人也不得将非主体、非关键性工作分包给第三人。发包人同意设计人分包工作的，设计人应向发包人提交 1 份分包合同副本，并对分包设计工作质量承担连带责任。除专用合同条款另有约定外，分包人的设计费用由设计人与分包人自行支付。分包人的资格能力应与其分包工作的标准和规模相适应，包括必要的企业资质、人员、设备和类似业绩等。

（5）设计联合体。联合体各方应共同与发包人签订合同。联合体各方应为履行合同承担连带责任。联合体协议经发包人确认后作为合同附件。在履行合同过程中，未经发包人同意，不得修改联合体协议。联合体牵头人或联合体授权的代表负责与发包人联系，并接受指示，负责组织联合体各成员全面履行合同。

（6）发包人提供资料和设计人提交设计文件。

1）发包人提供资料。发包人提供必需的工程设计资料是设计人开展设计工作的依据之一，发包人提交资料的时间和质量直接影响设计人的工作成果和进度。发包人应当在工程设计前或专用合同条款约定的时间向设计人提供工程设计所必需的工程设计资料，并对所提供资料的真实性、准确性和完整性负责。按照法律规定确需在工程设计开始后方能提供的设计资料，发包人应及时地在相应工程设计文件提交给发包人前的合理期限内提供，合理期限应以不影响设计人的正常设计为限。否则，设计人可以要求发包人另行支付相应设计费用，并相应延长设计周期。

2）设计人提交设计文件。在建设项目确立以后，工程设计就成为工程建设最关键的环节，工程设计文件是设备材料采购、非标准设备制作和工程施工的主要依据，设计文件提交的时间将决定项目实施后续工作的开展，决定项目整体建设周期的长短。因此，在设计合同中应按照项目整个建设进度的安排、合理设计周期及各专业设计之间的逻辑关系等，规定分批或分类的工程设计文件提交的名称、份数、时间和地点等。一般而言，在设计合同专用条款中可用表格的形式对设计人提交的设计文件予以约定。

9.1.5　设计合同管理

1. 设计文件审查

（1）设计文件的审查时限。设计人的工程设计文件应报发包人审查同意。除专用合同条款对期限另有约定外，自发包人收到设计人的工程设计文件之日起，发包人对设计人的工程设计文件审查期不超过 14 天。发包人不同意工程设计文件的，应以书面形式通知设计人，并说明不符合合同要求的具体内容。设计人应根据发包人的书面说明，对工程设计文件进行修改后重新报送发包人审查，审查期重新起算。合同约定的审查期满，发包人没有作出审查结论也没有提出异议的，视为设计人的工程设计文件已通过发包人的审查。

（2）发包人对设计文件的审查。发包人接收设计文件之后，可以自行或者组织专家进行审查，设计人应当给予配合。审查标准应当符合法律、规范标准、合同约定和发包人要求等；审查的具体范围、明细内容和费用分担，在专用合同条款中约定。设计人应当按照经发包人审查同意的工程设计文件进行修改，如果发包人的修改意见超出或更改了发包人要求，发包人应当根据合同变更条款的约定处理。

（3）政府有关部门对设计文件的审查。设计文件需经政府有关部门审查或批准的，发包人应在审查同意后，按照有关主管部门要求，将设计文件和相关资料报送施工图审查机构进行审查。发包人的审查和施工图审查机构的审查，不减免设计人因为质量问题而应承担的设计责任。

对于施工图审查机构的审查意见，如不需要修改发包人要求的，应由设计人按照审查意见修改完善设计文件；如需修改发包人要求的，则由发包人重新修改和提出发包人要求，再由设计人根据新的发包人要求修改完善设计文件。

由于自身原因造成设计文件未通过审查机构审查的，设计人应当承担违约责任，采取补救措施直至达到合同约定的质量标准，并自行承担由此导致的费用增加和（或）周期延误。

2. 设计合同价款与支付

（1）设计合同价款。合同价格应当包括收集资料，踏勘现场，进行设计、评估、审查等，编制设计文件，施工配合等全部费用和国家规定的增值税税金。发包人要求设计人进行外出考察、试验检测、专项咨询或专家评审时，相应费用不含在合同价格之中，由发包人另行支付。合同的价款确定方式、调整方式和风险范围划分，在专用合同条款中约定。

设计费用实行发包人签证制度，即设计人完成设计项目后通知发包人进行验收，通过验收后由发包人代表对实施的设计项目、数量、质量和实施时间签字确认，以此作为计算设计费用的依据之一。

（2）定金或预付款。定金的比例不应超过合同总价款的 20%。预付款的比例由发包人与设计人协商确定。定金或预付款应专用于本工程的设计。定金或预付款的额度、支付方式及抵扣方式在专用合同条款中约定。

发包人应在收到定金或预付款支付申请后 28 天内，将定金或预付款支付给设计人；设计人应当提供等额的增值税发票。

设计服务完成之前，由于不可抗力或其他非设计人的原因解除合同时，定金不予退还。

（3）中期支付。设计人应按发包人批准或专用合同条款约定的格式及份数，向发包人提交中期支付申请，并附相应的支持性证明文件。

发包人应在收到中期支付申请后的 28 天内，将应付款项支付给设计人；设计人应当提供等额的增值税发票。发包人未能在前述时间内完成审批或不予答复的，视为发包人同意中期支付申请。发包人不按期支付的，按专用合同条款的约定支付逾期付款违约金。

中期支付涉及政府投资资金的，按照国库集中支付等国家相关规定和专用合同条款的约定执行。

（4）费用结算。合同工作完成后，设计人可按专用合同条款约定的份数和期限，向发包人提交设计费用结算申请，并提供相关证明材料。

发包人应在收到费用结算申请后的 28 天内，将应付款项支付给设计人；设计人应当提供等额的增值税发票。发包人未能在前述时间内完成审批或不予答复的，视为发包人同意费用结算申请。发包人不按期支付的，按专用合同条款的约定支付逾期付款违约金。

发包人对费用结算申请内容有异议的，有权要求设计人进行修正和提供补充资料，由设计人重新提交。设计人对此有异议的，按争议条款的约定执行。

最终结清付款涉及政府投资资金的，按照国库集中支付等国家相关规定和专用合同条款的约定执行。

3. 设计合同变更与合理化建议

（1）合同变更。合同履行中发生下述情形时，合同一方均可向对方提出变更请求，经双方协商一致后进行变更，设计服务期限和设计费用的调整方法在专用合同条款中进行约定。

1）设计范围发生变化。

2）除不可抗力外，非设计人的原因引起的周期延误。

3）非设计人的原因，对工程同一部分重复进行设计。

4）非设计人的原因，对工程暂停设计及恢复设计。

基准日后，因颁布新的或修订原有法律、法规、规范和标准等引发合同变更情形的，按照上述约定进行调整。

（2）合理化建议。合同履行中，设计人可对发包人要求提出合理化建议。合理化建议应以书面形式提交发包人，被发包人采纳并构成变更的，执行变更条款约定。设计人提出的合理化建议减少了工程投资、缩短了施工期限或者提高了工程经济效益的，发包人应按专用合同条款中的约定给予奖励。

4. 设计责任与保险

（1）工作质量责任。设计工作质量应满足法律规定、规范标准、合同约定和发包人要求等。设计人应做好设计服务的质量与技术管理工作，建立健全内部质量管理体系和质量责任制度，加强设计服务全过程的质量控制，建立完整的设计文件的设计、复核、审核、会签和批准制度，明确各阶段的责任人。

设计人应按合同约定对设计服务进行全过程的质量检查和检验，并作详细记录，编制设计工作质量报表，报送发包人审查。

发包人有权对设计工作质量进行检查和审核。设计人应为发包人的检查和检验提供方便，包括发包人到设计场地或合同约定的其他地方进行查看，查阅、审核设计的原始记录和其他文件。发包人的检查和审核，不免除设计人按合同约定应负的责任。

（2）设计文件错误责任。设计文件存在错误、遗漏、含混、矛盾、不充分之处或其他缺陷，无论设计人是否通过了发包人审查或审查机构审查，设计人均应自费对前述问题带来的缺陷和工程问题进行改正，但因由发包人提供的文件错误导致的除外。

因设计人原因造成设计文件不合格的，发包人有权要求设计人采取补救措施，直至达到合同要求的质量标准，并按相关的约定承担责任。

因发包人原因造成设计文件不合格的，设计人应当采取补救措施，直至达到合同要求的质量标准，由此造成的设计费用增加和（或）设计服务期限延误由发包人承担。

（3）设计责任主体。设计人应运用一切合理的专业技术、知识技能和项目经验，按照职业道德准则和行业公认标准尽其全部职责，勤勉、谨慎、公正地履行其在本合同项下的责任和义务。

设计责任为设计单位项目负责人终身责任制。项目负责人应当保证设计文件符合法律法规和工程建设强制性标准的要求，对因设计导致的工程质量事故或质量问题承担责任。

项目负责人应当在办理工程质量监督手续前签署工程质量终身责任承诺书，连同法定代表人出具的授权书，报工程质量监督机构备案。

（4）设计责任保险。除专用合同条款另有约定外，设计人应具有发包人认可的、履行本合同所需要的工程设计责任险，于合同签订后 28 天内向发包人提交工程设计责任险的保险单副本或者其他有效证明，并在合同履行期间保持工程设计责任险足额、有效。

工程设计责任险的保险范围，应当包括由于设计人的疏忽或过失而造成的工程质量事故损失，以及由于事故引发的第三者人身伤亡、财产损失或费用赔偿等。

发生工程设计保险事故后，设计人应按保险人要求进行报告，并负责办理保险理赔业务；保险金不足以补偿损失的，由设计人自行补偿。

5. 设计合同激励

针对现行工程设计计价机制并不鼓励工程设计优化这一特点，在许多工程设计实务中，在设计合同特殊条款中，考虑了下列激励措施：

（1）将优化工程纳入工程设计计价系统。如何创新工程设计计价方式，鼓励工程设计方优化工程？这是我国工程设计管理改革中的一个命题，许多工程进行了有益的探索。一些工程将工程设计分阶段进行，如分成初步设计和详细设计两阶段，这两阶段均采用招标方式选择设计方。发包人要求投标人的报价分成两部分：一是以工程投资估算或工程设计概算为基础，报设计费率；二是在承诺尽力优化工程的同时，同样以工程投资估算或工程设计概算为基础，明确优化工程后降低工程投资部分的分成比例（在发包方和设计方之间分成）。然后将这两个报价纳入综合评价体系，经综合评价确定中标人。显然，这一措施可鼓励设计方积极优化工程。

（2）将工程设计图纸差错率纳入设计成果考核体系。目前许多工程在详细设计合同中，规定了差错率与工程设计费用挂钩的规则，将设计图纸的差错率纳入设计成果的考核。对差错率低的进行奖励，对差错率高的进行惩罚，用这种奖惩方式控制工程设计成果的质量。

6. 设计合同管理的思考

（1）工程设计合同管理的基础是信任。工程设计合同与工程施工合同的最大不同在于：工程施工要求承包人按工程设计文件"照图施工"，这一要求十分具体，发包人可根据其是否"照图施工"进行过程监管，而这种监管具有可操作性；而工程设计要求设计方按相关规范、标准设计，这一要求十分笼统，给设计人员较多的创造空间。这虽有利于工程优化，但也使得设计过程的监管十分困难或成本很高。此外，工程施工最终成果是有形的建筑实体，对其质量评价较为方便，如可借助于设备，确定其特性指标，并作出定量的评价，因而方便管理；而工程设计最终成果仅是书面文件，质量评价只能是主观的、定性的，因而管理困难。因此，从这一视角，工程设计合同管理的基础应建立在合同双方信任的基础上。

（2）现行工程设计计价方法不利于促进工程设计优化。目前，工程设计费的计算较多地采用按工程概算（或工程造价）乘以设计取费费率的方法，即使进行工程设计招标，竞争的也是设计费率。显然，工程概算或造价越高，工程设计费用就越大。这种工程设计计价机制，并不鼓励工程设计方优化工程设计。

9.2　工程监理/咨询合同管理

9.2.1　监理/咨询合同及其特点

1. 什么是工程监理/咨询合同

工程监理合同指发包人与监理人签订的，委托其在工程建设实施阶段代为对工程质量、进度、造价进行控制，对合同、信息进行管理，对工程建设相关方的关系进行协调，履行工程安全生产管理法定职责，并明确双方权利义务的协议，其中发包人为委托人、监理人为受托人。根据合同性质来说，工程监理合同属于《民法典》中的委托类合同。

工程咨询合同，即全过程工程咨询合同，与工程监理合同性质类似，但标的一般不同，各地在试图编制工程咨询合同标准/示范文本，但全国性的标准/示范文本还没有出台，因而下面也不作介绍。

2. 工程监理合同的特点

（1）监理人必须具有与合同工作范围相应的资质要求。根据《建设工程质量管理条例》第三十四条规定，"工程监理单位应当依法取得相应等级的资质证书，并在其资质等级许可的范围内承担工程监理业务。禁止工程监理单位超越本单位资质等级许可的范围或者以其他工程监理单位的名义承担工程监理业务。禁止工程监理单位允许其他单位或者个人以本单位的名义承担工程监理业务"。

（2）与工程施工合同相比，工程监理合同的客体是监理服务，而该服务成果难以观察，或观察成本较高，只能在工程监理对象的绩效中间接体现。因此，对发包人而言，工程监理合同的监管十分困难，一般主要靠工程监理人的诚信来维系监理合同，依据监理对象的绩效对工程监理合同履行状态进行评价。

（3）工程监理人为发包人提供施工管理服务，与被监理工程的施工承包人以及建筑材料、建筑构配件和设备供应方有隶属关系或者其他利害关系的，不得承担该项工程的监理业务。

（4）监理人应当代表发包人依法对工程的设计要求、施工质量、工期和资金等方面进行监督。根据《建筑法》规定，建筑工程监理应当依照法律、行政法规及有关的技术标准、设计文件和建筑工程承包合同，对承包单位在施工质量、建设工期和建设资金使用等方面，代表建设单位实施监督。

（5）监理人若违反法律规定，需承担民事赔偿责任、行政责任和刑事责任。如根据《建筑法》第六十九条规定，"工程监理单位与建设单位或者建筑施工企业串通，弄虚作假、降低工程质量的，责令改正，处以罚款，降低资质等级或者吊销资质证书；有违法所得的，予以没收；造成损失的，承担连带赔偿责任；构成犯罪的，依法追究刑事责任"。《中华人民共和国刑法》第一百三十七条规定，"建设单位、设计单位、施工单位、工程监理单位违反国家规定，降低工程质量标准，造成重大安全事故，对直接责任人员，处五年以下有期徒刑或者拘役，并处罚金；后果特别严重的，处五年以上十年以下有期徒刑，并处罚金"。

9.2.2　监理合同主要内容

工程监理合同条件目前有标准文本，如住房和城乡建设部与国家工商行政管理总局联合发布了《建设工程委托监理合同（示范文本）》，水利部与国家工商行政管理总局联合印发了《水利工程施工监理合同示范文本》，以及国家发展改革委等 9 部委 2017 年发布的《标准监理招标文件》等，这些标准文本并不完全相同。

《标准监理招标文件》中的监理合同文件包括：合同协议书、中标通知书、投标函和投标函附录、专用合同条款、通用合同条款、委托人要求、监理报酬清单、监理大纲，以及其他构成合同组成部分的文件。组成合同的各项文件应互相解释，互为说明。除专用合同条款另有约定外，解释合同文件的优先顺序如下：

（1）合同协议书。

（2）中标通知书。

（3）投标函及投标函附录。

（4）专用合同条款。

（5）通用合同条款。

（6）委托人要求。

（7）监理报酬清单。

（8）监理大纲。

（9）其他合同文件。

1. 对监理人要求的条款

作为监理合同主体的监理人，应当依法具有相应的资质和条件。依据我国《建筑法》等的相关规定，监理人应当具备的条件包括：

（1）有符合国家规定的注册资本。

（2）有与其从事的建筑活动相适应的具有法定执业资格的专业技术人员。

（3）有从事相关建筑活动所应有的技术装备。

（4）法律、行政法规规定的其他条件。监理合同中应当明确监理人的单位名称、住址和联系方式等，同时应当列明总监理工程师的相关信息。

2. 工程监理范围条款

发包人作为委托人首先应当与监理人明确工作范围，并授予监理人相应的权利。监理范围条款应当明确约定监理工作范围，可以包括前期准备阶段、施工阶段、竣工验收阶段和工程保修阶段等全部阶段的监理工作，也可以包括其中若干个阶段的监理工作。除了明确监理工作的内容外，监理范围条款也应当约定监理工作的时间期限。

3. 监理工作内容通用条款

除专用条件另有约定外，监理工作内容包括：

（1）收到工程设计文件后编制监理规划，并在第一次工地会议 7 天前报委托人。根据有关规定和监理工作需要，编制监理实施细则。

（2）熟悉工程设计文件，并参加由委托人主持的图纸会审和设计交底会议。

（3）参加由委托人主持的第一次工地会议；主持监理例会，并根据工程需要主持或参加专题会议。

（4）审查施工承包人提交的施工组织设计，重点审查其中的质量安全技术措施、专项施工方案与工程建设强制性标准的符合性。

（5）检查施工承包人工程质量、安全生产管理制度及组织机构和人员资格。

（6）检查施工承包人专职安全生产管理人员的配备情况。

（7）审查施工承包人提交的施工进度计划，核查承包人对施工进度计划的调整。

（8）检查施工承包人的试验室。

（9）审核施工分包人资质条件。

（10）查验施工承包人的施工测量放线成果。

（11）审查工程开工条件，对条件具备的签发开工令。

（12）审查施工承包人报送的工程材料、构配件、设备质量证明文件的有效性和符合性，并按规定对用于工程的材料采取平行检验或见证取样方式进行抽检。

（13）审核施工承包人提交的工程款支付申请，签发或出具工程款支付证书，并报委托人审核、批准。

（14）在巡视、旁站和检验过程中，发现工程质量、施工安全存在事故隐患的，要求施工承包人整改并报委托人。

（15）经委托人同意，签发工程暂停令和复工令。

（16）审查施工承包人提交的采用新材料、新工艺、新技术、新设备的论证材料及相关验收标准。

（17）验收隐蔽工程、分部分项工程。

（18）审查施工承包人提交的工程变更申请，协调处理施工进度调整、费用索赔、合同争议等事项。

（19）审查施工承包人提交的竣工验收申请，编写工程质量评估报告。

（20）参加工程竣工验收，签署竣工验收意见。

（21）审查施工承包人提交的竣工结算申请并报委托人。

（22）编制、整理工程监理归档文件并报委托人。

4. 工程监理工作要求条款

（1）监理人作为工程中重要的一方，应当依法履行其法定的义务。根据我国《建筑法》第三十二条的规定，建筑工程监理的法定义务主要是代表建设单位监督承包单位在施工质量、建设工期和建设资金使用等方面的情况。《建设工程安全生产管理条例》第十四条规定，工程监理单位应当审查施工组织设计中的安全技术措施或者专项施工方案是否符合工程建设强制性标准。工程监理单位在实施监理过程中，发现存在安全事故隐患的，应当要求施工单位整改；情况严重的，应当要求施工单位暂时停止施工，并及时报告建设单位。施工单位拒不整改或者不停止施工的，工程监理单位应当及时向有关主管部门报告。工程监理单位和监理工程师应当按照法律、法规和工程建设强制性标准实施监理，并对建设工程安全生产承担监理责任。因此，监理人的工作要求包括监督施工质量安全、建设工期和建设资金使用等。监理人应当选派具备相应资格的总监理工程师和监理工程师进驻施工现场。

（2）监理人应当按照发包人授权委托的要求，履行其合同义务。如发包人要求监理人报送所委派的总监理工程师及其监理机构主要成员名单、监理规划，完成监理合同中约定的监理工程范围内的监理业务。当总监理工程师需要调整时，监理人应书面通知发包人并征得发包人同意。监理人不得从事所监理工程的施工和建筑材料、构配件及建筑机械、设备的经营活动。

（3）监理人在工作中应符合勤勉和保密要求。监理人在履行合同的义务期间，应运用合理的方式与专业的技能，为发包人提供与其监理水平相适应的咨询服务，认真、勤奋地工作，帮助发包人实现合同预定的目标，公正地维护各方的合法权益。监理人与承包人串通，为承包人谋取非法利益，给发包人造成损失的，应当负赔偿责任。工程监理人员必须严格遵守监理工作职业规范，公正、及时地处理监理事务，不得利用职权谋取不正当利益。监理合同期内或合同终止后，未征得资料所有人同意，不得泄露与合同业务活动相关的保密资料。

5. 工程监理合同价格与支付条款

（1）工程监理合同价格。工程监理合同价格包括收集资料、踏勘现场、制定纲要、实施监理、编制监理文件等全部费用和国家规定的增值税税金。委托人要求监理人进行外出考察、试验检测、专项咨询或专家评审时，相应费用不含在合同价格之中，由委托人另行支付。

（2）预付款。预付款应专用于本工程的监理。预付款的额度、支付方式及抵扣方式在专用合同条款中约定。委托人应在收到预付款支付申请后 28 天内，将预付款支付给监理人；监理人应当提供等额的增值税发票。

（3）中期支付。监理人应按委托人批准或专用合同条款约定的格式及份数，向委托提交中期支付申请，并附相应的支持性证明文件。委托人应在收到中期支付申请后的 28 天内，将应付款项支付给监理人；监理人应当提供等额的增值税发票。委托人未能在前述时间内完成审批或不予答复的，视为委托人同意中期支付申请。委托人不按期支付的，按专用合同条款的约定支付逾期付款违约金。中期支付涉及政府投资资金的，按照国库集中支付等国家相关规定和专用合同条款的约定执行。

（4）费用结算。合同工作完成后，监理人可按专用合同条款约定的份数和期限，向委托人提交监理费用结算申请，并提供相关证明材料。委托人应在收到费用结算申请后的 28 天内，将应付款项支付给监理人；监理人应当提供等额的增值税发票。委托人未能在前述时间内完成审批或不予答复的，视为委托人同意费用结算申请。委托人不按期支付的，按专用合同条款的约定支付逾期付款违约金。

委托人对费用结算申请内容有异议的，有权要求监理人进行修正和提供补充资料，由监理人重新提交。监理人对此有异议的，按违约条款的约定执行。

最终结清付款涉及政府投资资金的，按照国库集中支付等国家相关规定和专用合同条款的约定执行。

6. 工程监理合同变更条款

（1）合同变更。合同履行中发生下述情形时，合同一方均可向对方提出变更请求，经双方协商一致后进行变更，监理服务期限和监理报酬的调整方法在专用合同条款中约定。

1）监理范围发生变化。

2）除不可抗力外，非监理人的原因引起的周期延误。

3）非监理人的原因，对工程同一部分重复进行监理。

4）非监理人的原因，对工程暂停监理及恢复监理。

基准日后，因颁布新的或修订原有法律、法规、规范和标准等引发合同变更情形的，按照上述约定进行调整。

（2）合理化建议。合同履行中，监理人可对委托人要求提出合理化建议。合理化建议应以书面形式提交委托人，被委托人采纳并构成变更的，执行合同变更条款约定。监理人提出的合理化建议减少了工程投资、缩短了施工期限或者提高了工程经济效益的，委托人应按专用合同条款中的约定给予奖励。

9.2.3　监理合同管理要点

工程监理合同规定了发包人和监理人的主要权利义务，是监理工作开展的主要依据之一。发包人有必要对工程监理合同进行科学有效的管理，保证工程监理作用的发挥和监理合同目的的实现。

1. 监理人工作计划的审核

监理工作一般具有工作周期长、任务繁杂等特点，需要进行有效的计划管理，以保证各项监理目标的完成。监理合同的计划管理是指根据具体项目的实际情况，依据法律规定和合同约定，对即将开展监理工作的进度程序和资源进行优化配置的管理活动。监理计划应当结合监理合同的要求及监理工作范围内各类工程技术施工的特点，按照计划层级清晰、计划机构统一的原则进行制订。监理计划制订后，应当报送发包人审核。监理计划实施过程中会受到诸多因素的影响，监理人需建立相应的动态监控管理制度，根据监理工作的完成情况和工程实际情况，及时对监理计划进行偏差分析和提出改进措施。

2. 监理人工作实施的管理

监理人接受发包人委托，对承包人在施工质量、施工进度和建设资金使用等方面实施监督。在监督过程中，监理人应当在法律规定即发包人授权的范围内行使权利和履行义务，不得超越权限擅自作出相关审批或者决定，须按照相关时限的要求，将需要发包人审批或者决定的事项报送发包人。鉴于工程施工的特点，发包人审批或决定的事项繁杂，监理人应当注意及时、真实、全面地向发包人传递信息，以协助发包人作出正确的审批或者决定。

3. 监理人员的管理

由于监理人提供工程质量、工期等监督管理服务，监理人派驻工程现场人员的素质经验等直接决定监理服务的质量，因此，在监理合同的履行中对监理人员的管理就显得尤为重要。

发包人授予监理人对工程实施监理的权利，并由监理人派驻施工现场的监理人员行使。监理人员一般包括总监理工程师和监理工程师，根据《建设工程质量管理条例》第三十七条规定，工程监理单位应当选派具备相应资格的总监理工程师和监理工程师进驻施工现场。因此，总监理工程师和监理工程师均须具备监理工程师执业资格。此外，总监理工程师还需具备与工程规模和标准相适应的监理执业经历。为了保证监理工作的顺利开展，监理人未经发包人同意，不得随意更换监理人员，尤其是总监理工程师，不得任意变更。

4. 对监理人的奖惩

（1）监理人失职违约赔偿的计算办法。监理人执行监理工作中，如果由于过失行为导致委托人受到重大经济损失时，监理人应承担违约赔偿责任，专用条款内需约定赔偿金的计算方法。但由于保证工程质量按预期目标发挥工程效益是施工承包人的基本义务，因此，监理人对失职行为造成的委托人损失仅承担连带责任。监理赔偿金一般按式（9-1）计算：

$$赔偿金 = \frac{直接经济损失 \times 正常工作酬金}{工程概算投资额（或建筑安装工程费）} \tag{9-1}$$

（2）对监理人的奖励办法。监理人尽职尽责地完成委托的监理任务是其应尽的基本义务。如果委托人采用监理人提出的重要合理化建议时，能在保证工期、质量、功能的前提下，大量节约工程投资，则应给予适当奖励。在专用条款内应约定奖励的计算办法。通常情况下，合理化建议的奖励金额按式（9-2）确定：

$$奖励金额 = 工程投资节省额 \times 奖励金额的比例 \tag{9-2}$$

【案例 9-1】某监理合同纠纷案

1. 基本案情

2008 年，某国有发电企业（以下简称业主）拟建设某发电工程建设项目，并通过公开招标方式确定某监理公司对该工程建设项目实施全过程监理。在项目建设过程中，因项目核准、征地拆迁等多种原因导致工期几乎延长一倍。为此，业主通过补充协议的方式对延期期间进行了费用补偿。由于人工成本越来越高，虽然业主给予了一定补偿，但项目总监理工程师仍认为项目亏损严重，于是以实际工程量大于招标工程量存在不公平为由要求业主另行补偿，业主拒绝了项目总监理工程师的要求。为此，监理人将业主告上法庭，要求额外补偿工程监理费用。

2. 项目业主应诉策略分析

在案件调查过程中，项目业主/建设单位发现监理人存在严重的违约情形，如未严格按照双方签订的监理合同要求配置监理人员，且监理人员存在到位率不足等情形。为此，业主在积极应对本诉的同时，提出反诉。一方面，追究监理人的违约责任，维护自身的合法权益；另一方面，也可以作为诉讼策略，通过反诉给监理人施加压力，缓解被动局面。

业主提出反诉的主要理由是项目监理人员投入不足，到位率低。而为了获得法院支持，业主必须在合同履行过程中加强监理人员管理，保存有效证据。在搜集反诉证据过程中，由于业主在项目实施过程中对监理人进行有效管理，且每次考核均详细载明项目总监理工程师缺席天数或比例，以及其他监理人员到位情况。依据前述证据材料，起草了反诉状，要求监理人承担违约责任，支付违约金，违约金额与本诉标的大体相当。

3. 最后处置结果

业主方提出反诉后不久，项目总监理工程师主动致电业主，要求和解。在法官的主持下，双方进行了调解，并由法院出具了调解书，至此，本案得以圆满解决。本案之所以圆满解决，得益于反诉证据较为充分。如果诉讼继续推进，则监理人可能不仅不能获得额外补偿，反而可能被要求承担违约责任。这是项目总监理工程师最后主动和解的原因所在。

【解析】在工程实践中，监理人的违约情形包括：越权签署相关文件、与承包人串通、不按要求监理等，但监理人员投入不足，即监理人员到位率低更为普遍，这可降低监理方的成本。因此，业主这里重点分析了监理人员投入不足的情况。

9.3　工程材料采购合同管理

工程项目的建设需要采购大量的建筑材料。由于采购建筑材料的规格、质量有统一标准，属于买卖合同范畴，其主要特点是采购方并不关心合同标的的生产过程，合同条款内容主要集中在交货阶段的责任约定，合同管理工作相对简单。

9.3.1　材料采购合同的特点

（1）工程材料采购合同一般属于买卖合同。《民法典》第五百九十五条规定："买卖合同是出卖人转移标的物的所有权于买受人，买受人支付价款的合同。"买卖合同交易的标的仅限于有形物所有权的转移，无形物或其他财产权利的转让，如知识产权、土地使用权等的转让，不适用于买卖合同。工程材料采购合同的标的物是动产，与施工承包合同的标的物不动产，以及服务合同的标的物服务有着显著的区别。

（2）合同当事人的主体相对灵活。工程材料采购合同的当事人是采购方和供货方，采购方可能是工程发包人，也可能是承包人，依据施工合同的承包方式来确定。施工中使用的工程材料的采购责任，按照施工合同专用条款的约定执行，通常分为发包人负责采购供应；承包人负责采购，包工包料承包；大宗建筑材料及关键设备由发包人采购供应，当地材料和数量较少的材料由承包人负责采购三类方式。

采购合同的供货方可以是生产厂家，也可以是从事物流转业务的供应方，由于采购方不关注物质的生产过程，因此供货方只要具有合法经营的资格及履行合同义务的能力，即可以作为合同的当事人，而不像设计合同、施工合同、监理合同等需要具备相应的资质要求。

（3）合同内容的特殊性。工程材料采购方往往只在合同约定期限到来时，要求供货方交货，一般不过问供货方是如何组织生产的；供货方按质、按量、按期将订购货物交付采购方后，即完成了合同义务。所以工程材料采购合同特别强调货物的检验，检验条款在合同中具有重要地位，另外货物的包装条款也是合同中比较重要的内容。《民法典》第五百九十六条规定："买卖合同的内容一般包括标的物的名称、数量、质量、价款、履行期限、履行地点和方式、包装方式、检验标准和方法、结算方式、合同使用的文字及其效力等条款。"

9.3.2　材料采购合同的主要内容

根据国家发展改革委等 9 部委 2017 年发布的《标准材料采购招标文件》，工程材料采购合同文件（或称合同）包括合同协议书、中标通知书、投标函、商务和技术偏差表、专用合同条款、通用合同条款、供货要求、分项报价表、中标材料质量标准的详细描述、相关服务计划，以及其他构成合同组成部分的文件。组成合同的各项文件应互相解释，互为说明。除专用合同条款另有约定外，解释合同文件的优先顺序如下：

（1）合同协议书。

（2）中标通知书。

（3）投标函。

（4）商务和技术偏差表。

（5）专用合同条款。

（6）通用合同条款。

（7）供货要求。

（8）分项报价表。

（9）中标材料质量标准的详细描述。

（10）相关服务计划。

（11）其他合同文件。

在通用合同条款中对双方在合同中的权利和义务进行了约定，包括以下主要条款：一般约定、合同范围、合同价格与支付、包装标记运输和交付、检验和验收、相关服务、质量保证期、履约保证金、保证、违约责任、合同的解除、争议的解决 12 条。

9.3.3　材料采购合同管理要点

1. 合同价款的支付

除专用合同条款另有约定外，买方应通过以下方式和比例向卖方支付合同价款：

（1）预付款。合同生效后，买方在收到卖方开具的注明应付预付款金额的财务收据正本一份，并经审核无误后 28 天内，向卖方支付签约合同价的 10% 作为预付款。

买方支付预付款后，如卖方未履行合同义务，则买方有权收回预付款；如卖方依约履行了合同义务，则预付款抵作进度款。

（2）进度款。卖方按照合同约定的进度交付合同材料并提供相关服务后，买方在收到卖方提交的清单并经审核无误后 28 天内，应向卖方支付进度款，进度款支付至该批次合同材料合同价格的 95%。卖方提交的清单具体如下：

1）卖方出具的交货清单正本一份。

2）买方签署的收货清单正本一份。

3）制造商出具的出厂质量合格证正本一份。

4）合同材料验收证书或进度款支付函正本一份。

5）合同价格 100％金额的增值税发票正本一份。

（3）结清款。全部合同材料质量保证期届满后，买方在收到卖方提交的由买方签署的质量保证期届满证书并经审核无误后 28 天内，向卖方支付合同价格 5％的结清款。

2. 包装、标记、运输和交付

（1）包装

1）卖方应对合同材料进行妥善包装，以满足合同材料运至施工场地及在施工场地保管的需要。包装应采取防潮、防晒、防锈、防腐蚀、防振动及防止其他损坏的必要保护措施，从而保护合同材料能够经受多次搬运、装卸、长途运输并适宜保管。

2）除专用合同条款另有约定外，买方无需将包装物退还给卖方。

（2）标记

1）除专用合同条款另有约定外，卖方应按合同约定在材料包装上以不可擦除的、明显的方式作出必要的标记。

2）根据合同材料的特点和运输、保管的不同要求，卖方应对合同材料清楚地标注"小心轻放""此端朝上，请勿倒置""保持干燥"等字样和其他适当标记。如果合同材料中含有易燃易爆物品、腐蚀物品、放射性物质等危险品，卖方应标明危险品标志。

（3）运输

1）卖方应自行选择适宜的运输工具及线路安排合同材料运输。

2）除专用合同条款另有约定外，卖方应在合同材料预计启运 7 天前，将合同材料名称、装运材料数量、重量、体积（用 m^3 表示）、合同材料单价、总金额、运输方式、预计交付日期和合同材料在装卸、保管中的注意事项等预通知买方，并在合同材料启运后 24 小时之内正式通知买方。

3）卖方在进行通知时，如果合同材料中包括单个包装超大和（或）超重的，卖方应将超大和（或）超重的每个包装的重量和尺寸通知买方；如果合同材料中包括易燃易爆物品、腐蚀物品、放射性物质等危险品，则危险品的品名、性质以及在装卸、保管方面的特殊要求、注意事项和处理意外情况的方法等也应一并通知买方。

（4）交付

1）除专用合同条款另有约定外，卖方应根据合同约定的交付时间和批次在施工场地卸货后将合同材料交付给买方，买方对卖方交付的合同材料的外观及件数进行清点核验后，应签发收货清单。买方签发收货清单不代表对合同材料的接受，双方还应按合同约定进行后续的检验和验收。

2）合同材料的所有权和风险自交付时起由卖方转移至买方，合同材料交付给买方之前包括运输在内的所有风险均由卖方承担。

3）除专用合同条款另有约定外，买方如果发现技术资料存在短缺和（或）损坏，卖方应在收到买方的通知后 7 天内免费补齐短缺和（或）损坏的部分。如果买方发现卖方提供的技术资料有误，卖方应在收到买方通知后 7 天内免费替换。如由于买方原因导致技术资料丢失和（或）损坏，卖方应在收到买方的通知后 7 天内补齐丢失（和）或损坏的部分，但买方应向卖方支付合理的复制、邮寄费用。

3. 检验和验收

（1）合同材料交付前，卖方应对其进行全面检验，并在交付合同材料时向买方提交合同材料的质量合格证书。

（2）合同材料交付后，买方应在专用合同条款约定的期限内安排对合同材料的规格、质量等进行检验，检验按照专用合同条款约定的下列一种方式进行：

1）由买方对合同材料进行检验。

2）由专用合同条款约定的拥有资质的第三方检验机构对合同材料进行检验。

3）专用合同条款约定的其他方式。

（3）买方应在检验日期 3 天前将检验的时间和地点通知卖方，卖方应自负费用派遣代表参加检验。若卖方未按买方通知到场参加检验，则检验可正常进行，卖方应接受对合同材料的检验结果。

（4）合同材料经检验合格，买卖双方应签署合同材料验收证书一式二份，双方各持一份。

（5）若合同约定了合同材料的最低质量标准，且合同材料经检验达到了合同约定的最低质量标准的，视为合同材料符合质量标准，买方应验收合同材料，但卖方应按专用合同条款的约定进行减价或向买方支付补偿金。

（6）合同材料由第三方检验机构进行检验的，第三方检验机构的检验结果对双方均具有约束力。

（7）除专用合同条款另有约定外，买方在全部合同材料交付后 3 个月内未安排检验和验收的，卖方可签署进度款支付函提交买方，如买方在收到后 7 天内未提出书面异议，则进度款支付函自签署之日起生效。进度款支付函的生效不免除卖方继续配合买方进行检验和验收的义务，合同材料验收后双方应签署合同材料验收证书。

（8）合同材料验收证书的签署不能免除卖方在质量保证期内对合同材料应承担的保证责任。

4. 质量保证期

（1）除专用合同条款和（或）供货要求等合同文件另有约定外，合同材料的质量保证期自合同材料验收之日起算，至合同材料验收证书或进度款支付函签署之日起 12 个月止（以先到的为准）。

（2）除非因买方使用不当，合同材料在质量保证期内如破损、变质或被发现存在任何质量问题，卖方应负责对合同材料进行修补和退换。更换的合同材料的质量保证期应重新计算。

（3）质量保证期届满且卖方按照合同约定履行完毕质量保证期内义务后，买方应在 7 天内向卖方出具合同材料的质量保证期届满证书。

5. 违约责任

（1）合同一方不履行合同义务、履行合同义务不符合约定或者违反合同项下所作保证的，应向对方承担继续履行、采取补救措施或者赔偿损失等违约责任。

（2）卖方未能按时交付合同材料的，应向买方支付延迟交货违约金。卖方支付延迟交货违约金，不能免除其继续交付合同材料的义务。除专用合同条款另有约定外，延迟交货违约金计算方法如下：

$$延迟交货违约金＝延迟交货材料金额×0.08\%×延迟交货天数 \qquad (9\text{-}3)$$

迟延交货违约金的最高限额为合同价格的 10%。

（3）买方未能按合同约定支付合同价款的，应向卖方支付延迟付款违约金。除专用合同条款另有约定外，迟延付款违约金的计算方法如下：

$$延迟付款违约金＝延迟付款金额×0.08\%×延迟付款天数 \qquad (9\text{-}4)$$

迟延付款违约金的总额不得超过合同价格的 10%。

9.4 工程设备采购合同管理

设备采购合同指采购方/发包人（通常为业主/建设单位）与供货方（大多为生产厂商）为提供工程项目所需的设备而签订的合同。

9.4.1 设备采购合同的特点和主要内容

1. 设备采购合同的特点

由于采购通用工程设备的规格、质量有统一标准，属于买卖合同范畴，其主要特点与工程材料采购合同类似，采购方一般并不关心合同标的的生产过程，合同条款内容主要集中在交货阶段的责任约定，合同管理相对简单。而采购大型设备，一般生产厂家订货后才开始生产制作（制造），采购方不仅重视最终交货的质量，也关注制造过程质量控制，而且交货后还可能包括安装或指导安装的服务，合同管理要更加复杂。根据《民法典》，大型设备采购合同与工程施工合同均属承揽合同范畴；对于大型设备采购合同，与工程施工类似，由于实行"先订货，后生产"，以及有"边生产，边交易"的特点，发包人一般也采用监理方式，即设备监造，对大型设备采购合同进行监管。

2. 设备采购合同的主要内容

根据国家发展改革委等 9 部委发布的《标准设备采购招标文件》（2017 年版），设备采购合同文件的内容包括：合同协议书、中标通知书、投标函、商务和技术偏差表、专用合同条款、通用合同条款、供货要求、分项报价表、中标设备技术性能指标的详细描述、技术服务和质保期服务计划，以及其他构成合同组成部分的文件。

组成合同的各项文件应互相解释，互为说明。除专用合同条款另有约定外，解释合同文件的优先顺序如下：

（1）合同协议书。

（2）中标通知书。

（3）投标函。

（4）商务和技术偏差表。

（5）专用合同条款。

（6）通用合同条款。

（7）供货要求。

（8）分项报价表。

（9）中标设备技术性能指标的详细描述。

（10）技术服务和质保期服务计划。

（11）其他合同文件。

9.4.2　设备采购合同管理要点

1. 合同价款的支付

除专用合同条款另有约定外，买方应通过以下方式和比例向卖方支付合同价款：

（1）预付款。合同生效后，买方在收到卖方开具的注明应付预付款金额的财务收据正本一份并经审核无误后 28 天内，向卖方支付签约合同价的 10% 作为预付款。

买方支付预付款后，如卖方未履行合同义务，则买方有权收回预付款；如卖方依约履行了合同义务，则预付款抵作合同价款。

（2）交货款。卖方按合同约定交付全部合同设备后，买方在收到卖方提交的下列全部单据并经审核无误后 28 天内，向卖方支付合同价格的 60%：

1）卖方出具的交货清单正本一份。

2）买方签署的收货清单正本一份。

3）制造商出具的出厂质量合格证正本一份。

4）合同价格 100% 金额的增值税发票正本一份。

（3）验收款。买方在收到卖方提交的买卖双方签署的合同设备验收证书或已生效的验收款支付函正本一份并经审核无误后 28 天内，向卖方支付合同价格的 25%。

（4）结清款。买方在收到卖方提交的买方签署的质量保证期届满证书或已生效的结清款支付函正本一份并经审核无误后 28 天内，向卖方支付合同价格的 5%。如果卖方应向买方支付费用的，买方有权从结清款中直接扣除该笔费用。除专用合同条款另有约定外，在买方向卖方支付验收款的同时或其后的任何时间内，卖方可在向买方提交买方可接受的金额为合同价格 5% 的合同结清款保函的前提下，要求买方支付合同结清款，买方不得拒绝。

2. 监造及交货前检验

（1）监造。专用合同条款约定买方对合同设备进行监造的，双方应按本款及专用合同条款约定履行。

1）在合同设备的制造过程中，买方可派出监造人员，对合同设备的生产制造进行监造，监督合同设备制造、检验等情况。监造的范围、方式等应符合专用合同条款和（或）供货要求等合同文件的约定。

2）除专用合同条款和（或）供货要求等合同文件另有约定外，买方监造人员可到合同设备及其关键部件的生产制造现场进行监造，卖方应予配合。卖方应免费为买方监造人员提供工作条件及便利，包括但不限于必要的办公场所、技术资料、检测工具及出入许可等。除专用合同条款另有约定外，买方监造人员的交通、食宿费用由买方承担。

3）卖方制订生产制造合同设备的进度计划时，应将买方监造纳入计划安排，并提前通知买方；买方进行监造不应影响合同设备的正常生产。除专用合同条款和（或）供货要求等合同文件另有约定外，卖方应提前 7 天将需要买方监造人员现场监造事项通知买方；如买方监造人员未按通知出席，不影响合同设备及其关键部件的制造或检验，但买方监造人员有权事后了解、查阅、复制相关制造或检验记录。

4）买方监造人员在监造中如发现合同设备及其关键部件不符合合同约定的标准，则有权提出意见和建议。卖方应采取必要措施消除合同设备的不符，由此增加的费用和（或）造成的延误由卖方负责。

5）买方监造人员对合同设备的监造，不视为对合同设备质量的确认，不影响卖方交货后买方依照合同约定对合同设备提出质量异议和（或）退货的权利，也不免除卖方依照合同约定对合同设备所应承担的任何义务或责任。

（2）交货前检验。专用合同条款约定买方参与交货前检验的，双方应按本款及专用合同条款约定履行。

1）合同设备交货前，卖方应会同买方代表根据合同约定对合同设备进行交货前检验并出具交货前检验记录，有关费用由卖方承担。卖方应免费为买方代表提供工作条件及便利，包括但不限于必要的办公场所、技术资料、检测工具及出入许可等。除专用合同条款另有约定外，买方代表的交通、食宿费用由买方承担。

2）除专用合同条款和（或）供货要求等合同文件另有约定外，卖方应提前 7 天将需要买方代表检验事项通知买方；如买方代表未按通知出席，不影响合同设备的检验。若卖方未依照合同约定提前通知买方而自行检验，则买方有权要求卖方暂停发货并重新进行检验，由此增加的费用和（或）造成的延误由卖方负责。

3）买方代表在检验中如发现合同设备不符合合同约定的标准，则有权提出异议。卖方应采取必要措施消除合同设备的不符，由此增加的费用和（或）造成的延误由卖方负责。

4）买方代表参与交货前检验及签署交货前检验记录的行为，不视为对合同设备质量的确认，不影响卖方交货后买方依照合同约定对合同设备提出质量异议和（或）退货的权利，也不免除卖方依照合同约定对合同设备所应承担的任何义务或责任。

3. 包装、标记、运输和交付

工程设备合同中关于设备包装、标记、运输和交付的规定基本与工程材料采购合同中的规定相同。可参见材料采购合同管理中的相关内容。

4. 开箱检验、安装、调试、考核、验收

（1）开箱检验

1）合同设备交付后应进行开箱检验，即合同设备数量及外观检验。开箱检验在专用合同条款约定的下列任一种时间进行：

① 合同设备交付时；

② 合同设备交付后的一定期限内。

如开箱检验不在合同设备交付时进行，买方应在开箱检验 3 天前将开箱检验的时间和地点通知卖方。

2）除专用合同条款另有约定外，合同设备的开箱检验应在施工场地进行。

3）开箱检验由买卖双方共同进行，卖方应自付费用派遣代表到场参加开箱检验。

4）在开箱检验中，买方和卖方应共同签署数量、外观检验报告，报告应列明检验结果，包括检验合格或发现的任何短缺、损坏或其他与合同约定不符的情形。

5）如果卖方代表未能依约或按买方通知到场参加开箱检验，买方有权在卖方代表未在场的情况下进行开箱检验，并签署数量、外观检验报告，对于该检验报告和检验结果，视为卖方已接受，但卖方确有合理理由且事先与买方协商推迟开箱检验时间的除外。

6）如开箱检验不在合同设备交付时进行，则合同设备交付以后到开箱检验之前，应由买方负责按交货时外包装原样对合同设备进行妥善保管。除专用合同条款另有约定外，在开箱检验时如果合同设备外包装与交货时一致，则开箱检验中发现的合同设备的短缺、损坏或其他与合同约定不符的情形，由卖方负责，卖方应补齐、更换及采取其他补救措施。如果在开箱检验时合同设备外包装不是交货时的包装或虽是交货时的包装但与交货时不一致且出现很可能导致合同设备短缺或损坏的包装破损，则开箱检验中发现合同设备短缺、损坏或其他与合同约定不符的情形的风险，由买方承担，但买方能够证明是由于卖方原因或合同设备交付前非买方原因导致的除外。

7）如双方在专用合同条款和（或）供货要求等合同文件中约定由第三方检测机构对合同设备进行开箱检验或在开箱检验过程中另行约定由第三方检验的，则第三方检测机构的检验结果对双方均具有约束力。

8）开箱检验的检验结果不能对抗在合同设备的安装、调试、考核、验收中及质量保证期内发现的合同设备质量问题，也不能免除或影响卖方依照合同约定对买方负有的包括合同设备质量在内的任何义务或责任。

（2）安装、调试

1）开箱检验完成后，双方应对合同设备进行安装、调试，以使其具备考核的状态。安装、调试应按照专用合同条款约定的下列任一种方式进行：

① 卖方按照合同约定完成合同设备的安装、调试工作；

② 买方或买方安排第三方负责合同设备的安装、调试工作，卖方提供技术服务。

除专用合同条款另有约定外，在安装、调试过程中，如由于买方或买方安排的第三方未按照卖方现场服务人员的指导导致安装、调试不成功和（或）出现合同设备损坏，买方应自行承担责任。如在买方或买方安排的第三方按照卖方现场服务人员的指导进行安装、调试的情况下出现安装、调试不成功和（或）造成合同设备损坏的情况，卖方应承担责任。

2）除专用合同条款另有约定外，安装、调试中合同设备运行需要的用水、用电、其他动力和原材料（如需要）等均由买方承担。

3）双方应对合同设备的安装、调试情况共同及时进行记录。

（3）考核

1）安装、调试完成后，双方应对合同设备进行考核，以确定合同设备是否达到合同约定的技术性能考核指标。除专用合同条款另有约定外，考核中合同设备运行需要的用水、用电、其他动力和原材料（如需要）等均由买方承担。

2）如由于卖方原因合同设备在考核中未能达到合同约定的技术性能考核指标，则卖方应在双方同意的期限内采取措施消除合同设备中存在的缺陷，并在缺陷消除以后，尽快进行再次考核。

3）由于卖方原因未能达到技术性能考核指标时，为卖方进行考核的机会不超过三次。如果由于卖方原因，三次考核均未能达到合同约定的技术性能考核指标，则买卖双方应就合同的后续履行进行协商，协商不成的，买方有权解除合同。但如合同中约定了或双方在考核中另行达成了合同设备的最低技术性能考核指标，且合同设备达到了最低技术性能考核指标的，视为合同设备已达到技术性能考核指标，买方无权解除合同，且应接受合同设备，但卖方应按专用合同条款的约定进行减价或向买方支付补偿金。

4）如由于买方原因合同设备在考核中未能达到合同约定的技术性能考核指标，则卖方应协助买方安排再次考核。由于买方原因未能达到技术性能考核指标时，为买方进行考核的机会不超过三次。

5）考核期间，双方应及时共同记录合同设备的用水、用电、其他动力和原材料（如有）的使用及设备考核情况。对于未达到技术性能考核指标的，应如实记录设备表现、可能原因及处理情况等。

（4）验收

1）如合同设备在考核中达到或视为达到技术性能考核指标，则买卖双方应在考核完成后 7 天内或专用合同条款另行约定的时间内签署合同设备验收证书一式二份，双方各持一份。验收日期应为合同设备达到或视为达到技术性能考核指标的日期。

2）如由于买方原因合同设备在三次考核中均未能达到技术性能考核指标，买卖双方应在考核结束后 7 天内或专用合同条款另行约定的时间内签署验收款支付函。除专用合同条款另有约定外，卖方有义务在验收款支付函签署后 12 个月内应买方要求提供相关技术服务，协助买方采取一切必要措施使合同设备达到技术性能考核指标。买方应承担卖方因此产生的全部费用。在上述 12 个月的期限内，如合同设备经过考核达到或视为达到技术性能考核指标，则买卖双方应按照约定签署合同设备验收证书。

3）除专用合同条款另有约定外，如由于买方原因在最后一批合同设备交货后 6 个月内未能开始考核，则买卖双方应在上述期限届满后 7 天内或专用合同条款另行约定的时间内签署验收款支付函。

除专用合同条款另有约定外，卖方有义务在验收款支付函签署后 6 个月内应买方要求提供不超出合同范围的技术服务，协助买方采取一切必要措施使合同设备达到技术性能考核指标，且买方无需因此向卖方支付费用。

在上述 6 个月的期限内，如合同设备经过考核达到或视为达到技术性能考核指标，则买卖双方应按照约定签署合同设备验收证书。

4）在上述第 2）项和第 3）项情形下，卖方也可单方签署验收款支付函提交买方，如果买方在收到卖方签署的验收款支付函后 14 天内未向卖方提出书面异议，则验收款支付函自签署之日起生效。

5）合同设备验收证书的签署不能免除卖方在质量保证期内对合同设备应承担的保证责任。

5. 质量保证期与质保期服务

（1）质量保证期

1）除专用合同条款和（或）供货要求等合同文件另有约定外，合同设备整体质量保证期为验收之日起 12 个月。如对合同设备中关键部件的质量保证期有特殊要求的，买卖双方可在专用合同条款中约定。在由于买方原因合同设备在三次考核中均未能达到技术性能考核指标的情形下，无论合同设备何时验收，其质量保证期最长为签署验收款支付函后 12 个月。在由于买方原因在最后一批合同设备交货后 6 个月内未能开始考核的情形下，无论合同设备何时验收，其质量保证期最长为签署验收款支付函后 6 个月。

2）在质量保证期内如果合同设备出现故障，卖方应自负费用提供质保期服务，对相关合同设备进行修理或更换以消除故障。更换的合同设备和（或）关键部件的质量保证期应重新计算。但如果合同设备的故障是由于买方原因造成的，则对合同设备进行修理和更换的费用应由买方承担。

3）质量保证期届满后，买方应在 7 天内或专用合同条款另行约定的时间内向卖方出具合同设备的质量保证期届满证书。

4）在由于买方原因合同设备在三次考核中均未能达到技术性能考核指标的情形下，如在验收款支付函签署后 12 个月内由于买方原因合同设备仍未能达到技术性能考核指标，则买卖双方应在该 12 个月届满后 7 天内或专用合同条款另行约定的时间内签署结清款支付函。

5）在由于买方原因在最后一批合同设备交货后 6 个月内未能开始考核的情形下，如在验收款支付函签署后 6 个月内由于买方原因合同设备仍未进行考核或仍未达到技术性能考核指标，则买卖双方应在该 6 个月届满后 7 天内或专用合同条款另行约定的时间内签署结清款支付函。

6）在上述第 3）、4）项情形下，卖方也可单方签署结清款支付函提交买方，如果买方在收到卖方签署的结清款支付函后 14 天内未向卖方提出书面异议，则结清款支付函自签署之日起生效。

（2）质保期服务

1）卖方应为质保期服务配备充足的技术人员、工具和备件并保证提供的联系方式畅通。除专用合同条款和（或）供货要求等合同文件另有约定外，卖方应在收到买方通知后 24 小时内作出响应，如需卖方到合同设备现场，卖方应在收到买方通知后 48 小时内到达，并在到达后 7 天内解决合同设备的故障（重大故障除外）。如果卖方未在上述时间内作出响应，则买方有权自行或委托他人解决相关问题，或查找和解决合同设备的故障，卖方应承担由此发生的全部费用。

2）如卖方技术人员需到合同设备现场进行质保期服务，则买方应免费为卖方技术人员提供工作条件及便利，包括但不限于必要的办公场所、技术资料及出入许可等。除专用合同条款另有约定外，卖方技术人员的交通、食宿费用由卖方承担。卖方技术人员应遵守买方施工现场的各项规章制度和安全操作规程，并服从买方的现场管理。

3）如果任何技术人员不合格，买方有权要求卖方撤换，因撤换而产生的费用应由卖方承担。在不影响质保期服务并且征得买方同意的条件下，卖方也可自付费用更换其技术人员。

4）除专用合同条款另有约定外，卖方应就在施工现场进行质保期服务的情况进行记录，记载合同设备故障发生的时间、原因及解决情况等，由买方签字确认，并在质量保证期结束后提交给买方。

9.5　工程总承包合同管理

9.5.1　工程总承包合同条件及各方主要责任

1. 工程总承包合同条件

工程总承包，即工程设计施工一体化的交易方式，包括 DB 和 EPC 方式。目前，工程总承包合同条件有多个标准文本，包括：国家发展改革委等九部委 2011 年发布的《中华人民共和国标准设计施工总承包招标文件》（2012 年版）（内含设计施工总承包合同条件），住房和城乡建设部、国家工商行政管理总局 2011 年发布的《建设项目工程总承包合同示范文本（试行）》，以及 FIDIC1995 年出版的《设计—建造与交钥匙工程合同条件》等。这些工程总承包合同条件的主要特征有：合同客体包括工程设计和施工、采用总价计价方式、承包人为单一主体或联合体、主要合同条款类似。

2. 工程总承包合同各方主要责任

（1）发包人及其主要责任。发包人是总承包合同的一方当事人，对工程项目的实施负责投资支付和项目建设有关重大事项的决定。

（2）工程总承包人主要责任。总承包人是工程总承包合同的另一方当事人，按合同约定承担完成工程项目的设计、采购、施工、试运行和缺陷责任期内的质量缺陷修复责任。总承包人可以是独立承包人，也可以是多个独立承包人形成的联合体；不管是独立承包人，还是联合体承包人，一般在发包人认可的条件下，可将工程的设计或施工，或部分工程的设计或施工进行分包。因此，工程总承包人一般包括独立承包人，或联合体承包人，或分包人。

1）对联合体承包人的规定。对于联合体承包人，合同履行过程中发包人和监理人仅与联合体牵头人或联合体授权的代表联系，由其负责组织和协调联合体各成员全面履行合同。由于联合体的组成和内部分工是评标中很重要的评审内容，联合体协议经发包人确认后已作为合同附件，因此通用条款规定，履行合同过程中，未经发包人同意，承包人不得擅自改变联合体的组成和修改联合体协议。

2）对分包工程的规定。在项目实施过程中可能需要分包人承担部分工作，如设计分包人、施工分包人、供货分包人等。尽管委托分包人的招标工作由承包人完成，发包人也不是分包合同的当事人，但为了保证工程项目完满实现发包人预期的建设目标，通用条款中对工程分包作的规定与工程施工合同中规定相同。

3. 监理人

监理人的地位和作用与工程施工合同类似。但对承包人的干预较少。总监理工程师可以授权其他监理人员负责执行其指派的一项或多项监理工作。总监理工程师应将被授权监理人员的姓名及其授权范围通知承包人。被授权的监理人员在授权范围内发出的指示视为已得到总监理工程师的同意，与总监理工程师发出的指示具有同等效力。

9.5.2　工程总承包合同文件

1. 总承包合同文件的组成

在标准总承包合同的通用条款中规定，履行合同过程中，构成对发包人和承包人有约束力合同的组成文件包括：

（1）合同协议书。

（2）中标通知书。

（3）投标函及投标函附录。

（4）专用条款。

（5）通用合同条款。

（6）发包人要求。

（7）承包人建议书。

（8）价格清单。

（9）其他合同文件——经合同当事人双方确认构成合同文件的其他文件。

组成合同的各文件中出现含义或内容的矛盾时，如果专用条款没有另行的约定，以上合同文件序号为优先解释的顺序。

2. 总承包合同文件中的主要概念

总承包合同文件中发包人要求、承包人建议书和价格清单具有独特的内涵。

（1）发包人要求

1）发包人要求的内涵。其是指构成总承包合同文件组成部分的名为《发包人要求》的文件，包括招标项目的目的、范围、设计与其他技术标准和要求，以及合同双方当事人约定对其所作的修改或补充。《发包人要求》是招标文件的有机构成部分，工程总承包合同签订后，也是合同文件的组成部分，对双方当事人具有法律约束力。承包人应认真阅读、复核《发包人要求》，发现错误的，应及时书面通知发包人。《发包人要求》中的错误导致承包人增加费用和/或工期延误的，发包人应承担由此增加的费用和/或工期延误责任，并向承包人支付合理利润。《发包人要求》违反法律规定的，承包人发现后应书面通知发包人，并要求其改正。发包人收到通知书后不予改正或不予答复的，承包人有权拒绝履行合同义务，直至解除合同。发包人应承担由此引起的承包人全部损失。

2）《发包人要求》的品质要求。《发包人要求》应尽可能清晰准确，对于可以进行定量评估的工作，《发包人要求》不仅应明确规定其产能、功能、用途、质量、环境、安全等内容，并且要规定偏离的范围和计算方法，以及检验、试验、试运行的具体要求。对于承包人负责提供的有关设备和服务，对发包人人员进行培训和提供有关消耗品等，在《发包人要求》中应一并明确规定。

3）《发包人要求》的内容：

① 功能要求。其包括工程目的、工程规模、性能保证指标（性能保证表）、产能保证指标等。

② 工程范围。其包括的工程（永久工程的设计、采购、施工范围；临时工程的设计与施工范围；竣工验收工作范围；技术服务工作范围；培训工作范围；保修工作范围）、工作界区、发包人提供的现场条件（包括施工用电、施工用水、施工排水），以及发包人提供的技术文件（除另有批准外，承包人的工作需要遵照发包人需求任务书、发包人已完成的设计文件等要求）。

③ 工艺安排或要求（如有）。

④ 时间要求。其包括开始工作时间、设计完成时间、进度计划、竣工时间、缺陷责任期、和其他时间要求。

⑤ 技术要求。其包括设计阶段和设计任务；设计标准和规范；技术标准和要求；质量标准；设计、施工和设备监造、试验（如有）；样品；发包人提供的其他条件，如发包人或其委托的第三人提供的设计、工艺包、用于试验检验的工器具等，以及据此对承包人提出的予以配套的要求。

⑥ 竣工试验。第一阶段，如对单车试验等的要求，包括试验前准备；第二阶段，如对联动试车、投料试车等的要求，包括人员、设备、材料、燃料、电力、消耗品、工具等必要条件；第三阶段，如对性能测试及其他竣工试验的要求，包括产能指标、产品质量标准、运营指标、环保指标等。

⑦ 竣工验收。

⑧ 竣工后试验（如有）。

⑨ 文件要求。其包括设计文件及其相关审批、核准、备案要求；沟通计划；风险管理计划；竣工文件和工程的其他记录；操作和维修手册；其他承包人文件。

⑩ 工程项目管理规定。其包括质量；进度，包括里程碑进度计划（如果有）；支付；HSE（健康、安全与环境管理体系）；沟通；变更等。

⑪其他要求。其包括对承包人的主要人员资格要求；相关审批、核准和备案手续的办理；对项目业主人员的操作培训；分包；设备供应商；缺陷责任期的服务要求。

国家发展改革委等九部委发布的《设计施工总承包招标文件》中要求《发包人要求》用 13 个附件清单明确列出，主要包括性能保证表、工作界区图、发包人需求任务书、发包人已完成的设计文件、承包人文件要求、承包人人员资格要求及审查规定、承包人设计文件审查规定、承包人采购审查与批准规定、材料、工程设备和工程试验规定、竣工试验规定、竣工验收规定、竣工后试验规定、工程项目管理规定。

虽然中标方案发包人已接受，但发包人可能对其中的一些技术细节或实施计划提出进一步修改意见，因此在合同谈判阶段需要通过协商对其进行修改或补充，以便成为最终的发包人要求文件。

4）《发包人要求》的编制要求。工程总承包实践中，起草《发包人要求》是项目成功或失败的主要原因，也是产生争端的主要来源，应关注如下问题：

①《发包人要求》应当是完备的，包括要求的工程形状、类型、质量、偏差、功能型标准、安全标准及对永久工程终身费用限制的所有参数；在施工期间和施工后必须成功通过的检验；永久工程的预期和规定的性能；设计周期和持续期；完工后如何操作和维护；提交的手册；提供的备件的详细资料和费用。但发包人或监理人对参数的规定不能限制承包人的设计创新能力，不能对承包人的设计义务有影响。

②《发包人要求》必须明确定义发包人要求的内容，可以吸收承包人设计、施工专业的有创造性的输入，发挥设计建造合同的优势。

③《发包人要求》应该让发包人选择最合适的投标人，但又不要求在投标阶段让投标人提供正确选择承包人的必要信息以外的信息。

④《发包人要求》必须足够详细，从而可以确定项目的目标，但又不限制承包人对工程进行适当设计的能力或寻求最合适解决方案的创造力，并能对投标人的设计进行评估。

（2）承包人建议书

承包人建议书是对《发包人要求》的响应文件，包括承包人的工程设计方案和设备方案的说明；分包方案；对发包人要求中的错误说明等。合同谈判阶段，随着发包人要求的调整，承包人建议书也应对一些技术细节进一步予以明确或补充修改，作为合同文件的组成部分。

（3）价格清单

工程总承包合同的价格清单，指承包人按投标文件中规定的格式和要求填写，并标明价格的报价单。与施工招标由发包人依据设计图纸的概算量提出工程量清单，经承包人填写单价后计算价格的方式不同。由于是由承包人提出设计的初步方案和实施计划，因此价格清单是指承包人完成所提投标方案计算的设计、施工、竣工、试运行、缺陷责任期各阶段的计划费用，清单价格费用的总和为签约合同价。

9.5.3　工程总承包合同管理

1. 承包人现场查勘

承包人应对施工场地和周围环境进行查勘，核实发包人提供资料，并收集与完成合同工作有关的当地资料，以便进行设计和施工组织。在全部合同工作中，视为承包人已充分估计了应承担的责任和风险。

发包人对提供的施工场地及毗邻区域内的供水、排水、供电、供气、供热、通信、广播电视等地下管线位置的资料；气象和水文观测资料；相邻建筑物和构筑物、地下工程的有关资料，以及其他与工程有关的原始资料，承担原始资料错误造成的全部责任。承包人应对其阅读这些有关资料后，所作出的解释和推断负责。

2. 工程设计管理

（1）承包人的设计范围

根据我国工程建设基本程序，工程设计依据工作进程和深度不同，一般按初步设计、施工图设计 2 个阶段进行，技术上复杂的建设项目可按初步设计、技术设计和施工图设计 3 个阶段进行。民用建筑工程设计一般分为方案设计、初步设计和施工图设计 3 个阶段。国际上一般分为概要设计（Schematic Design）、设计扩展（Design Development）和施工文件（Construction Document）3 个阶段。

在工程总承包合同中应明确定义设计工作的范围，确定参与设计的主体及参与的程度。承包人的设计范围可以是施工图设计，也可以是初步设计和施工图设计，由双方在总承包合同中明确。

承包人应按合同约定的工作内容和进度要求，编制设计、施工的组织和实施计划，并对所有设计、施工作业和施工方法，以及全部工程的完备性和安全可靠性负责。承包人不得将设计和施工的主体、关键性工作分包给第三人。除专用合同条款另有约定外，未经发包人同意，承包人也不得将非主体、非关键性工作分包给第三人。

（2）承包人的设计义务

承包人应按照法律规定，以及国家、行业和地方的规范和标准完成设计工作，并符合发包人要求。除合同另有约定外，承包人完成设计工作所应遵守的法律规定，以及国家、行业和地方的规范和标准，均应视为在基准日适用的版本。基准日之后，上述版本发生重大变化，或者有新的法律、规范/标准颁布实施的，承包人应向发包人或发包人委托的监理人提出遵守新法律、规范/标准的建议。发包人或其委托的监理人应在收到建议后 7 天内发出是否遵守新法律、规范/标准的指示。发包人或其委托的监理人指示遵守新法律、规范/标准的，按照变更条款执行，或者在基准日后，因法律、规范/标准变化导致承包人在合同履行中所需费用发生除合同约定的物价波动引起的调整以外的增减时，监理人应根据政府有关部门的规定，商定或确定需调整的合同价格。

（3）承包人设计进度计划

承包人应按照《发包人要求》，在合同进度计划中专门列出设计进度计划，报发包人批准后执行。承包人需按照经批准后的计划开展设计工作。因承包人原因影响设计进度的，未能按合同进度计划完成工作，或监理人认为承包人工作进度不能满足合同工期要求的，承包人应采取措施加快进度，并承担加快进度所增加的费用。发包人或其委托的监理人有权要求承包人提交修正的进度计划、增加投入资源并加快设计进度。由于承包人原因造成工期延误，承包人应支付逾期竣工违约金。逾期竣工违约金的计算方法和最高限额在专用合同条款中约定。承包人支付逾期竣工违约金，不免除承包人完成工作及修补缺陷的义务。因发包人原因影响设计进度的，按合同约定的变更条款处理。

（4）设计审查

承包人的设计文件应报发包人审查同意。审查的范围和内容在发包人要求中约定。除合同另有约定外，自监理人收到承包人的设计文件及承包人的通知之日起，发包人对承包人的设计文件审查期不超过 21 天。承包人的设计文件与合同约定有偏离的，应在通知中说明。承包人需要修改已提交设计文件的，应立即通知监理人，并向监理人提交修改后的设计文件，审查期重新起算。

发包人不同意承包人的设计文件的，可以通过监理人以书面形式通知承包人，并说明不符合合同要求的具体内容。承包人根据监理人的书面说明，对承包人的设计文件进行修改后重新报送发包人审查，审查期重新起算。合同约定的审查期满，发包人没有作出审查结论也没有提出异议的，视为承包人的设计文件已获发包人同意。

承包人的设计文件不需要政府有关部门审查或批准的，承包人应当严格按照经发包人审查同意的设计文件开展设计和实施工程。承包人的设计文件需政府有关部门审查或批准的，发包人应在审查同意承包人的设计文件后 7 天内，向政府有关部门报送设计文件，承包人应予以协助。

对于政府有关部门的审查意见，不需要修改发包人要求的，承包人需按该审查意见修改承包人的设计文件；需要修改发包人要求的，发包人应重新提出发包人要求，承包人应根据新提出的发包人要求修改承包人的设计文件。上述情形还应适用变更条款、发包人要求中的错误条款的有关约定。

政府有关部门审查批准的，承包人应当严格按照批准后的承包人的设计文件开展设计和实施工程。

3. 工程变更

总承包合同履行过程中的工程变更，可能涉及发包人要求变更、监理人发给承包人文件中的内容构成变更和发包人接受承包人提出的合理化建议 3 种情况。

（1）工程变更权。在履行合同过程中，经发包人同意，监理人可按照合同约定的变更程序向承包人作出有关发包人要求改变的变更指示，承包人应遵照执行。变更应在相应内容实施前提出，否则发包人应承担承包人损失。没有监理人的变更指示，承包人不得擅自变更。

（2）承包人的合理化建议。在履行合同过程中，承包人对发包人要求的合理化建议，均应以书面形式提交监理人。合理化建议书的内容应包括建议工作的详细说明、进度计划和效益以及与其他工作的协调等，并附必要的设计文件。监理人应与发包人协商是否采纳建议。建议被采纳并构成变更的，应按照变更程序约定向承包人发出变更指示。承包人提出的合理化建议降低了合同价格、缩短了工期或者提高了工程经济效益的，发包人可按国家有关规定在专用合同条款中约定给予奖励。

（3）工程变更范围。其包括设计变更范围、采购变更范围、施工变更范围、发包人的赶工指令、调减部分工程和其他变更。

1）设计变更范围，包括：

① 对生产工艺流程的调整，但未扩大或缩小初步设计批准的生产路线和规模，或未扩大或缩小合同约定的生产路线和规模。

② 对平面布置、竖面布置、局部使用功能的调整，但未扩大初步设计批准的建筑规模，未改变初步设计批准的使用功能；或未扩大合同约定的建筑规模，未改变合同约定的使用功能。

③ 对配套工程系统的工艺调整、使用功能调整。

④ 对区域内基准控制点、基准标高和基准线的调整。

⑤ 对设备、材料、部件的性能、规格和数量的调整。

⑥ 因执行基准日期之后新颁布的法律、标准、规范引起的变更。

⑦ 其他超出合同约定的设计事项。

⑧ 上述变更所需的附加工作。

2）采购变更范围，包括：

① 承包人已按发包人批准的名单，与相关供货商签订采购合同或已开始加工制造、供货、运输等，发包人通知承包人选择该名单中的另一家供货商。

② 因执行基准日期之后新颁布的法律、标准、规范引起的变更。

③ 发包人要求改变检查、检验、检测、试验的地点和增加的附加试验。

④ 发包人要求增减合同中约定的备品备件、专用工具、竣工后试验物资的采购数量。

⑤ 上述变更所需的附加工作。

3）施工变更范围，包括：

① 设计变更，造成施工方法改变、设备、材料、部件、人工和工程量的增减。

② 发包人要求增加的附加试验、改变试验地点。

③ 新增加的施工障碍处理。

④ 发包人对竣工试验经验收或视为验收合格的项目，通知重新进行竣工试验。

⑤ 因执行基准日期之后新颁布的法律、标准、规范引起的变更。

⑥ 现场其他签证。

⑦ 上述变更所需的附加工作。

4）发包人的赶工指令，包括：

承包人接受了发包人的书面指令，以发包人认为必要的方式加快设计、施工或其他任何部分的进度时，承包人为实施该赶工指令需对项目进度计划进行调整，并对所增加的措施和资源提出估算，经发包人批准后，作为变更处理。当发包人未能批准此项变更，承包人有权按合同约定的相关阶段的进度计划执行。

5）调减部分工程，包括：

发包人的暂停超过 45 天，承包人请求复工时仍不能复工，或因不可抗力持续而无法继续施工的，双方可按合同约定以变更方式调减受暂停影响的部分工程。

6）其他变更，包括：

根据工程的具体特点，在专用条款中约定。

（4）工程变更程序。与工程施工合同管理中的工程变更程序类似。

4. 进度管理

（1）承包人提交实施项目的计划。承包人应按合同约定的内容和期限，编制详细的进度计划，包括设计、承包人提交文件、采购、制造、检验、运达现场、施工、安装、试验的各个阶段的预期时间以及设计和施工组织方案说明等报送监理人。监理人应在专用条款约定的期限内批复或提出修改意见，批准的计划作为"合同进度计划"。监理人未在约定的时限内批准或提出修改意见，该合同进度计划视为已得到批准。

（2）开始工作。符合专用条款约定的开始工作条件时，监理人获得发包人同意后应提前 7 天向承包人发出开始工作通知。合同工期自开始工作通知中载明的开始工作日期起计算。工程总承包合同未用开工通知是由于承包人收到开始工作通知后首先开始设计工作。因发包人原因造成监理人未能在合同签订之日起 90 天内发出开始工作通知，承包人有权提出价格调整要求，或者解除合同。发包人应当承担由此增加的费用和/或工期延误，并向承包人支付合理利润。

（3）修订进度计划。无论何种原因造成工程的实际进度与合同进度计划不符时，承包人可以在专用条款约定的期限内向监理人提交修订合同进度计划的申请报告，并附有关措施和相关资料，报监理人批准。监理人也可以直接向承包人发出修订合同进度计划的指示，承包人应按该指示修订合同进度计划，报监理人批准。监理人审查并获得发包人同意后，应在专用条款约定的期限内批复。

（4）顺延合同工期的情况。一般标准工程总承包合同条件的通用条款规定，在履行合同过程中非承包人原因导致合同进度计划工作延误，应给承包人延长工期和/或增加费用，并支付合理利润。

1）发包人责任原因。其包括工程变更、未能按照合同要求的期限对承包人文件进行审查、因发包人原因导致的暂停施工、未按合同约定及时支付预付款和进度款、发包人提供的基准资料错误、发包人采购的材料及工程设备延误到货或变更交货地点、发包人未及时按照《发包人要求》履行相关义务，以及发包人造成工期延误的其他原因。

2）政府管理部门的原因。按照法律法规的规定，合同约定范围内的工作需国家有关部门审批时，发包人、承包人应按照合同约定的职责分工完成行政审批的报送。因国家有关部门审批迟延造成费用增加和/或工期延误，由发包人承担。

工程总承包合同中有关进度管理的暂停施工、发包人要求提前竣工的条款，与工程施工合同管理的相关规定相同。施工阶段的质量管理也与一般施工合同的规定相同。

5. 工程款支付管理

发包人在价格清单中给定暂估价的专业工程不属于依法必须招标的范围或未达到规定的规模标准的，由监理人按照变更估价的约定进行估价，但专用合同条款另有约定的除外。经估价的专业工程与价格清单中所列的暂估价的金额差及相应的税金等其他费用列入合同价格。如果签约合同价包括暂估价的，按合同约定进行支付。

（1）合同价格。除专用合同条款另有约定外，合同价格包括签约合同价以及按照合同约定进行的调整；合同价格包括承包人依据法律规定或合同约定应支付的规费和税金；价格清单列出的任何数量仅为估算的工作量，不得将其视为要求承包人实施的工程的实际或准确的工作量。在价格清单中列出的任何工作量和价格数据应仅限于变更和支付的参考资料，而不能用于其他目的。合同约定工程的某部分按照实际完成的工程量进行支付的，应按照专用合同条款的约定进行计量和估价，并据此调整合同价格。

（2）预付款。其主要用于承包人为合同工程的设计和工程实施购置材料、工程设备、施工设备、修建临时设施及组织施工队伍进场等。预付款的额度和支付在专用合同条款中约定。预付款必须专用于合同工作。除专用合同条款另有约定外，承包人应在收到预付款的同时向发包人提交预付款保函，预付款保函的担保金额应与预付款金额相同。保函的担保金额可根据预付款扣回的金额相应递减。预付款在进度付款中扣回，扣回办法在专用合同条款中约定。在颁发工程接收证书前，由于不可抗力或其他原因解除合同时，预付款尚未扣清的，尚未扣清的预付款余额应作为承包人的到期应付款。

（3）工程进度付款。

工程进度付款时间：工程进度付款按月支付，也可以根据工程项目的里程碑事件确定。

工程进度款支付分解表：承包人应根据价格清单的价格构成、费用性质、计划发生时间和相应工作量等因素。按照以下分类和分解原则，结合合同约定的合同进度计划，汇总形成月度支付分解报告。

① 工程勘察设计费。按照提供勘察设计阶段性成果文件的时间、对应的工作量进行分解。

② 材料和工程设备费。分别按订立采购合同、进场验收合格、安装就位、工程竣工等阶段和专用条款约定的比例进行分解。

③ 技术服务培训费。按照价格清单中的单价，结合合同约定的合同进度计划对应的工作量进行分解。

④ 其他工程价款。除合同价格约定按已完成工程量计量支付的工程价款外，按照价格清单中的价格，结合合同约定的合同进度计划拟完成的工程量或者比例进行分解。

承包人应当在收到经监理人批复的合同进度计划后7天内，将支付分解报告及形成支付分解报告的支持性资料报监理人审批，监理人应当在收到承包人报送的支付分解报告后7天内给予批复或提出修改意见，经监理人批准的支付分解报告为有合同约束力的支付分解表。合同进度计划进行修订的，应相应修改支付分解表，并按规定报监理人批复。

进度付款申请单：承包人应在每笔进度款支付前，按监理人批准的格式和专用合同条款约定的份数，向监理人提交进度付款申请单，并附相应的支持性证明文件。

进度付款证书以及支付时间和程序如下：

① 监理人在收到承包人的进度付款申请单以及相应的支持性证明文件后的14天内完成审核，提出发包人到期应支付给承包人的金额及相应的支持性材料，经发包人审批同意后，由监理人向承包人出具经发包人签认的进度付款证书。监理人未能在上述时间完成审核的，视为监理人同意承包人的进度付款申请。监理人有权核减承包人未能按照合同要求履行任何工作或义务的相应金额。

② 发包人最迟应在监理人收到进度付款申请单后的28天内，将进度应付款支付给承包人。发包人未能在上述时间内完成审批或不予答复的，视为发包人同意进度付款申请。发包人不按期支付的，按专用合同条款的约定支付逾期付款违约金。

③ 监理人出具进度付款证书，不应视为监理人已同意、批准或接受了承包人完成的该部分工作。

④ 进度付款涉及政府投资资金的，按照国库集中支付等国家相关规定和专用合同条款的约定执行。

工程进度付款的修正：在对以往历次已签发的进度付款证书进行汇总和复核中发现错、漏或重复的，监理人有权予以修正，承包人也有权提出修正申请。经监理人、承包人复核同意的修正，应在本次进度付款中支付或扣除。

（4）质量保证金。监理人应从发包人的每笔进度付款中，按专用合同条款的约定扣留质量保证金，直至扣留的质量保证金总额达到专用合同条款约定的金额或比例为止。质量保证金的计算额度不包括预付款的支付、扣回及价格调整的金额。

在合同约定的缺陷责任期满时，承包人向发包人申请到期应返还承包人剩余的质量保证金，发包人应在 14 天内会同承包人按照合同约定的内容核实承包人是否完成缺陷责任。如无异议，发包人应当在核实后将剩余质量保证金返还承包人。

在合同约定的缺陷责任期满时，承包人没有完成缺陷责任的，发包人有权扣留与未履行责任剩余工作所需金额相应的质量保证金余额，并有权根据合同约定要求延长缺陷责任期，直至完成剩余工作为止。但缺陷责任期最长不超过 2 年。

（5）竣工结算和最终结清。合同中相关约定与工程施工合同约定类似。

6. 索赔管理

（1）索赔程序。工程总承包合同通用条款中，对发包人和承包人索赔的程序规定与工程施工合同类似。

（2）涉及承包人索赔的条款。《标准设计施工总承包合同》（2012 年版）的通用条款中，可以给承包人补偿的条款见表 9-1 所列的内容。

涉及承包人索赔的条款

表 9-1

序号	条款号	原因	补偿内容		
			工期	费用	利润
1	1.6.2	未能按时提供文件	√	√	√
2	1.10.1	化石、文物	√	√	
3	1.13	发包人要求中的错误	√	√	
4	1.14	发包人要求违法	√	√	√
5	3.4.5	监理人指示延误、错误	√	√	√
6	3.5.2	争议评审组对监理人确定的修改	√		
7	4.1.8	为他人提供方便		√	
8	4.11.2	不可预见物质条件	√	√	
9	5.2	发包人原因影响设计进度	√		√
10	6.2.4	发包人要求提前交货		√	
11	6.2.6	发包人提供的材料、设备延误	√	√	√
12	6.5.3	发包人提供的材料、设备不符合要求	√	√	
13	9.3	基准资料错误	√	√	√
14	11.1	发包人原因未能按时发出开始工作通知	√	√	√
15	11.3	发包人原因的工期延误	√		√

续表

序号	条款号	原因	补偿内容		
			工期	费用	利润
16	11.4	异常恶劣的气候条件	√	√	
17	11.7	行政审批延误	√	√	
18	12.1.1	发包人原因指示的暂停工作	√	√	√
19	12.2.1	发包人原因承包人的暂停工作	√	√	√
20	12.4.2	发包人原因承包人无法复工	√	√	√
21	13.1.3	发包人原因造成质量不合格	√	√	√
22	13.4.3	隐蔽工程的重新检查证明质量合格	√	√	√
23	14.1.4	重新试验表明材料、设备、工程质量合格	√	√	√
24	16.2	法律变化引起的调整	商定或确定处理		
25	18.5.2	发包人提前接受区段对承包人施工的影响	√	√	√
26	19.2.3	缺陷责任期内非承包人原因缺陷的修复		√	√
27	21.3.1	遭遇不可抗力期间的工程照管、清理、修复	√	√	√
28	22.2.3	发包人违约解除合同		√	√

对 9.5 节中未讨论的工程总承包合同管理的问题，与工程施工合同管理类似，这里不再赘述。

9.6　工程分包合同管理

工程分包合同分为施工专业分包合同和劳务分包合同两类。

9.6.1　施工专业分包合同管理

1. 什么是施工专业分包合同

施工专业分包合同是指（总）承包人将承包施工任务的部分专业工程分包给第三方而签订的合同。施工专业分包的基本要求是：分包工程的内容不是主体结构，并要得到发包人的同意；分包人要具有相应的施工资质，并得到发包人的认可。

2. 施工专业分包合同内容

在国内外，均有施工分包合同的标准文本。我国的《建设工程施工专业分包合同（示范文本）》GF—2003—0213 包括合同协议书、通用条款、专用条款三部分。协议书内容主要包括分包工程概况、分包工程承包范围、分包合同价款、工期、质量标准、组成合同的文件、双方承诺、合同生效等；通用合同共分 10 个部分、38 条、119 个子条。

分包合同文件及优先解释顺序：

（1）合同协议书。

（2）中标通知书（如有时）。

（3）分包人的投标函及报价书。

（4）除总包合同工程价款之外的总包合同文件。

（5）本合同专用条款。

（6）本合同通用条款。

（7）本合同工程建设标准、图纸。

（8）合同履行过程中，承包人与分包人协商一致的其他书面文件。

适用的法律和行政法规、适用的工程建设标准应与工程总包合同文件使用的相同。

3. 施工分包合同管理的特殊方面

（1）（总）承包合同的使用。（总）承包人应提供总包合同（有关承包工程的价格内容除外）供分包人查阅。当分包人要求时，承包人应向分包人提供一份总包合同（有关承包工程的价格内容除外）的副本或复印件。分包人应全面了解总包合同的各项规定（有关承包工程的价格内容除外）。

（2）指令与决定。分包人服从（总）承包人转发的发包人或监理工程师与分包工程有关的指令。未经（总）承包人允许，分包人不得以任何理由与发包人或监理工程师发生直接工作联系，分包人不得直接致函发包人或监理工程师，也不得直接接受发包人或监理工程师的指令。如分包人与发包人或监理工程师发生直接工作联系，将视为违约，并承担违约责任。就分包工程范围内的有关工作，（总）承包人随时可以向分包人发出指令，分包人应执行（总）承包人根据分包合同所发出的所有指令。分包人拒不执行指令，（总）承包人可委托其他施工单位完成该指令事项，发生的费用从应付分包人的相应款项中扣除。就分包工程范围内的有关文件，分包人应执行经（总）承包人确认和转发的发包人或监理工程师发出的所有指令和决定。

（3）（总）承包人项目经理。项目经理的姓名、职称在分包合同专用条款内写明；项目经理可授权具体的管理人员行使自己的部分权利，并在认为有必要时可撤回授权，授权和撤回均应提前 7 天以书面形式通知分包人，委派书及撤回通知作为分包合同的附件。（总）承包人所发出的指令、通知，由项目经理（或其授权人）签字后，以书面形式交给分包人，分包人项目经理在回执上签署自己的姓名，收到的时间即开始生效。紧急情况下，项目经理可发出要求分包人立即执行的指令，分包人如有异议也应执行。如（总）承包人发出错误的指令，并给分包人造成经济损失的，则（总）承包人应给予分包人相应的补偿，但因分包人违反分包合同引起的损失除外。

（4）分包人项目经理。分包人的项目经理的姓名、职称在分包合同专用条款内写明。分包人依据合同发出的请求和通知书，以书面形式由分包项目经理签字后送交项目经理，项目经理在回执上签署姓名，收到的时间即开始生效。分包人项目经理按项目经理批准的施工组织设计（或施工方案）和依据分包合同发出的指令组织施工。在情况紧急且无法与项目经理取得联系时，分包人项目经理应采取保证人员生命和工程、财产安全的紧急措施，并在采取措施后 48 小时内向项目经理送交报告。责任在承包人或第三人，由总承包人承担由此发生的追加合同价款，相应顺延工期；责任在分包人，由分包人承担费用，不顺延工期。分包人如需更换分包项目经理，应至少提前 7 天以书面形式通知总承包人，并征得总承包人同意。后任继续行使前任的职权，履行前任的义务。

（5）（总）承包人的任务或责任。

1）向分包人提供根据总包合同由发包人办理的与分包工程相关的各种证件、批件、各种相关资料；提供具备施工条件的施工场地；提供合同专用条款中约定的设备和设施，并承担因此发生的费用。

2）随时为分包人提供确保分包工程的施工所要求的施工场地和通道等，满足施工运输的需要，保证施工期间的畅通。

3）按分包合同专用条款约定的时间，组织分包人参加发包人组织的图纸会审，向分包人进行设计图纸交底。

4）负责整个施工场地的管理工作，协调分包人与同一施工场地的其他分包人之间的交叉配合，确保分包人按照经批准的施工组织设计进行施工。

5）承包人应做的其他工作，双方在分包合同专用条款内约定。

（6）分包人的任务或责任。

1）分包人应按照分包合同的约定，对分包工程进行设计（分包合同有约定时）、施工、完工验收和保修。分包人在审阅分包合同和/或总包合同时，或在分包合同的施工中，如发现分包工程的设计或工程建设标准、技术要求存在错误、遗漏、失误或其他缺陷，应立即通知（总）承包人。

2）按分包合同专用条款约定的时间，完成规定的设计内容，报（总）承包人确认后在分包工程中使用，（总）承包人承担由此发生的费用。

3）在分包合同专用条款约定的时间内，向（总）承包人提供年、季、月度工程进度计划及相应的进度统计报表。分包人不能按（总）承包人批准的进度计划施工时，应根据（总）承包人的要求提交一份修订的进度计划，以保证分包工程如期竣工。

4）分包人应在分包合同专用条款约定的时间内，向（总）承包人提交一份详细施工组织设计，（总）承包人应在分包合同专用条款约定的时间内批准，分包人方可执行。

5）按规定办理施工场地交通、施工噪声以及环境保护和安全文明生产有关手续，并以书面形式通知（总）承包人，（总）承包人承担由此发生的费用，因分包人责任造成的罚款除外。

6）分包人应允许（总）承包人、发包人、监理工程师及其三方中任何一方授权的人员在工作时间内，合理进入分包工程施工场地或材料存放的地点，以及施工场地以外与分包合同有关的分包人的任何工作或准备的地点。分包人应提供方便。

7）已竣工工程未交付（总）承包人之前，分包人应负责已完分包工程的成品保护工作，保护期间发生损坏，分包人自费予以修复；（总）承包人要求分包人采取特殊措施保护的工程部位和相应的追加合同价款，双方在分包合同专用条款内约定。

（7）（总）承包合同解除。如在分包人没有全面履行分包合同义务之前，总包合同解除，则（总）承包人应及时通知分包人解除分包合同，分包人接到通知后应尽快撤离现场。分包人可以得到已完工程价款、分包人员工的遣散费、二次搬运费等补偿。如（总）承包合同终止是因为分包人的严重违约，则只能得到已完工程价款补偿。解除分包合同的情况下，分包人经（总）承包人同意为分包工程已采购或已运至施工场地的材料设备，应全部移交给（总）承包人，由（总）承包人按分包合同专用条款约定的价格支付给分包人。

（8）转包与再分包。分包人经（总）承包人同意可以将劳务作业再分包给具有相应劳务分包资质的劳务分包企业。除外，分包人不得将其承包的分包工程转包给他人，也不得将其承包的分包工程的全部或部分再分包给他人。如分包人将其承包的分包工程转包或再分包，将被视为违约，并承担违约责任。分包人应对再分包的劳务作业的质量等相关事宜进行督促和检查，并承担相关连带责任。

9.6.2　劳务分包合同管理

1. 什么是劳务分包合同

劳务分包合同一般是指施工承包人将施工过程所使用的劳务分包给第三方（劳务公司），而与其签订的合同，并称该第三方为劳务分包人。分包人主要是提供劳动力资源，由劳务人员使用简单的施工工具完成施工任务。

2. 劳务分包合同双方的义务

（1）施工（总）承包人义务

1）组建与工程相适应的项目管理班子，全面履行总（分）包合同，组织实施施工管理的各项工作，对工程的工期和质量向发包人负责。

2）负责编制施工组织设计，统一制定各项管理目标，组织编制年、季、月施工计划和物资需用量计划表，实施对工程质量、工期、安全生产、文明施工，以及计量检测、试验化验的控制、监督、检查和验收。

3）负责工程测量定位、沉降观测、技术交底，组织图纸会审，统一安排技术档案资料的收集整理及交工验收。

4）统筹安排、协调解决非劳务分包人独立使用的生产、生活临时设施、工作用水、用电及施工场地。

5）按时提供图纸，及时交付供应材料、设备，所提供的施工机械设备、周转材料、安全设施保证施工需要。

6）按合同约定，向劳务分包人支付劳动报酬。负责与发包人、监理、设计及有关部门联系，协调现场工作关系。

（2）劳务分包人义务

1）对合同劳务分包范围内的工程质量向工程承包人负责，组织具有相应资格证书的熟练工人投入工作；未经工程承包人授权或允许，不得擅自与发包人及有关部门建立工作联系。

2）劳务分包人根据施工组织设计总进度计划的要求，每月底前提交下月施工计划，有阶段工期要求的提交阶段施工计划，必要时按工程承包人要求提交旬、周施工计划，以及与完成上述阶段、时段施工计划相应的劳动力安排计划，经工程承包人批准后严格实施。

3）自觉接受工程承包人及有关部门的管理、监督和检查；随时接受工程承包人依据合同检查其设备、材料保管、使用情况，及其操作人员的有效证件、持证上岗情况；与现场其他单位协调配合，照顾全局。

4）按工程承包人统一规划堆放材料、机具，按工程承包人标准化工地要求设置标牌，做好生活区的管理，做好自身责任区的治安保卫工作。妥善保管、合理使用工程承包人提供或租赁给劳务分包人使用的机具、周转材料及其他设施。

5）按时提交报表、完整的原始技术经济资料，配合工程承包人办理交工验收。

6）做好施工场地周围建筑物、构筑物和地下管线及已完工程部分的成品保护工作，因劳务分包人责任发生损坏，劳务分包人自行承担由此引起的一切经济损失及各种罚款。

3. 安全、保险、材料、设备供应

(1) 安全施工与检查。由于劳务分包人安全措施不力造成事故的责任和因此而发生的费用，由劳务分包人承担。工程承包人应对其在施工场地的工作人员进行安全教育，并对他们的安全负责。工程承包人不得要求劳务分包人违反安全管理的规定进行施工。因工程承包人原因导致的安全事故，由工程承包人承担相应责任及发生的费用。

(2) 安全防护。劳务分包人在动力设备、输电线路、地下管道、密封防振车间、易燃易爆地段及临街交通要道附近施工时，施工开始前应向工程承包人提出安全防护措施，经工程承包人认可后实施，防护措施费用由工程承包人承担。实施爆破作业，在放射、毒害性环境中工作（含储存、运输、使用）及使用毒害性、腐蚀性物品施工时，劳务分包人应在施工前 10 天以书面形式通知工程承包人，并提出相应的安全防护措施，经工程承包人认可后实施，由工程承包人承担安全防护措施费用。劳务分包人在施工现场内使用的安全保护用品（如安全帽、安全带及其他保护用品），由劳务分包人提供使用计划，经工程承包人批准后，由工程承包人负责供应。

(3) 保险。劳务分包人施工开始前，工程承包人应获得发包人为施工场地内的自有人员及第三人人员生命财产办理的保险，且不需劳务分包人支付保险费用。运至施工场地用于劳务施工的材料和待安装设备，由工程承包人办理或获得保险，且不需劳务分包人支付保险费用。工程承包人必须为租赁或提供给劳务分包人使用的施工机械设备办理保险，并支付保险费用。劳务分包人必须为从事危险作业的职工办理意外伤害保险，并为施工场地内自有人员生命财产和施工机械设备办理保险，支付保险费用。

(4) 材料、设备供应。劳务分包人应妥善保管、合理使用工程承包人供应的材料、设备。因保管不善发生丢失、损坏，劳务分包人应赔偿，并承担因此造成的工期延误等发生的一切经济损失。工程承包人委托劳务分包人采购低值易耗性材料的费用，由劳务分包人凭采购凭证，另加管理费向工程承包人报销。

4. 劳务报酬、施工、不可抗力

(1) 劳务报酬。可采用下列任何一种方式计算：

1) 固定劳务报酬（含管理费）。

2) 约定不同工种劳务的计时单价（含管理费），按确认的工时计算。

3) 约定不同工作成果的计件单价（含管理费），按确认的工程量计算。

劳务报酬一般均为一次"包死"，不再调整，在下列情况下，固定劳务报酬或单价可以调整：

1) 以合同约定价格为基准，市场人工价格的变化幅度超过合同约定的百分数（%），按变化前后价格的差额予以调整。

2) 后续法律及政策变化，导致劳务价格变化的，按变化前后价格的差额予以调整。

3) 双方约定的其他情形。

(2) 工时及工程量的确认。采用固定劳务报酬方式的，施工过程中不计算工时和工程量；采用按确定的工时计算劳务报酬的，由劳务分包人每日将提供劳务的人数报工程承包人，由工程承包人确认；采用按确认的工程量计算劳务报酬的，由劳务分包人按月（或旬、日）将完成的工程量报工程承包人，由工程承包人确认。对劳务分包人未经工程承包人认可，超出设计图纸范围和因劳务分包人原因造成返工的工程量，工程承包人不予计量。

（3）施工变更。施工中如发生对原工作内容进行变更，工程承包人项目经理应提前 7 天以书面形式向劳务分包人发出变更通知，并提供变更的相应图纸和说明。劳务分包人按照工程承包人（项目经理）发出的变更通知及有关要求进行变更。因变更导致劳务报酬的增加及造成的劳务分包人损失，由工程承包人承担，延误的工期相应顺延；因变更减少工程量，劳务报酬应相应减少，工期相应调整。施工中劳务分包人不得对原工程设计进行变更。因劳务分包人擅自变更设计发生的费用和由此导致工程承包人的直接损失，由劳务分包人承担，延误的工期不予顺延。因劳务分包人自身原因导致的工程变更，劳务分包人无权要求追加劳务合同管理报酬。

（4）施工验收。全部工程竣工（包括劳务分包人完成工作在内），一经发包人验收合格，劳务分包人对其分包的劳务作业的施工质量不再承担责任，在质量保修期内的质量保修责任由工程承包人承担。

（5）施工配合。劳务分包人应配合工程承包人对其工作进行的初步验收，以及工程承包人按发包人或建设行政主管部门要求进行的涉及劳务分包人工作内容、施工场地的检查、隐蔽工程验收及工程竣工验收；工程承包人或施工场地内第三方的工作需要劳务分包人配合时，劳务分包人应按工程承包人的指令予以配合。除上述初步验收、隐蔽工程验收及工程竣工验收之外，劳务分包人因提供上述配合而发生的工期损失和费用由工程承包人承担。劳务分包人按约定完成劳务作业，必须由工程承包人或施工场地内的第三方进行配合时，工程承包人应配合劳务分包人工作或确保劳务分包人获得该第三方的配合，且工程承包人应承担因此而发生的费用。

（6）劳务报酬最终支付。全部工作完成，经工程承包人认可后 14 天内，劳务分包人向工程承包人递交完整的结算资料，双方按照本合同约定的计价方式，进行劳务报酬的最终支付。工程承包人收到劳务分包人递交的结算资料后 14 天内进行核实，给予确认或者提出修改意见。工程承包人确认结算资料后 14 天内向劳务分包人支付劳务报酬尾款。

（7）禁止转包或再分包。劳务分包人不得将本合同项下的劳务作业转包或再分包给他人。否则，劳务分包人将依法承担责任。

（8）不可抗力。本合同中不可抗力的定义与总包合同中的定义相同。不可抗力事件发生后，劳务分包人应立即通知工程承包人项目经理，并在力所能及的条件下迅速采取措施，尽力减少损失，工程承包人应协助劳务分包人采取措施。因不可抗力事件导致的费用和延误的工作时间由双方按以下办法分别承担：

1）工程本身的损害、因工程损害导致第三人人员伤亡和财产损失以及运至施工场地用于劳务作业的材料和待安装的设备的损害，由工程承包人承担。

2）工程承包人和劳务分包人的人员伤亡由其所在单位负责，并承担相应费用。

3）劳务分包人自有机械设备损坏及停工损失，由劳务分包人自行承担。

4）工程承包人提供给劳务分包人使用的机械设备损坏，由工程承包人承担，但停工损失由劳务分包人自行承担。

5）停工期间，劳务分包人应工程承包人项目经理要求留工场地的必要的管理人员及保卫人员的费用，由工程承包人承担。

6）工程所需清理、修复费用，由工程承包人承担。

7）延误的工作时间相应顺延。

8）因合同一方迟延履行合同后发生不可抗力的，不能免除迟延履行方的相应责任。

9.7　国际工程合同管理

9.7.1　国际工程合同条件简介

为规范国际工程参与各方的行为，保证国际工程有序、高效地实施，国际咨询工程师联合会（FIDIC）为国际工程编制了系列标准化合同条件，为国际工程的管理提供方便。

目前广泛应用的 FIDIC 标准合同条件有：

（1）《施工合同条件》（2017 年版），适用于各类大型或较复杂的工程项目，承包人按照雇主（或业主）提供的设计进行施工或施工总承包的合同。

（2）《工程设备和设计-施工合同条件》（2017 年版），适用于由承包人按照雇主要求进行设计、生产设备制造和安装的电力、机械、房屋建筑等工程的合同。

（3）《设计采购施工与交钥匙工程合同条件》（2017 年版），适用于承包人以交钥匙方式进行设计、采购和施工，完成一个配备完善的工程，雇主"转动钥匙"时即可运行的总承包项目建设合同。

（4）《简明合同格式》（1999 年版），适用于投资金额相对较小、工期短、不需进行专业分包，相对简单或重复性的工程项目施工。

（5）《土木工程施工分包合同条件》（1994 年版），适用于承包人与专业工程施工分包人订立的施工合同。

（6）《业主/咨询工程师（单位）标准服务协议书》（1998 年版），适用于雇主委托工程咨询单位进行项目的前期投资研究、可行性研究、工程设计、招标评标、合同管理和投产准备等的咨询服务合同。

9.7.2　FIDIC《施工合同条件》部分条款

我国目前用得较多的是国家发展改革委等九部委组织编制的《标准施工招标文件》（2007 年版）（内包括"合同条款及格式"的相关内容），其较多地参考了 FIDIC《施工合同条件》（1999 年版），但两者也存在较大差异。此处就 FIDIC《施工合同条件》的不同之处作简要介绍。

1. 工程师

（1）工程师的地位。工程师，相当于国内监理工程师角色，属于雇主方人员，但不同于雇主雇佣的一般人员，在施工合同履行期间独立工作。处理施工过程中有关问题时应保持公平（Fair）的态度，而非 FIDIC《土木工程施工合同条件》要求的公正（Impartially）处理原则。

（2）工程师的权力。工程师可以行使施工合同中规定的或必然隐含的权力，雇主只是授予工程师独立作出决定的权限。通用条款明确规定，除非得到承包人同意，雇主承诺不对工程师的权力作进一步的限制。

（3）助手的指示。助手相当于我国项目监理机构中的专业监理工程师或监理员，工程师可以向助手指派任务和付托部分权力。助手在授权范围内向承包人发出的指示，具有与工程师指示同样的效力。如果承包人对助手的指示有疑义时，不需再请助手澄清，可直接提交工程师请其对该指示予以确认、取消或改变。

（4）口头指示。工程师或助手通常采用书面形式向承包人作出指示，但某些特殊情况可以在施工现场发出口头指示，承包人也应遵照执行，并在事后及时补发书面指示。如果工程师未能及时补发书面指示，又在收到承包人将口头指示的书面记录要求工程师确认的函件 2 个工作日内未作出确认或拒绝答复，则承包人的书面函件应视为对口头指示的书面确认。

2. 不可预见的物质条件

不可预见的物质条件是针对签订合同时雇主和承包人都无法合理预见的不利于施工的外界条件影响，使承包人增加了施工成本和工期延误，应给承包人的损失相应补偿的条款。我国的《标准施工招标文件》（2007 年版）中，采用了该条款应给补偿的部分。FIDIC《施工合同条件》（1999 年版）进一步规定，工程师在确定最终费用补偿额时，还应当审查承包人在过去类似部分的施工过程中，是否遇到过比招标文件给出的更为有利的施工条件而节约施工成本的情况。如果有的话，应在给予承包人的补偿中扣除该部分施工节约的成本作为此事件的最终补偿额。

该条款的完整内容，体现了工程师公平处理合同履行过程中有关事项的原则。不可预见的物质条件给承包人造成的损失应给予补偿，承包人以往类似情况节约的成本也应作适当的抵消。应用此条款扣减施工节约成本有 4 个关键点需要注意：一是承包人未依据此条款提出索赔，工程师不得对以往承包人在有利条件下施工节约的成本主动扣减；二是扣减以往节约成本部分是与本次索赔在施工性质、施工组织和方法相类似部分，如果不类似的施工部位节约的成本不涉及扣除；三是有利部分只涉及以往，以后可能节约的部分不能作为扣除的内容；四是以往类似部分施工节约成本的扣除金额，最多不能大于本次索赔对承包人损失应补偿的金额。

3. 指定分包人

为了防止发包人错误理解指定分包人而干扰建筑市场的正常秩序，我国的《标准施工招标文件》（2007 年版）中没有选用此条款。在国际各标准施工合同内均有"指定分包人"的条款，说明使用指定分包人有必然的合理性。指定分包人是指由雇主或工程师选定与承包人签订合同的分包人，完成招标文件中规定承包人承包范围以外工程施工或工作的分包人。指定分包人的施工任务通常是承包人无力完成的特殊专业工程施工，需要使用专门技术、特殊设备和专业施工经验的某项专业性强的工程。由于施工过程中承包人与指定分包人的交叉干扰多，工程师无法合理协调才采用的施工组织方式。指定分包人条款的合理性，以不得损害承包人的合法利益为前提。具体表现为：一是招标文件中已说明了指定分包人的工作内容；二是承包人有合法理由时，可以拒绝与雇主选定的具体分包人签订指定分包合同；三是给指定分包人支付的工程款，从承包人投标报价中未摊入应回收的间接费、税金、风险费的暂定金额内支出；四是承包人对指定分包人的施工协调收取相应的管理费；五是承包人对指定分包人的违约不承担责任。

4. 竣（完）工试验

（1）未能通过竣（完）工试验。我国的《标准施工招标文件》（2007 年版）针对竣工试验结果只作出"通过"或"拒收"两种规定，FIDIC《施工合同条件》（1999 年版）增加了雇主可以折价接收工程的情况。如果竣工试验表明虽然承包人完成的部分工程未达到合同约定的质量标准，但该部分工程位于非主体或关键工程部位，对工程运行的功能影响不大，在雇主同意接收的前提下工程师可以颁发工程接收证书。雇主从工程缺陷不会严重影响项目的运行使用，为了提前或按时发挥工程效益角度考虑，可能同意接收存在缺陷的部分工程。由于该部分工程合同的价格是按质量达到要求前提下确定的，因此同意接收有缺陷的部分工程应当扣减相应的金额。雇主与承包人协商后确定减少的金额，应当足以弥补工程缺陷给雇主带来的价值损失。

（2）对竣（完）工试验的干扰。承包人提交竣工验收申请报告后，由于雇主应负责的外界条件不具备而不能正常进行竣工试验达到 14 天以上，为了合理确定承包人的竣工时间和该部分工程移交雇主及时发挥效益，规定工程师应颁发接收证书。缺陷责任期内竣工试验条件具备时，进行该部分工程的竣工试验。由于竣工后的补检试验是承包人投标时无法合理预见的情况，因此补检试验比正常竣工试验多出的费用应补偿给承包人。

5. 工程量变化后的单价调整

FIDIC《施工合同条件》（1999 年版）规定 6 类情况属于变更的范畴，在我国的《标准施工招标文件》（2007 年版）变更条款下规定了 5 种属于变更的情况，相差的一项为"合同中包括的任何工作内容数量的改变"，并将此情况纳入计量与支付的条款内，但未规定实际完成工程量与工程量清单中预计工程量增减变化较大时，可以调整合同价格的规定。FIDIC《施工合同条件》（1999 年版）对工程量增减变化较大需要调整合同约定单价的原则是，必须同时满足以下 4 个条件：

（1）该部分工程在合同内约定属于按单价计量支付的部分。

（2）该部分工作通过计量超过工程量清单中估计工程量的数量变化超过 10%。

（3）计量的工作数量与工程量清单中该项单价的乘积，超过中标合同金额（我国《标准施工招标文件》（2007 年版）中的"签约合同价"）的 0.01%）。

（4）数量的变化导致该项工作的施工单位成本超过 1%。

6. 预付款的扣还

FIDIC《施工合同条件》（1999 年版）对工程预付款回扣的起扣点和扣款金额给出明确的量化规定。

（1）预付款的起扣点。当已支付的工程进度款累计金额，扣除后续支付的预付款和已扣留的保留金［我国《标准施工招标文件》（2007 年版）中的"质量保证金"］两项款额后，达到中标合同价减去暂列金额后的 10% 时，开始从后续的工程进度款支付中回扣工程预付款。

（2）每次工程进度款支付时扣还的预付款额度。在预付款起扣点后的工程进度款支付时，按本期承包人应得的金额中减去后续支付的预付款和应扣保留金后款额的 25%，作为本期应扣还的预付款。

7. 保留金的返还

我国的《标准施工招标文件》（2007 年版）中规定质量保证金在缺陷责任期满后返还给承包人。FIDIC《施工合同条件》（1999 年版）规定保留金在工程师颁发工程接收证书和颁发履约证书后分两次返还。颁发工程接收证书后，将保留金的 50% 返还承包人。若为其颁发的是按合同约定的分部移交工程接收证书，则返还按分部工程价值比例计算保留金的 40%。颁发履约证书后将全部保留金返还承包人。由于分部移交工程的缺陷责任期的到期时间早于整个工程的缺陷责任期的到期时间，对分部移交工程的二次返还，也为该部分剩余保留金的 40%。

8. 不可抗力事件后果的责任

FIDIC《施工合同条件》（1999 年版）和我国的《标准施工招标文件》（2007 年版）对不可抗力事件后果的责任规定不同。《标准施工招标文件》（2007 年版）依据《民法典》的规定，以不可抗力发生的时点来划分不可抗力的后果责任，即以施工现场人员和财产的归属，发包人和承包人各自承担本方的损失，延误的工期相应顺延。FIDIC《施工合同条件》（1999 年版）是以承包人投标时能否合理预见来划分风险责任的归属，即由于承包人的中标合同价内未包括不可抗力损害的风险费用，因此对不可抗力的损害后果不承担责任。由于雇主与承包人在订立合同时均不可能预见此类自然灾害和社会性突发事件的发生，且在工程施工过程中既不能避免其发生也不能克服，因此雇主承担风险责任，延误的工期相应顺延，承包人受到损害的费用由雇主给予支付。

9.7.3 国际工程合同管理的特殊性

与国内相应的工程合同相比，国际工程合同管理在许多方面是相同的，但由于参与方和合同履行环境的国际性，一般来说管理中下列几方面的特殊性要引起足够的重视。

（1）合同主体的多国性。签约各方属于不同国别，可能涉及多国的不同法律制度的制约，诸如招标投标法、建筑法、公司法、经济合同法、劳动法、投资法、金融法、外汇管理法、各种税法、社会保险法、外贸法等。在法律不完备的发展中国家，还有许多不成文的行业习惯做法，以及未明示、但有"约束力"的国际惯例。签约时必须引起足够的注意。对于大型、复杂的国际工程项目，其承包建设可能涉及许多国家，如工程所在国、总承包人的注册国，还有贷款金融机构、咨询设计、设备供应安装、各类专业工程分包人及劳务等可能都属于不同的国家，由多个不同的合同和协议规定它们之间的法律关系，所有这些合同和协议并不一定适用于工程所在国法律。特别是解决它们之间的争议并不一定都采取仲裁程序或司法程序。这一国际特征使国际承包的法律关系变得极为复杂和难以处理。

（2）货币和支付方式的多样性。国际工程承包要使用多种货币，包括承包人使用部分国内货币支付国内应缴纳的费用和总部的开支；要使用工程所在国的货币支付当地费用；还要使用多种外汇以支付材料设备等采购费用。国际工程承包的支付方式除了现金和支票外，还有银行信用证、国际托收、银行汇付、实物支付等不同方式。由于业主支付的货币和承包人使用的货币不同，而且在整个漫长的工期内按陆续完成的工程内容逐步支付，使承包人时刻处于货币汇率浮动和利率变化的复杂国际金融环境之中。

（3）国际政治、经济影响因素的作用明显增加。除了工程本身的合同义务与权利外，国际工程项目会受到国际政治和经济形势变化的影响。例如，某些国家对承包人实行地区或国别的限制或歧视政策；还有些国家的项目受到国际资金来源的制约，可能因为国际政治和经济形势变动影响（例如制裁、禁运等）而终止；或因工程所在国的政治形势变化（例如内乱、战争、派别斗争等）而使工程中断。国际承包人必须密切关注所在国及其周围地区，乃至国际大环境的变化和影响，采取必要的防范风险的应变措施。

（4）规范庞杂、差异性大。国际工程都要求采用被国际广泛接受的技术标准、规范和各种规程。在一项国际工程合同中如果不强调规定统一的标准、规范和规程，就可能把工程搞得五花八门，互不协调且争议不断。承包商进入国际市场，就必须熟悉国际常用的各种技术标准和规范，并使自己的施工技术和管理适应国际标准、规范和有关管理的要求。

（5）风险大，可变因素多。国际承包工程历来被公认为是一项"风险事业"，与国内工程相比风险大得多，有政治风险、经济风险、自然风险、经营管理风险等。如果说政治动荡的风险只是局部发生，那么经济风险则是普遍存在的。1997 年，发生在泰国影响到全球的亚洲金融危机使众多的国际承包人受损，其中就有若干中国公司在内。据美国《工程新闻纪录》杂志的统计资料记载，世界上大型国际承包公司中，经营历史超过 50 年的占 1/3 以上。这个事实告诉人们，尽管国际承包有很大的风险，有些风险是难以预料的，但只要这些公司善于总结经验教训，在认真调查研究的基础上，切实改善经营管理，完善合同条款，采取必要的防范措施就可以避开较大的风险，使自己成为驾驭风险的成功者。

（6）建设周期长，环境错综复杂。通常情况下，国际工程从投标、缔约、履约到合同终止，再加上维修期最少也要 2 年，大型或特大型工程周期在 10 年以上。较长的施工期会出现诸多因素的变化，国际工程涉及的领域广泛、关系人多，加之合同期限长，常使承包人面临诸多难题，如资金紧张、材料供应脱节、清关手续烦琐等。国际工程承包合同实施要涉及多方面的关系人，有些大型工程项目的实施从纵向和横向关系看，不仅是承包人和业主两个方面，有时涉及几十家公司，需要签订几十份合同。所以承包人不仅要处理好与业主、监理工程师之间的关系，而且要花很大精力去协调各方关系人彼此之间错综复杂的关系。

本章小结

本章介绍了工程施工合同以外其他类合同的内涵、内容和管理问题。工程合同类型众多，各类合同标的和内容不尽相同。但工程施工合同在其中占有十分重要的地位。一方面，其具有代表性；另一方面，其与大部分其他类型合同存在联系。因此，无论是签订合同，还是履行和管理合同，均要有全局观念，不仅要针对本合同的实际，还有必要考虑本合同签订或履行对其他合同的影响。

（1）工程设计合同与施工合同相比，无论是标的、还是计价方式等方面均存在较大差异，但它们之间又密切联系。"先设计，后施工"，这意味着工程施工阶段设计的变化会对工程施工产生影响，施工合同中的工程变更、施工索赔部分就源自工程设计的调整或缺陷；反之，工程施工中发现问题，也可能要求修改工程设计。

（2）工程监理合同与施工合同联系最密切，如监理合同和施工合同中有关监理人的职责和义务一般要求一致或统一；工程监理合同因施工合同的存在而存在。但监理合同和施工合同的管理存在很大的差异。监理合同属服务类合同，施工合同属承揽类合同。施工合同有较为明确的验收考核标准，而监理合同较为含糊，因而管理较为困难。

（3）工程设备采购合同，一般在进度上要求与工程土建施工合同进度安排相适应；但在工程技术方面，一般工程土建施工合同的要求应服从工程设备的技术指标或相关参数。

（4）工程总承包合同与施工合同较接近，但其涵盖内容延伸到了工程设计和/或工程设备采购，因而管理更加复杂。工程总承包合同计价一般采用总价方式，而不用单价方式，主要作用在于促使承包人在保证工程功能和质量的条件下优化工程。这对承包人既是动力也是压力。

（5）国际工程合同与国内工程合同相比，差异的根源是工程不同主体所在国家的法律法规存在差异、建设技术标准存在差异；国际工程合同一般适用工程所在国法律法规和技术标准，并采用国际上的一些惯例；而对于国内工程，工程合同要符合国内现行法律法规和技术标准。

思考与练习题

1. 工程勘察设计合同的概念是什么？
2. 目前我国的工程勘察设计合同示范文本有哪几种？分别适用于什么情况？
3. 在工程勘察设计过程中，勘察设计合同管理主要包括哪几个方面？应当着重关注哪些问题？
4. 工程监理合同当事人双方都有哪些权利和义务？
5. 与施工合同管理相比，工程总承包合同管理有哪些特点？
6. 采购方对设备制造的监造包括哪些工作？
7. FIDIC 施工合同条件是如何在雇主和承包人之间分配合同风险的？

参考文献

［1］张凌．建筑工程招投标起源及发展研究［J］．产业与科技论坛，2008，7（12）：77-78.

［2］何山．合同的起源［J］．中国工商管理研究，1998（10）：62-63.

［3］吴芳，冯宁．工程招投标与合同管理［M］．第2版．北京：北京大学出版社，2014.

［4］Myerson R B. Optimal Auction Design［J］．Mathematics of Operations Research，1981（6）：58-73.

［5］Riley，John G. and Samuelson，William F. Optimal Auction［J］．American Economic Review，1981，71（3）：381-392.

［6］Harris，Milton and Raviv，Arthur. Allocation Mechanisms and the Design of Auction［J］．Econometric，1981，49：697-703.

［7］王卓甫，杨高升，洪伟明．建设工程交易理论与交易模式［M］．北京：中国水利水电出版社，2010.

［8］王卓甫，杨高升，邢会歌．建设工程招标模型与评标机制设计［J］．土木工程学报，2010，43（8）：140-145.

［9］《标准文件》编制组．中华人民共和国标准施工招标文件（2007年版）［M］．北京：中国计划出版社，2010.

［10］水利部．水利水电工程标准施工招标文件（2009年版）［M］．北京：中国水利水电出版社，2010.

［11］江西省水利枢纽工程建设总指挥部．江西省水利枢纽工程：工程采购招标［M］．北京：中国水利水电出版社，2016.

［12］广东省东江—深圳供水改造工程建设总指挥部．东深供水改造工程（第一卷：建设管理）［M］．北京：中国水利水电出版社，2005.

［13］王卓甫，杨高升．工程项目管理［M］．第4版．北京：中国水利水电出版社，2021.

［14］沙凯逊．建设项目治理十讲［M］．北京：中国建筑工业出版社，2017.

［15］《标准文件》编制组．中华人民共和国标准设计施工总承包招标文件（2012年版）［M］．中国计划出版社，2012.

［16］谈飞，欧阳红祥，杨高升．工程项目管理：工程计价理论与实务［M］．北京：中国水利水电出版社，2013.

［17］杨志勇，简迎辉，鲍莉荣，等．工程项目采购与合同管理［M］．北京：中国水利水电出版社，2016.

［18］国家发展改革委等九部委．中华人民共和国标准材料采购招标文件（2017年版）［R］．2017.

［19］国家发展改革委等九部委．中华人民共和国标准监理招标文件（2017年版）［R］．2017.

［20］国家发展改革委等九部委．中华人民共和国标准勘察招标文件（2017年版）［R］．2017.

［21］国家发展改革委等九部委．中华人民共和国标准设备采购招标文件（2017年版）［R］．2017.

［22］国家发展改革委等九部委．中华人民共和国标准设计招标文件（2017年版）［R］．2017.

［23］刘晓勤，董平．建设工程招投标与合同管理［M］．第2版．杭州：浙江大学出版社，2022.

［24］王卓甫，丁继勇．工程总承包管理理论与实务［M］．北京：中国水利水电出版社，2014.

［25］王平．工程招投标与合同管理［M］．第2版．北京：清华大学出版社，2020.